世纪英才中职示范校建设课改系列规划教材（电工电子类）

电工电子元器件基本功

王国玉　主编

胡　祎　黄瑞冰　副主编

赵永杰　主审

人民邮电出版社

北京

图书在版编目（CIP）数据

电工电子元器件基本功 / 王国玉主编. -- 北京：
人民邮电出版社，2013.4
世纪英才中职示范校建设课改系列规划教材. 电工电
子类
ISBN 978-7-115-28842-4

Ⅰ. ①电… Ⅱ. ①王… Ⅲ. ①电子元件－中等专业学
校－教材②电子器件－中等专业学校－教材 Ⅳ. ①TN6

中国版本图书馆CIP数据核字(2012)第161233号

内 容 提 要

本书是一本关于电工电子元器件基础的入门教材。书中较全面地介绍了电工电子元器件的基本理论知识和实训基本技能，内容包括电阻器、电容器、电感元器件、开关和接插件、晶体二极管、晶体三极管、场效应管、晶闸管、半导体集成电路、可编程元器件、显示元器件、电声元器件等，特别是将电工与电子技术中经常用到的电阻器、电容器、电感元器件、开关与接插件和半导体元器件融合在一起讲授，更有利于学生学习。还特别强调电工电子元器件在强电（电工）和弱电（电子）中的应用。书中内容通俗易懂，符合初学者的认知规律。所以说它是电子技术的启蒙教材，特别适合当前中职教育需求。

本书适合中等职业学校和技工学校电类相关专业作为基础课教材，也很适合作为电工、电子专业生产和维修人员的培训和自学用书。

世纪英才中职示范校建设课改系列规划教材（电工电子类）

电工电子元器件基本功

◆ 主　　编　王国玉
　　副主编　胡　祎　黄瑞冰
　　主　　审　赵永杰
　　责任编辑　王小娟

◆ 人民邮电出版社出版发行　　北京市崇文区夕照寺街 14 号
　　邮编　100061　　电子邮件　315@ptpress.com.cn
　　网址　http://www.ptpress.com.cn
　　大厂聚鑫印刷有限责任公司印刷

◆ 开本：787×1092　1/16
　　印张：18　　　　　　　　　2013 年 4 月第 1 版
　　字数：419 千字　　　　　　2013 年 4 月河北第 1 次印刷

ISBN 978-7-115-28842-4
定价：39.00 元

读者服务热线：**(010)67132746**　印装质量热线：**(010)67129223**
反盗版热线：**(010)67171154**

　　电工电子元器件在电子理论和技能中的重要作用不言而喻。在传统教学模式中，电工电子元器件基本功常常被人为分割理论知识一部分，有关元器件的识别与检测技能的训练也常常被当作局部实训一部分，这给教学带来不便。在当今职业教育形式下，根据社会对该岗位群的要求和实际教学的需要，我们以全新的视角和手法编撰了这本《电工电子元器件基本功》，弥补了传统教材的不足，体现了"以学生为本位，以职业技能为本位"的理念。

　　本教材在理论体系、教材内容及其阐述方法等方面都做出了一些大胆的尝试，以强调基本功（项目基本技能+项目基本知识=项目基本功）为基调，以"项目情境创设"、"项目教学目标"、"项目基本技能"、"项目基本知识"和"项目学习评价"5 个要素为重点。通过基本技能的训练，培养建立学习元器件的兴趣；强调学习理论知识指导实践，充分体现理论和实践结合。强调学生做中学、教师做中教、教学合一，理论实践一体化，使学生能够"无障碍读书"和"学以致用"。把学习电工电子元器件基本功的兴趣转化为学习电子技术的动力，使学生树立起学习的信心。掌握电工电子元器件的检测选用、常用仪器仪表的使用方法及元器件在电工电子技术中应用。同时，在教与学、学与教的过程中潜移默化地培养学生的爱岗敬业精神、沟通合作能力和质量意识、安全意识、环保意识。

　　本书由河南信息工程学校高级工程师、河南省学术技术带头人（中职）王国玉担任主编，完成全书统稿；河南信息工程学校胡祎和鹤壁工贸学校黄瑞冰担任副主编。除王国玉编写项目十和 11 个项目补充内容外，湖北省宜都职业教育中心魏远斌编写了项目一、项目二；湖北省荆门职教集团侯守军编写了项目三、项目四；河南信息工程学校胡祎编写了项目五；河南省新郑职业中专张海芳编写了项目六、项目七；鹤壁工贸学校张树周编写了项目八；河南信息工程学校常钊编写了项目九；鹤壁工贸学校黄瑞冰编写了项目十一；河南信息工程学校方光辉编写了项目十二。全书由河南省南阳电大赵永杰副教授主审，并且提出了宝贵建议；在教材构思过程中，得到了杨承毅老师的指导和帮助，在此深表谢意！

　　另附教学建议学时表如下。由于各学校及各专业情况不一样，同时办学条件不同，任课教师可根据具体的情况做适当调整。

序　号	内　容	学　时
项目一	电阻器的识别、检测与应用	6
项目二	电容器的识别、检测与应用	6
项目三	电感性元器件的识别、检测与应用	8
项目四	晶体二极管的识别、检测与应用	4
项目五	晶体三极管的识别、检测与应用	6
项目六	场效应管的识别、检测与应用	4

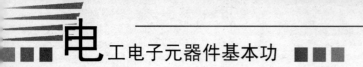

续表

序　号	内　容	学　时
项目七	晶闸管的识别与检测	4
项目八	开关与接插件的识别、检测与应用	4
项目九	半导体集成电路的识别、检测与应用	6
项目十	编程器与单片机元器件的认知	6
项目十一	发光显示元器件的识别、检测与应用	8
项目十二	电声元器件的识别、检测与应用	4
总学时数		66

　　本书在编写过程中吸取了国内一些专家、学者的研究成果和一些企业产品资料，在此表示感谢。由于作者水平有限，书中难免存在错误和不妥之处，敬请读者批评指正。

编　者
2013.1

目录

Contents

项目一 电阻器的识别、检测与应用

 项目情境创设

　　由图 1-1 可以看出电阻器是电工、电子电路中使用率最高的耗能元器件，有固定电阻器和可调电阻器两种类型，阻值固定不变的电阻器称为固定电阻器，阻值可在一定范围内调节的电阻器称为可调电阻器，又称电位器。

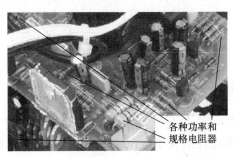

各种功率和
规格电阻器

电动机用的大功率
启动电阻器

图 1-1　电阻器

 项目学习目标

	学习目标		学习方式	学时
技能目标	①	学会对各种电阻器、电位器进行识别	教师利用各种电阻器、电位器进行演示并适当讲解，然后学生对照实物进行识别，并利用万用表进行检测	2
	②	会利用万用表对电阻器、电位器进行检测		
知识目标	①	熟练掌握各种电阻器、电位器的电路符号		4
	②	掌握各种型号电阻器、电位器的特点		
	③	掌握电阻器、电位器的主要参数		
	④	了解电阻器、电位器在电工电子中的应用		

 项目基本功

1.1　项目基本技能

任务一　电阻器的识别与检测

　　电阻器是组成电路的基本元器件之一，在各种电子产品和电力设备中被广泛应用。

1

一、电阻器识别

1. 电阻和电阻器

导体对电流的阻碍作用叫电阻。电阻值用字母 R 表示，单位为欧姆，符号为Ω。常用的电阻单位还有千欧（kΩ）、兆欧（MΩ），它们之间的关系是：

$$1M\Omega=10^3k\Omega=10^6\Omega$$

2. 电阻器的电路图形符号

电阻器的电路图形符号如图 1-2 所示。

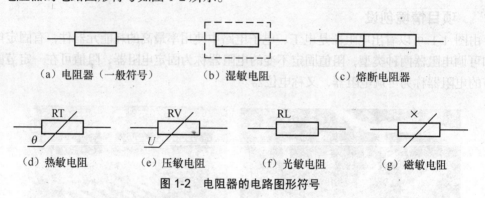

（a）电阻器（一般符号）　（b）湿敏电阻　（c）熔断电阻器

（d）热敏电阻　（e）压敏电阻　（f）光敏电阻　（g）磁敏电阻

图 1-2　电阻器的电路图形符号

3. 常用电阻器实物图、结构特点及应用

电阻器主要用来稳定和调节电路中电流和电压的大小，在电路中主要起限流、降压、分流、隔离和分压等作用。常用电阻器的实物图、结构特点及应用如表 1-1 所示。

表 1-1　　　　　　　　　常用电阻器的实物图、结构特点及应用

实　物　图	电阻结构和特点	常见应用电路及典型应用
碳膜电阻器（RT）	用碳膜作为导电层，属于膜式电阻器的一种。它是将通过真空高温热分解出的结晶碳沉积在柱形或管形陶瓷骨架上制成的。改变碳膜的厚度和使用刻槽的方法，可以变更碳膜的长度，得到不同的阻值。碳膜电阻器成本较低，性能属中档	价格便宜、精度较低，一般应用在要求不高的电路中
金属膜电阻器（RJ）	在真空中加热合金，合金蒸发，使瓷棒表面形成一层导电金属膜。刻槽和改变金属膜厚度可以控制阻值。这种电阻器和碳膜电阻器相比，体积小、噪声低、稳定性好、工作频率范围较宽，但成本较高	适用于要求较高的通信设备、电子仪器等电路中；在收音机、电视机等民用产品上也得到了较多的应用

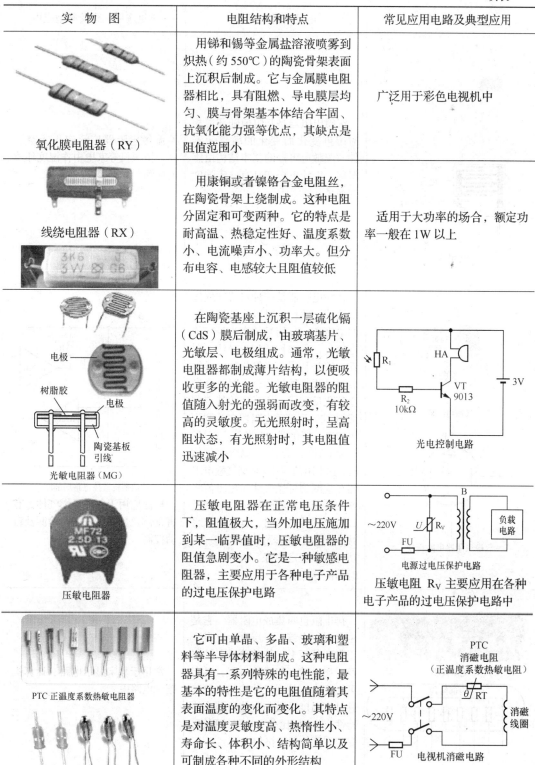

实 物 图	电阻结构和特点	常见应用电路及典型应用
氧化膜电阻器（RY）	用锑和锡等金属盐溶液喷雾到炽热（约550℃）的陶瓷骨架表面上沉积后制成。它与金属膜电阻器相比，具有阻燃、导电膜层均匀、膜与骨架基本体结合牢固、抗氧化能力强等优点，其缺点是阻值范围小	广泛用于彩色电视机中
线绕电阻器（RX）	用康铜或者镍铬合金电阻丝，在陶瓷骨架上绕制成。这种电阻分固定和可变两种。它的特点是耐高温、热稳定性好、温度系数小、电流噪声小、功率大。但分布电容、电感较大且阻值较低	适用于大功率的场合，额定功率一般在1W以上
电极 树脂胶 电极 陶瓷基板引线 光敏电阻器（MG）	在陶瓷基座上沉积一层硫化镉（CdS）膜后制成，由玻璃基片、光敏层、电极组成。通常，光敏电阻器都制成薄片结构，以便吸收更多的光能。光敏电阻器的阻值随入射光的强弱而改变，有较高的灵敏度。无光照射时，呈高阻状态，有光照射时，其电阻值迅速减小	光电控制电路
压敏电阻器	压敏电阻器在正常电压条件下，阻值极大，当外加电压施加到某一临界值时，压敏电阻器的阻值急剧变小。它是一种敏感电阻器，主要应用于各种电子产品的过电压保护电路	电源过电压保护电路 压敏电阻 R_V 主要应用在各种电子产品的过电压保护电路中
PTC 正温度系数热敏电阻器 NTC 负温度系数热敏电阻器	它可由单晶、多晶、玻璃和塑料等半导体材料制成。这种电阻器具有一系列特殊的电性能，最基本的特性是它的电阻值随着其表面温度的变化而变化。其特点是对温度灵敏度高、热惰性小、寿命长、体积小、结构简单以及可制成各种不同的外形结构	电视机消磁电路

实 物 图	电阻结构和特点	常见应用电路及典型应用
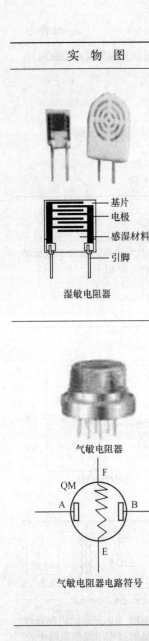 湿敏电阻器	湿敏电阻器是其阻值随环境相对湿度变化而变化的敏感元器件。湿敏电阻器的基本结构由感湿层、引线电极和具有一定强度的绝缘基体组成	湿敏电阻器广泛应用于空调器、恒湿机等家电中作湿度环境的检测
气敏电阻器 QM A B E 气敏电阻器电路符号	气敏电阻器是一种对特殊气体敏感的元器件,可以将被测气体的浓度和成分信号转变为相应的电信号,是一种新型半导体元器件。它是利用金属氧化物半导体表面吸收某种气体分子时,会发生氧化反应或还原反应的特点制成的。N 型气敏电阻器在检测到甲烷、一氧化碳、天燃气、煤气、液化石油气、乙炔、氢气等气体时,其电阻值减小。P 型气敏电阻器在检测到可燃气体时电阻值将增大,而在检测到氧气、氯气及二氧化碳等气体时,其电阻值将减小。气敏电阻器具有灵敏度高、功耗低、稳定性好、响应和恢复时间快等特点	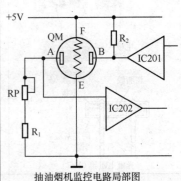 抽油烟机监控电路局部图 广泛应用于各种可燃气体、有害气体及烟雾等方面的检测及自动控制
 电阻排阻 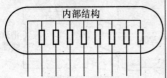	排电阻也叫集成电阻器。它是由在真空中镀上一层合金电阻膜于陶瓷基板上,加玻璃材保护层及三层电镀而组成的电阻,具有可靠度高、外观尺寸均匀、精确且具有温度系数与阻值公差小的特性。排电阻比分立电阻体积小,安装方便,但价格稍贵	常用于数字显示电路、计算机硬件电路中

续表

实 物 图	电阻结构和特点	常见应用电路及典型应用
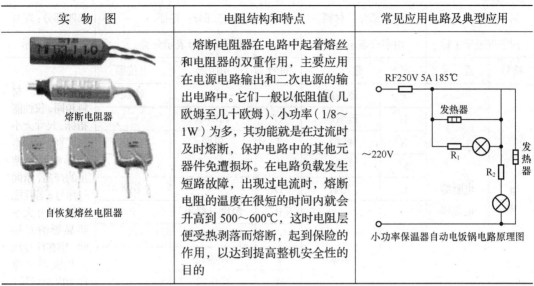 熔断电阻器 自恢复熔丝电阻器	熔断电阻器在电路中起着熔丝和电阻器的双重作用，主要应用在电源电路输出和二次电源的输出电路中。它们一般以低阻值（几欧姆至几十欧姆）、小功率（1/8～1W）为多，其功能就是在过流时及时熔断，保护电路中的其他元器件免遭损坏。在电路负载发生短路故障，出现过电流时，熔断电阻的温度在很短的时间内就会升高到 500～600℃，这时电阻层便受热剥落而熔断，起到保险的作用，以达到提高整机安全性的目的	小功率保温器自动电饭锅电路原理图

4. 电阻器型号组成的认知

根据我国国家标准规定，型号由以下 4 部分组成（如图 1-3 所示）。电阻器和电位器的型号命名方法见表 1-2。

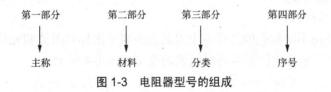

图 1-3 电阻器型号的组成

表 1-2　　　　　　　　　　　　　电阻器、电位器型号命名方法

第一部分：主称		第二部分：材料		第三部分：特征			第四部分：序号
用字母表示主称		用字母表示材料		用数字或字母表示分类			用数字表示
符号	意义	符号	意义	符号	电阻器	电位器	对于主称、材料相同，仅性能指标、尺寸大小有区别，但基本不影响互换使用的产品，给同一序号；若性能指标、尺寸大小明显影响互换时，则在序号后面用大写字母作为区别代号
R W	电阻器 电位器	T	碳膜	1	普通	普通	
		H	合成膜	2	普通	普通	
		S	有机实心	3	—	超高频	
		N	无机实心	4	—	高阻	
		J	金属膜	5	精密、高温	—	
		Y	氧化膜	6	高温	—	
		C	沉积膜	7	精密	精密	
		I	玻璃釉膜	8	高压	特殊函数	

第一部分：主称		第二部分：材料		第三部分：特征			第四部分：序号
用字母表示主称		用字母表示材料		用数字或字母表示分类			用数字表示
符号	意义	符号	意义	符号	电阻器	电位器	对于主称、材料相同，仅性能指标、尺寸大小有区别，但基本不影响互换使用的产品，给同一序号；若性能指标、尺寸大小明显影响互换时，则在序号后面用大写字母作为区别代号
R W	电阻器 电位器	P	硼酸膜	9	特殊	特殊	
		U	硅酸膜	G	高功率	—	
		X	线绕	T	可调	—	
		M	压敏	W	—	微调	
		G	光敏	D	—	多圈	
		R	热敏	B	温度补偿用	—	
				C	温度测量用	—	
				P	旁热式	—	
				W	稳压式	—	
				Z	正温度系数	—	

如：RTG6 就是高功率碳膜电阻器；WXT1 就是线绕可调电位器。

二、电阻器阻值识别

1. 色环电阻器的识别

色环电阻器是用不同颜色的环带在电阻器表面表示出标称阻值和允许偏差。常用有四色环法和五色环法。色环电阻器各环所代表的意义如图1-4所示。

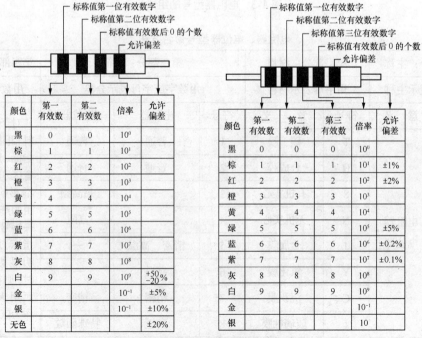

图1-4　色环电阻器各环所代表的意义

（1）四环电阻器

四条色环中前两条表示两位有效数字，第三条表示乘数即有效数后零的个数，第四条表示允许偏差。

例如，现有一个电阻器，其各环的颜色如图 1-5 所示，电阻器的阻值与允许偏差就可以通过图 1-4 的含义解读出来。

图 1-5 四环电阻器

（2）五色环电阻器

五环电阻器是精密电阻器，五条色环中前三条表示三位有效数字，第四条表示乘数即有效数后零的个数，第五条表示允许偏差。各环含义与四环电阻器各环的含义基本相同，如图 1-6 所示。

例如：图 1-6 所示为五环电阻器示意图。

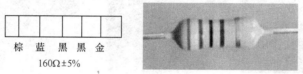

图 1-6 五环电阻器

注意：第一环的识别应该特别小心。色环电阻器的第一色环的确定方法：① 金银环只能表示偏差环，不能作为第一环；② 橙、黄、灰只能表示第一环；③ 第一环一般距电阻体端部较近，偏差环一般离电阻体端部较远。

2. 直标法电阻器的识别

用阿拉伯数字和单位符号在电阻器表面直接标出标称阻值和允许偏差，如图 1-7 所示。

图 1-7 直标法电阻器

3. 文字符号法电阻器的识别

用阿拉伯数字和文字符号两者有规律地组合在电阻上标出。标注时用符号 R 或 Ω 表示 Ω、k 表示 kΩ、M 表示 MΩ，电阻值（阿拉伯数字）的整数部分写在符号的前面，小数部分写在符号的后面，如图 1-8 所示。

图 1-8 文字符号法电阻器

4. 数码表示法电阻器的识读

用三位阿拉伯数字表示，前两位为阻值的有效值，第三位为有效数后零的个数，单位为Ω。

例：102J 的标称阻值为 $10\times10^2=1k\Omega$，J 表示该电阻的允许误差为±5%。

三、电阻器检测

对电阻的检测，主要是检测其阻值及其好坏。

1. 固定电阻器检测

用万用表的欧姆挡测量电阻的阻值，将测量值和标称值进行比较，从而判断电阻是否出现短路、断路、老化（实际阻值与标称阻值相差较大的情况）等故障现象，是否能够正常工作。

注意：万用表测量电阻时，双手不要触及表笔和电阻，如图 1-9～图 1-11 所示。

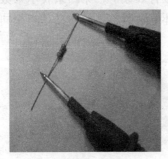  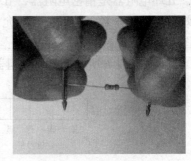

图 1-9　正确　　　　　　图 1-10　错误　　　　　　图 1-11　错误

2. 敏感电阻器检测

（1）热敏电阻器检测

测量电阻的同时，用手捏住热敏电阻器或靠近已加热的电烙铁（不要接触）对其加热，若阻值随温度的变化而变化，说明其性能良好，如图 1-12、图 1-13 所示。

图 1-12　通电加热烙铁靠近热敏电阻器

图 1-13　阻值随温度升高而减小

（2）光敏电阻器检测

用手遮住光敏电阻器的透光窗口，此时阻值应接近无穷大，此值越大性能越好。之后移开手让光敏电阻器的透光窗口对准光源，此时阻值应明显减小，此值越小性能越好，如图 1-14、图 1-15 所示。

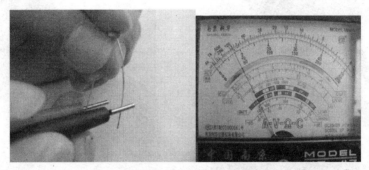

图 1-14　用手遮住透光窗口阻值很大

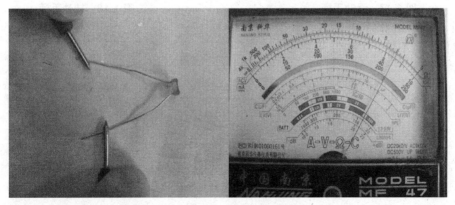

图 1-15　透光窗口对准光源阻值减小

任务二　电位器的识别与检测

一、电位器型号识别

型号识别方法同电阻器。各字母的含义见表 1-2。

二、电位器规格识别

电位器规格标注一般采用直标法或文字符号法，电位器的型号、阻值等直接标注在电位器外壳上，如图 1-16 所示。

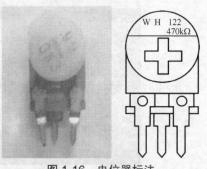

图 1-16　电位器标注

三、电位器检测

检测电位器时，首先转动旋转轴或滑动手柄，感觉一下旋转轴或滑动手柄是否灵活，带开关的电位器在开关通断时"咔嗒"声是否清脆，并听一听转动过程中有无声音，若听不到噪声，说明电位器基本良好。

接着用万用表测量，万用表红、黑表笔分别连接电位器两定片引脚，测量出电位器标称阻值。然后将两表笔分别接触定片一端和动片引脚，缓慢匀速旋转电位器旋转轴或滑动手柄，观察电位器指针是否连续、均匀移动。若万用表指针偏转出现停顿或跳动现象，说明该电位器动片与定片之间存在接触不良的故障，如图 1-17、图 1-18 所示。

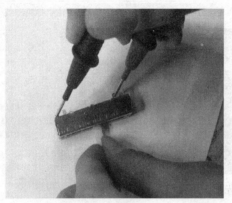

图 1-17　滑动手柄

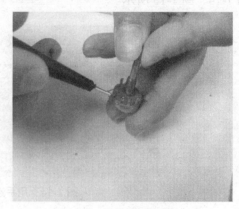

图 1-18　转动手柄

四、电位器电路符号

电位器有不带开关和带开关两种，电路符号如图 1-19 所示。

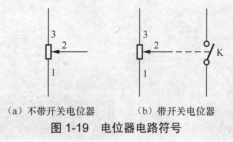

（a）不带开关电位器　　　（b）带开关电位器

图 1-19　电位器电路符号

1.2　项目基本知识

知识点一　电阻器的电路符号和实物图

各种电阻器名称、电路符号和实物图如表 1-3 所示。

表1-3 各种电阻器的实物图

名称和符号	实 物 图	名称和符号	实 物 图
金属膜电阻 	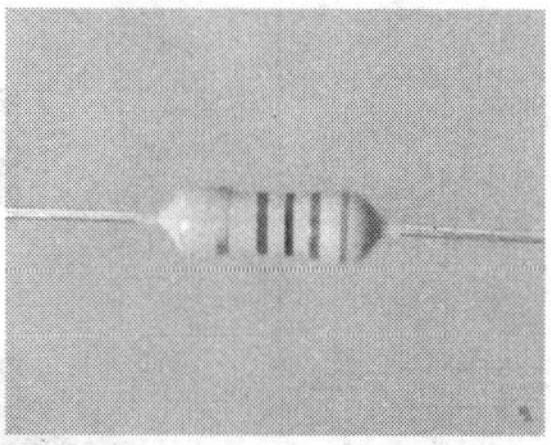	金属氧化膜电阻 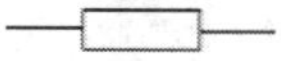	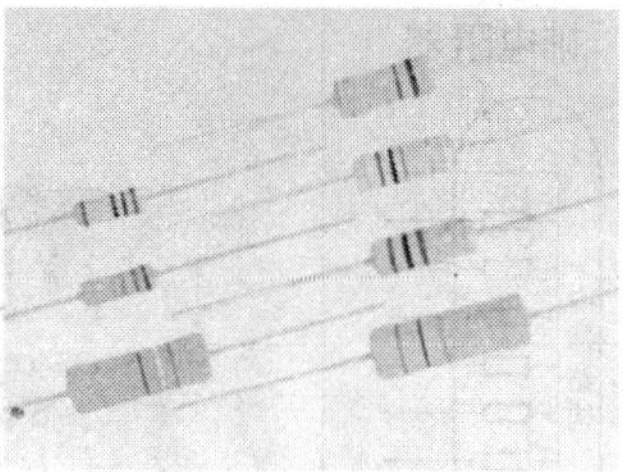
碳膜电阻 	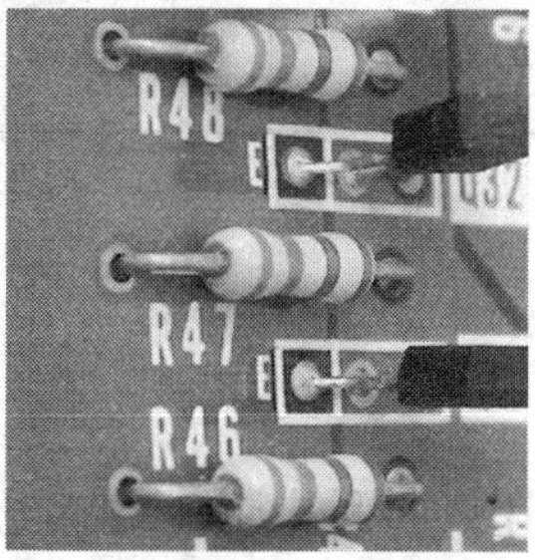	线绕电阻器 	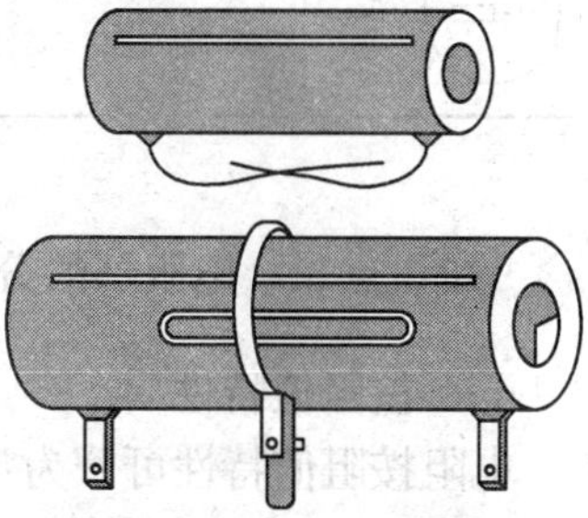
绕线电阻 	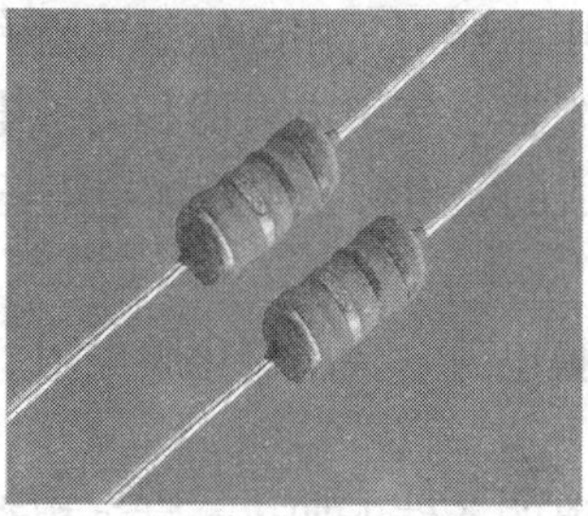	水泥电阻 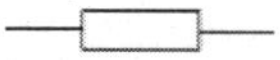	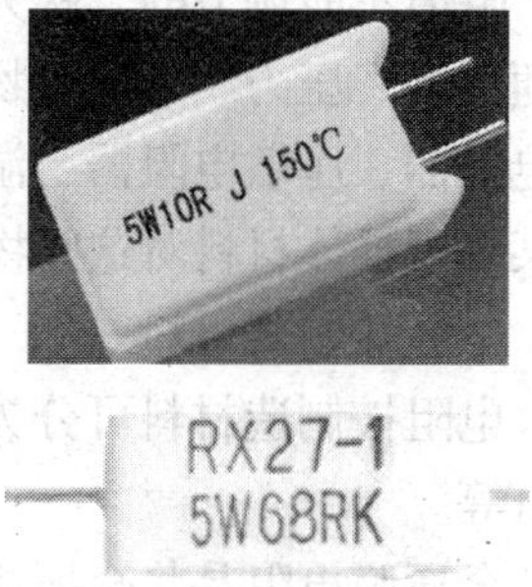
光敏电阻 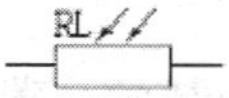	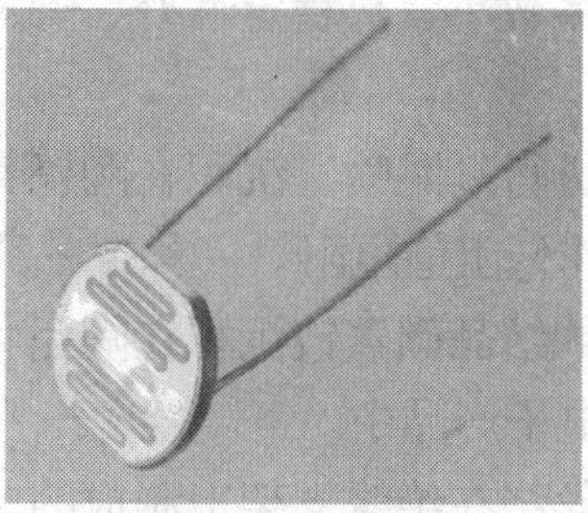	热敏电阻器 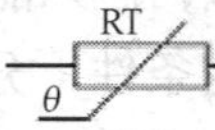	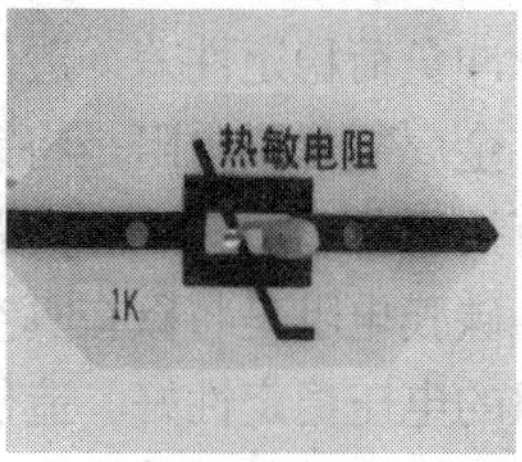
压敏电阻 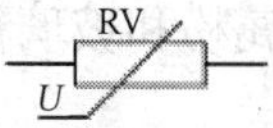		熔断电阻 	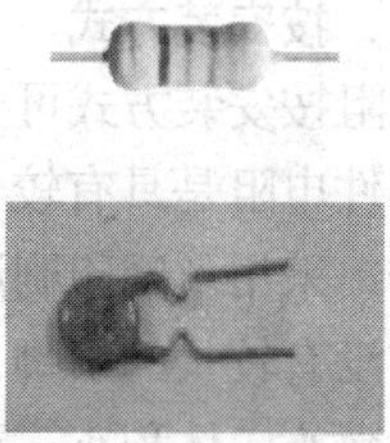

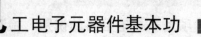

续表

名称和符号	实物图	名称和符号	实物图
排电阻器	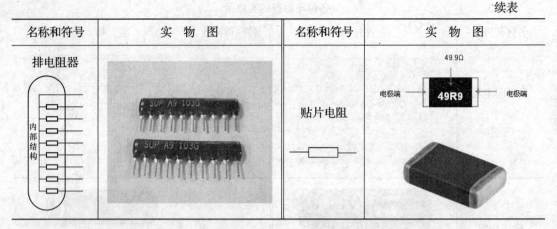	贴片电阻	

知识点二　电阻器的分类

一、按阻值特性

电阻按阻值特性可分为：固定电阻、可调电阻、特种电阻（敏感电阻）。

阻值不能调节的，称为固定电阻；而可以调节的，称之为可调电阻；敏感电阻是指阻值随温度、压力、光照等物理量变化而变化的电阻器。常用的敏感电阻有热敏电阻器、光敏电阻器、压敏电阻器、湿敏电阻器、磁敏电阻器、气敏电阻器和力敏电阻器。它们是利用某种半导体材料对这些物理量的敏感性而制成的，也称为半导体电阻器。

二、按制造材料

电阻按制造材料可分为：碳膜电阻、金属膜电阻、金属氧化膜电阻、线绕电阻和水泥电阻等。

金属膜电阻是将金属或合金材料在真空高温的条件下加热蒸发沉积在陶瓷骨架上制成的。金属膜电阻具有较高的耐高温性能、温度系数小、热稳定性好、噪声小等优点。但它的脉冲负荷稳定性差，造价也较高。

金属氧化膜电阻是将锡和锑的金属盐溶液进行高温喷雾沉积在陶瓷骨架上制成的。它具有抗氧化、耐酸、抗高温等优点，但只能用作低阻值电阻。

碳膜电阻是将碳在真空高温的条件下分解的结晶碳蒸镀沉积在陶瓷骨架上制成。碳膜电阻的电压稳定性好、造价低，广泛用于普通电子产品中。

线绕电阻是用镍铬合金、猛铜合金等电阻丝绕在绝缘支架上制成的，其内部涂有耐热的釉绝缘层。

三、按安装方式

电阻按安装方式可分为：插件电阻、贴片电阻。

插件电阻是具有较长引脚，需要穿过电路板进行焊接。贴片电阻是将金属粉和玻璃釉粉混合，采用丝网印刷法印在基板上制成的电阻器。

它没有较长的引脚，直接焊接在电路板一面，适用于表面贴装，具有耐潮湿、耐高温、温度系数小、体积小、重量轻等优点。

四、按功能分

电阻按功能可分为：负载电阻、采样电阻、分流电阻、排电阻、保护电阻等。

排电阻器（简称排阻）是一种将按规律排列的分立电阻器集成在一起的组合型电阻器，也称集成电阻器或电阻器网络。其中一个管脚共地，其他管脚分别具有相同的阻值。

熔断电阻器是一种保护电阻。它是一种具有电阻器和过流保护熔断丝双重作用的元器件。正常情况下具有普通电阻器的电气功能，在电流较大的情况下自己溶化断裂从而起到保护作用。

知识点三 电阻器主要特性参数

一、标称阻值与允许偏差

1. 标称阻值

常用的标称阻值有 E6、E12、E24 系列，如表 1-4 所示。实际阻值与标称阻值的相对误差称为允许偏差。常用的精度有±5%、±10%、±20%，精密电阻精度要求更高，如±2%、±1%和0.5%～±0.001%等。

表 1-4　　　　　　　　　　　电阻器标称阻值系列

标称值系列	允 许 偏 差	电阻器标称值							
E24	Ⅰ级（±5%）	1.0	1.1	1.2	1.3	1.5	1.6	1.8	2.0
		2.2	2.4	2.7	3.0	3.3	3.3	3.9	4.3
		4.7	5.1	5.6	6.2	6.8	7.5	8.2	9.1
E12	Ⅱ级（±10%）	1.0	1.2	1.5	1.8	2.2	2.7	3.3	3.9
		4.7	5.6	6.8	8.2	—	—	—	—
E6	Ⅲ级（±20%）	1.0	1.5	2.2	3.3	4.7	6.8	—	—

注：表中数值乘以 10^n（其中 n 为整数），即为系列阻值。

标称在电阻器表面上的电阻值称为标称值。其单位为 Ω、kΩ、MΩ。

说明：标称值是根据国家制定的标准系列标注的，不是生产者任意标定的。不是所有阻值的电阻器都存在。电位器、电容器的标称值也适用此表。

2. 允许误差

允许偏差是指电阻器的实际阻值对于标称阻值所允许的最大偏差范围。它的大小反映着电阻器的阻值精度。常用电阻器的允许误差与精度等级的对应关系如表 1-5 所示。

表 1-5　　　　　　　常用电阻器的允许误差与精度等级的对应关系

允许误差	±0.5%	±1%	±5%	±10%	±20%
等级	005	01	Ⅰ	Ⅱ	Ⅲ
文字符号	D	F	J	K	M

电阻器的标称阻值及其允许偏差均标注在电阻器表面，标注方法有直标法、文字符号

法、数码法、色标法。

二、电阻器的额定功率

电阻器的额定功率是指电阻器在规定大气压力和在规定的温度条件下，长期连续工作所允许耗散的最大功率。

电阻器的额定功率也有用标称值，常用的有 1/8W、1/4W、1/2W、1W、2W、3W、5W、10W、20W 等。在电路图中，常用图 1-20 所示的符号来表示电阻的标称功率。选用电阻的时候，要留有一定的余量，选标称功率比实际消耗的功率大一些的电阻。

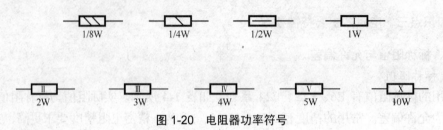

图 1-20　电阻器功率符号

三、温度系数

电阻器温度系数表示电阻器电阻值随温度变化而变化，即热稳定性的物理量。温度系数是温度每变化 1℃所引起的电阻值的相对变化。温度系数越小，电阻的稳定性越好。阻值随温度升高而增大的为正温度系数，反之为负温度系数。

需要特别提出的是，电阻噪声与其误差等级密切相关，精度越低的电阻在电路中的噪声越大，因此，在应用中应根据不同的电路进行选择。

知识点四　电位器电路和等效电路

一、电位器电路结构等效电路

电位器实际上就是一个可变电阻器。图 1-21 所示是电位器的结构图，有 3 个引出端，其中两个固定端（1、3 端），一个活动端（2 端）。旋转活动臂可改变活动簧片的位置，从而改变 1～2 端或 2～3 端间的电阻值。电位器的等效电路图如图 1-22 所示。

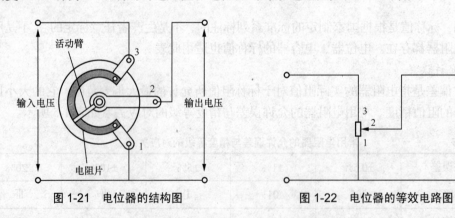

图 1-21　电位器的结构图　　　　图 1-22　电位器的等效电路图

二、电位器实物图

各种电位器的实物图如表 1-6 所示。

表 1-6　　　　　　　　　　　　　　各种电位器的实物图

图　名	实　物　图
 直滑式电位器	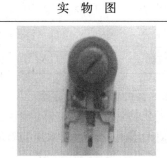 微调电位器
 带开关电位器	 高精度多圈电位器
 单联电位器	 双联电位器

知识点五　电位器的参数

电位器的主要参数如下。

电位器的主要参数有标称阻值、额定功率、分辨率、滑动噪声、阻值变化特性、耐磨性、零位电阻及温度系数等。

1. 电位器的标称阻值和额定功率

（1）电位器上标注的阻值叫标称阻值，具体指两固定引片之间的阻值。

（2）电位器的额定功率是指在直流或交流电路中，当大气压为 87～107 kPa，在规定的额定温度下长期连续负荷所允许消耗的最大功率。例如，线绕和非线绕电位器的额定功率系列如表 1-7 所示。

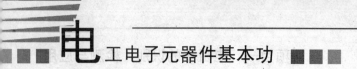

表 1-7	电位器额定功率标称系列	（单位:功率）
电位器系列	0.025、0.05、0.25、0.5、1、1.6、2、3、5、10、16、25、40、63、100	
线绕电位器	0.25、0.5、1、1.6、2、3、5、10、16、25、40、63、100	
非线绕电位器	0.025、0.05、0.1、0.25、0.5、1、2、3	

2. 电位器的阻值变化特性

阻值变化特性是指电位器的阻值随活动触点移动的长度或转轴转动的角度变化的关系，即阻值输出函数特性。常用的阻值变化特性有 3 种，如图 1-23 所示。

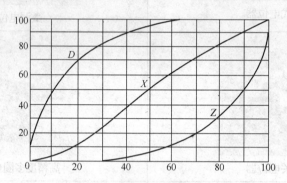

图 1-23　电位器阻值变化曲线

（1）直线式（X 型）

直线式电位器的阻值是随转轴的旋转做匀速变化的，并与旋转角度成正比，就是说阻值随旋转角度的增大而增大。当电阻体上的导电物质分布均匀时，单位长度的阻值大致相等。它适用于要求调节均匀的场合（如分压器）和偏流的调整。

（2）指数式（Z 型）

电位器阻值的变化与动角点位置的变化成指数关系。指数式电位器因电阻体上的导电物质分布不均匀，电位器开始转动时，阻值变化较慢，转动角度增大时，阻值变化较陡。指数式电位器单位面积允许承受的功率不等，阻值变化小的一端允许承受的功率较大。它普遍应用于音量调节电路里，因为人耳对声音响度的听觉特性是接近于指数关系的。在音量从零开始逐渐变大的一段过程中，人耳对音量变化的听觉最灵敏，当音量大到一定程度后，人耳的听觉逐渐变迟钝。所以音量调节一般采用指数式电位器，使声音的变化显得平稳、舒适，就是说阻值的变化开始较大，而后变化逐渐减慢。

（3）对数式（D 型）

电位器阻值的变化与动触点位置的变化成对数关系。对数式电位器因电阻体上导电物质的分布也不均匀，在电位器开始转动时，其阻值变化很快，当转动角度增大时，转动到接近阻值大的一端时，阻值变化比较缓慢。对数式电位器适用于与指数式电位器要求相反的电子电路中，如电视机的对比度控制电路、音调控制电路。

3. 电位器的分辨率

电位器的分辨率也称为分辨力，对线绕电位器来讲，当动接点每移动一圈时，输出电压不连续地发生变化，这个变化量与输出电压的比值为分辨率。直线式线绕电位器的理论分辨率为绕线总匝数 N 的倒数，并以百分数表示。电位器的总匝数越多，分辨率越高。

4. 电位器的最大工作电压

电位器的最大工作电压是指电位器在规定的条件下，长期可靠地工作而不损坏，所允许承受的最高点工作电压，也称为额定工作电压。

电位器的实际工作电压要小于额定工作电压。如果实际工作电压高于额定工作电压，则电位器所承受的功率要超过额定功率，则导致电位器过热损坏。

5. 电位器的动噪声

当电位器在外加电压作用下，其动接触点在电阻体上滑动时，产生的电噪声称为电位器的动噪声。动噪声是滑动噪声的主要参数之一，动噪声值的大小与转轴速度、接触点和电阻体之间的接触电阻、电阻体的电阻率不均匀变化、动接触点的数目以及外加电压的大小有关。

✎ 知识点六 电阻器在电工和电子中的应用

电阻器是耗能元器件，它吸收电能并把电能转换成其他形式的能量。在电路中，电阻主要有分压、分流、负载等作用，用于稳定、调节、控制电压或电流的大小。

一、电阻器在电子产品中的应用

1. 分流电阻电路应用

将电阻器与另一个电子元器件并联，让一部分电流流过电阻器，以减少流过另一个电子元器件的电流，减轻该电子元器件的负担，如图 1-24 所示。

在加入分流电阻 R_1 之后电流 I 的一部分 I_2 流过电阻 R_1，这样流过三极管 VT 的电流 I_1 有所减小，而到达输出端的总电流 I 并没有减小。显然，接入分流电阻 R_1 可以起到保护三极管的作用。

2. 隔离电阻电路应用

隔离电阻 R 的作用是防止开关 S 接通时，将前级放大器电路输出端对地短路，而造成前级放大器电路的损坏，如图 1-25 所示。

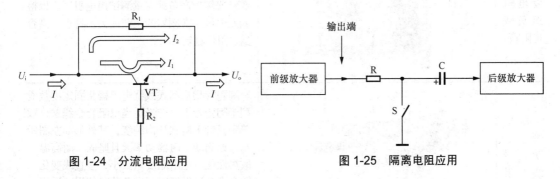

图 1-24　分流电阻应用　　　　　图 1-25　隔离电阻应用

3. 分压衰减电阻电路应用

如图 1-26 所示电路中，直流工作电压 $+U$ 比较大，而集成电路 A 的①脚需要比 $+U$ 低的直流电压，这时可以采用电阻分压电路。电阻 R_1 和 R_2 构成分压电路，分压后，比较低的直流电压加到集成电路 A 的①脚，以满足集成电路 A 的需要。

4. 敏感电阻应用

敏感电阻器主要是指电特性（例如电阻率）对于温度、光通、电压、机械力、磁通、湿度和气体浓度等物理量表现敏感的元器件，如热敏电阻器、光敏电阻器、压敏电阻器、力敏电阻器、磁敏电阻器、湿敏电阻器和气敏电阻器。利用这类元器件可以构成能检测相应物理量的探测器，如红外探测器、辐射热探测器等；还可制成无触点开关和非接触式电位器，如光电电位器和磁敏电位器等。由于它们几乎都是用半导体材料做成的，因此，这类电阻器也称为"半导体电阻器"。

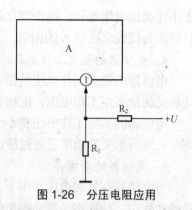

图 1-26　分压电阻应用

随着电器设备的发展敏感电阻器的应用越来越广泛。如可见光光敏电阻器主要应用于各种光电控制系统、光电自动开关门户、声光控照明系统和报警器等方面，如表 1-1 中的光电控制电路所示；正温度系数热敏电阻（PTC）一般用于电冰箱压缩机启动电路、彩色显像管消磁电路（如表 1-1 中的电视机消磁电路所示）、电动机过电流过热保护电路、限流电路和恒温电加热电路等方面；负温度系数热敏电阻器（NTC）一般用于各种电子产品温度补偿、温度控制和稳压电路等方面。

二、电阻器在电力设备中的应用

电力电路是高电压、大功率、大电流的电路，对电阻器的要求较高。在选择时既要考虑电阻器的电器参数也要注意电阻器的形状，以适应不同电力设备的需要，如表 1-8 所示。

表 1-8　　　　　　　　　　　　　　　电阻器在电力设备中的应用

名　称	实　物　图	说　　明
MAP-发电机组负载电阻箱		负载电阻箱根据容量需要，可为发电机、变频器等生产负载容量测试用电阻器。以检验发电机、变频器的负载能力。特点：高容量、阻值稳定
陶瓷管型启动式线绕电阻器		陶瓷管型启动式线绕电阻器将固定圈数成型于陶瓷管上，选择适当电阻合金线材，顺着陶瓷管上旋状牙沟缠绕，其外形如左图所示。该启动电阻器功率大且坚固，耐高温、散热性优，电阻温度系数小、呈直线变化，适合大电流做短时间过负荷时使用，适用于电动机启动、负载测试、产业机械、电力分配、仪器设备及自动控制装置等

续表

名称	实 物 图	说 明
塔吊启动制动电阻器	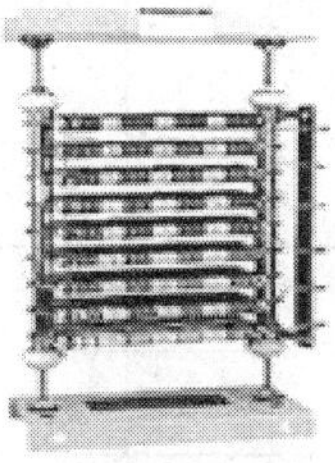	塔吊启动制动电阻器串电阻启动，也就是降压启动的一种方法，在启动过程中，在定子绕组电路中，串联电阻，当启动电流通过时，就在电阻上产生电压降，减少了加在定子绕组上面的电压，以达到减少启动电流的目的
变频器启动制动电阻器柜	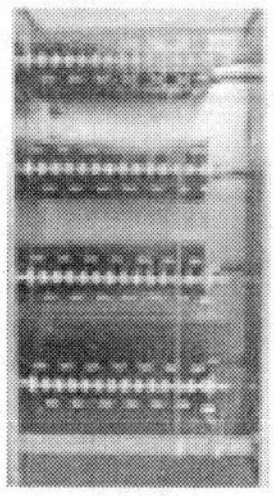	低压电阻柜是为改善大中型绕线式交流异步电动机的启动性能而设计的新型启动器，克服了频敏电阻启动器冲击电流大难启动和操作不便等问题，适用于建材、冶金、化工、矿山等部门的球磨机、空压、破碎机、大型风机、大型水泵等电机的重载启动，是频敏启动器和金属启动器的理想替代产品
电力铝壳电阻器		电力铝壳电阻器是弹簧合金电阻体与成形铝壳的组合，将其经高温阳极处理后，再以特殊不燃性耐热水泥充填，待阴干后经过高温处理固定绝缘而成，其外形如左图所示。由于整个电阻器都被耐热水泥充填固定，所以不怕外来的机械力量与尘埃环境。这种电阻器不但功率大而且坚固，耐振，散热良好，电阻温度系数小，呈直线变化，适用于产业机械、负载测试、电力分配、仪器设备及自动控制装置等
电动机车配套电阻器	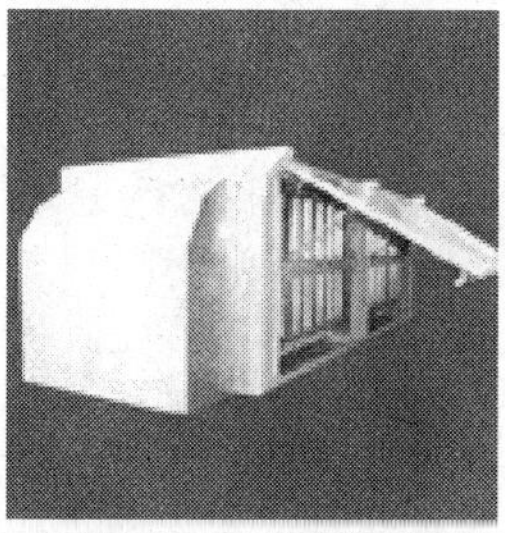	特定为内燃机车设计、制作专用的启动、制动、刹车电阻器，并可用软件模拟分析电阻器使用时的温度、热量变化、机械结构，据此确定电阻器的外形大小及散热方式，以满足不同的使用要求。其特点：体积小、容量大、可靠性高、完善的维护体系

项目学习评价

一、思考练习题

（1）电阻器型号由哪几部分组成？各部分含义是什么？

（2）电阻器的标称阻值有哪几种标注方法？

（3）使用万用表测电阻器时应注意哪些事项？

（4）如何判断电位器的好坏？

二、自我评价、小组互评及教师评价

评价方面	项目评价内容	分值	自我评价	小组评价	教师评价	得分
理论知识	① 熟悉并能说出常见电阻器的特点及作用	10				
	② 了解电阻器和电位器的分类	10				
	③ 理解电阻器的主要性能参数	10				
	④ 掌握电阻器在电工电子中的应用	10				
实操技能	① 掌握电阻器和电位器的检测方法	20				
	② 理解电阻器中敏感电阻器的主要性能指标	10				
	③ 熟练判断电阻器的好坏	20				
学习态度	① 严肃认真的学习态度	5				
	② 严谨、有条理的工作态度	5				

三、个人学习总结

成功之处	
不足之处	
改进方法	

项目二 电容器的识别、检测与应用

 项目情境创设

电容器，顾名思义，是"装电的容器"，是一种容纳电荷的元器件，如图2-1所示。

 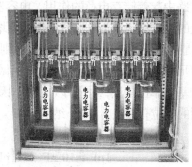

图 2-1　电工电子设备中的电容器

电容器是使用率仅次于电阻器的一种储存电能的元器件。通过电路元器件可以进行充电和放电，具有隔断直流电和通过交流电的作用。

 项目学习目标

	学习目标	学习方式	学时
技能目标	① 掌握对各种电容器进行识别的方法 ② 会利用万用表对各种电容器进行检测 ③ 熟练掌握电容器色标法	教师利用各种电容器实物进行演示并适当讲解，然后学生对照实物进行识别，并利用万用表进行检测	2
知识目标	① 熟练掌握各种电容器的型号及电路符号 ② 掌握各种型号电容器的特点 ③ 掌握电容器的主要参数 ④ 了解电容器在电工电子中的应用		4

项目基本功

2.1 项目基本技能

任务一 电容器的识别与检测

一、电容器和电容

任何两个互相靠近而又彼此绝缘的导体都可构成电容器。组成电容器的两个导体叫做极板，极板中间的物质叫做电介质。常见电容器的电介质有空气、纸、油、云母、塑料及陶瓷等。

电容器在电路中起着储存电荷的作用，电容器就是"储存电荷的容器"。对任何一个电容器而言，两极板的电压都随所带电荷量的增加而增加，并且电荷量与电压成正比，其比值 q/U 是一个恒量；但是对于不同的电容器，这一比值则不相同。可见 q/U 表现了电容器的固有特性。因此，把电容器所带电荷量与其端电压的比值叫做电容器的电容量，简称电容，用字母 C 表示。电容器电容量的基本单位是法，用字母 F 表示。因为实际中的电容器的容量往往比 1F 小得多，所以电路中常用的单位有微法（μF）、纳法（nF）和皮法（pF）等，其关系如下：

$$1F = 10^6 \mu F$$
$$1\mu F = 10^3 nF = 10^6 pF$$

二、电容器型号的识别

一些常用的电容器如表 2-2 中示意图所示。用字母 C 表示。电容器是电子设备中大量使用的电子元器件之一，广泛应用于隔直、耦合、旁路、滤波、调谐回路、能量转换、控制电路等方面。

根据我国国家标准规定，型号由以下 4 部分组成，各部分含义见表 2-1。

第一部分	第二部分	第三部分	第四部分
↓	↓	↓	↓
主称	介质材料	分类	序号

表 2-1　　　　　　　　　　　　电容器型号命名方法

第一部分：主称		第二部分：材料		第三部分：分类					第四部分：序号
字母	意义	字母	意义	数字与字母	意义				
					瓷介电容	云母电容	有机电容	电解电容	
C	电容器	A	钽电解质	1	圆片	非密封	非密封	箔式	用数字表示序号，以区别电容器的外形尺寸及性能指标
		B	聚苯乙烯等非极性有机薄膜（常在"B"后面加一字母，以区分具体材料。）例如："BB"为聚丙烯；"BF"为聚四氟乙烯	2	管形	非密封	非密封	箔式	
				3	叠片	密封	密封	烧结粉非固体	

第一部分：主称		第二部分：材料		第三部分：分类					第四部分：序号
字母	意义	字母	意义	数字与字母	意义				
					瓷介电容	云母电容	有机电容	电解电容	
C	电容器	C	高频陶瓷	4	独石	密封	密封	烧结粉固体	用数字表示序号，以区别电容器的外形尺寸及性能指标
		D	铝电解质	5	穿心	—	—	穿心	
		E	其他材料电解	6	支柱	—	—	—	
		G	合金电解	—	—	—	—	—	
		H	纸膜复合	7	—	—	无极性	—	
		I	玻璃釉	8	高压	高压	高压	—	
		J	金属化纸介	9	—	—	特殊	特殊	
		L	涤纶、无极性、有机薄膜（常在"L"后面加一字母，以区具体材料）例如："LS"为聚碳酸脂	G	高功率型				
				T	叠片式				
		N	铌电解质	N	微调型				
		O	玻璃膜						
		Q	漆膜	J	金属化型				
		T	低频陶瓷						
		V	云母纸	Y	高压型				
		Y	云母						
		Z	纸介						

如：CDY5 就是高压型铝电解电容器。

三、电容器容量的识别

电容器容量标注主要有如下 5 种，如表 2-2 所示。

表 2-2　　　　　　　　　　　电容器容量的 5 种标注识别

标注方法	示　意　图	说　明	备　注
1. 直标法	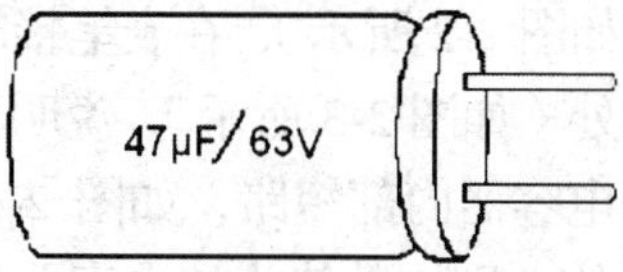 47μF/63V 电容器直标法	把电容器标称容量及偏差标在电容器外壳上，如左图所示。若电容器上未标注偏差，则默认为±20%的误差。若是零点零几，常把整数位的"0"省去，如.01μF 表示为 0.01μF	 实物图

续表

标注方法	示 意 图	说 明	备 注
2. 数字表示法	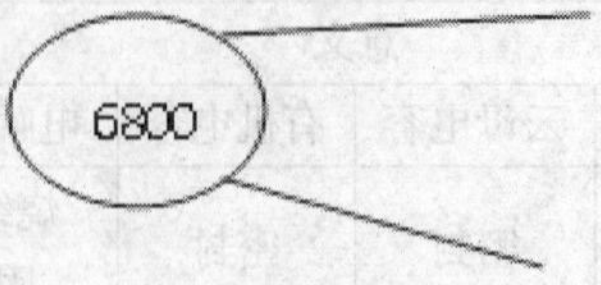 6800 电容器数字表示法	只标数字不标单位的直接表示法，如左图所示。采用此法仅限 pF 和 μF 两种，一般情况标为整数的单位为 pF，标为小数的单位为 μF。对电解电容器单位一般为 μF	 30 实物图
3. 数字字母法	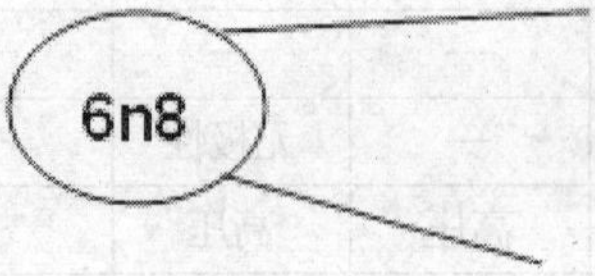 6n8 电容器数字字母法	容量的整数部分写在容量单位标志字母的前面，容量的小数部分写在容量单位标志字母的后面，如左图所示。其中 n 为 1000	如：1p5 表示 1.5pF 6n8 表示 6800 pF  实物图
4. 数码法	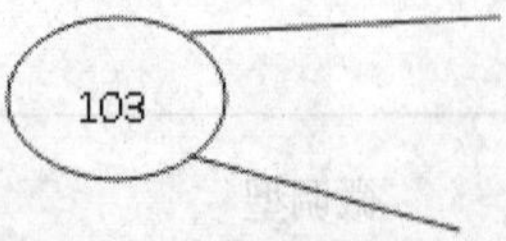 103 电容器数码法	一般用三位数字表示电容器容量大小，其单位为 pF。其中第一、二位为有效值数字，第三位表示倍数即有效数后"零"的个数。如左图所示	如：103 表示 10000pF 即 0.01μF 224 表示 220000pF 即 0.22μF  103 500V 实物图
5. 色标法	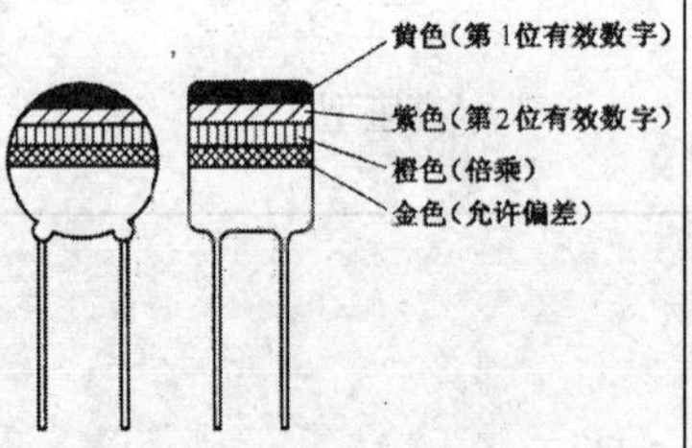 黄色（第1位有效数字） 紫色（第2位有效数字） 橙色（倍乘） 金色（允许偏差） 电容器色标法	它是在电容器表面上用不同颜色的色带和色点标志其主要参数的标注方法。具体的表示方法和电阻器的色环表示法基本相同。如左图所示	

四、电容器的检测

1. 普通固定电容器的检测

将万用表的两表笔分别和电容器两端相接（如图 2-2 所示），在表笔接触瞬间可以看到万用表指针先向右偏转，之后慢慢返回至无穷大处（如图 2-3 所示），说明正常。电容器容量越大，指针偏转越大。如果指针指向零，说明电容器内部短路，如图 2-4 所示。如果指针偏转后不能返回至无穷大，而是停留在某一数值，则该数值为该电容器的漏电电阻，如图 2-5 所示。若漏电电阻很大（兆欧级以上），说明该电容器正常；若较小，说明该电容器漏电。对于容量较小的电容器检测时可能指针不动也属正常。

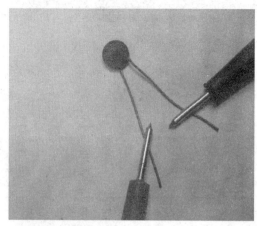

图2-2　万用表的两表笔分别和电容器两端相接

图2-3　指针先向右偏转，之后慢慢返回至无穷大处

图2-4　指针指向零说明电容器内部短路　　　图2-5　指针指向某一数值说明电容器漏电

　　注意，检测之前要对电容器放电，可将电容器两引脚碰一下，如图2-6、图2-7所示。万用表挡位一般选用R×1k或R×10k挡，如图2-8、图2-9所示。

图 2-6　两引线短接放电

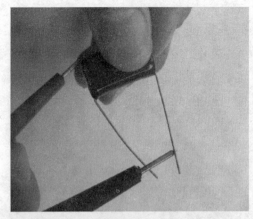

图 2-7　万用表表笔短接引线放电

图 2-8　欧姆挡 R×10k 挡

图 2-9　欧姆挡 R×1k 挡

2. 电解电容器的检测

电解电容器的容量较一般电容器容量大得多，测量时应针对不同容量选用合适量程。一般情况下 47μF 以下用 R×1k 挡，47μF 以上用 R×100 挡。

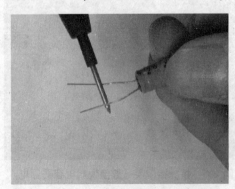

图 2-10　万用表表笔短接电容器

注意，检测之前也要对电解电容器进行放电，用万用表表笔短接电容器，如图 2-10 所示。

检测时，黑表笔接电容器正极，红表笔接电容器负极，在刚接触瞬间万用表指针即向右偏转较大角度，之后逐渐向左返回，直到停留在某一位置，该指示值为该电容器的漏电电阻。若漏电阻十分接近无穷大，或者在兆欧以上，说明该电容器正常；若万用表指针不动，说明容量消失或内部断路；若阻值很小或为零该电容器已击穿，如图 2-11、图 2-12 所示。

对于正负级标志不清的电解电容器，可利用上述测量漏电阻的方法加以判别。即先任意测量一下漏电阻，记住其大小，然后交换表笔再测量一个阻值，两次测量中阻值较大的那一次黑表笔所接为正极，红表笔所接为负极。

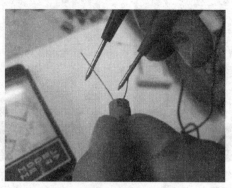

图 2-11　黑表笔接电容器正极、红表笔接电容器负极

图 2-12　指针先向右偏转，之后接近无穷大

3. 可变电容器的检测

将万用表置于 R×10k 挡，一只手将两个表笔分别接可变电容器的动片和定片的引出端（如图 2-13 所示），另一只手将转轴缓慢来回旋转，万用表指针都应在无穷大位置不动（如图 2-14 所示）。如果指针有时指向零，说明动片和定片之间存在短路点，如图 2-15 所示；如果旋到某一角度万用表读数不是无穷大而是有一定阻值，说明可变电容器动片和定片之间存在漏电现象，如图 2-16 所示。

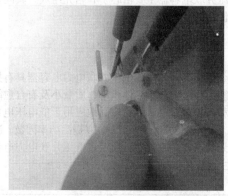

图 2-13　两个表笔分别接动片和定片

图 2-14　指针始终处在无穷大

图 2-15 指针指向零说明动定片　　　图 2-16 指针指向某一数值动片和定片
　　　　之间存在短路点　　　　　　　　　之间存在漏电

任务二　电力电容器的识别与检测

一、电力电容器

电力电容器是用于电力网的电容器。电力电容器是一种静止的无功补偿设备。其主要作用是向电力系统提供无功功率，提高功率因数。采用就地无功补偿的方式，可以减少输电线路输送电流，起到减少线路能量损耗和压降，改善电能质量和提高设备利用率的重要作用。

电力电容器分为并联电容器（其中低压产品—低压自愈式并联电容器另列）、耦合电容器、电容式电压互感器（CVT）及交流滤波电容器等。常用电力电容器的实物图、特点及应用如表 2-3 所示。

表 2-3　　　　　　　　常用电力电容器的实物图、特点及应用

实 物 图	特点及应用
 并联电容器	并联于电力网中，主要用于改善电网质量、改善功率因数的电容器。高电压并联电容器用于工频（50Hz 或 60Hz）1kV 及以上交流电力系统，高电压并联电容器主要由芯子和箱壳组成，其间充满优质的浸渍剂
 低压电力电容器（BCMJ）	金属化聚丙烯薄膜低压并联电力电容器具有抗电能力强、损耗小、体积小、质量小及有自愈能力和保护装置等特点，广泛地应用于低电压电力网（频率为 50Hz 或 60Hz），以提高功率因数，减少无功损耗，改善电压质量。低压并联电力电容器主要应用于集中补偿电容柜中

续表

实 物 图	特点及应用
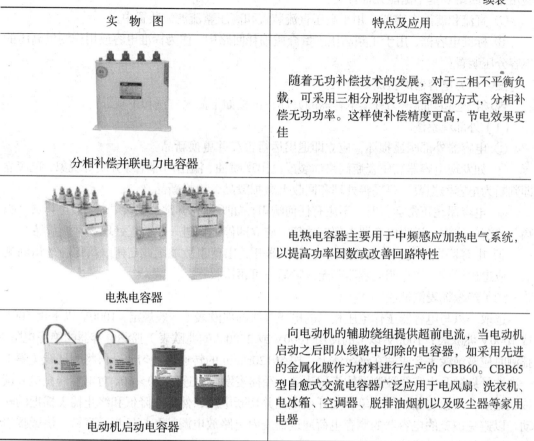 分相补偿并联电力电容器	随着无功补偿技术的发展，对于三相不平衡负载，可采用三相分别投切电容器的方式，分相补偿无功功率。这样使补偿精度更高，节电效果更佳
电热电容器	电热电容器主要用于中频感应加热电气系统，以提高功率因数或改善回路特性
电动机启动电容器	向电动机的辅助绕组提供超前电流，当电动机启动之后即从线路中切除的电容器，如采用先进的金属化膜作为材料进行生产的 CBB60。CBB65 型自愈式交流电容器广泛应用于电风扇、洗衣机、电冰箱、空调器、脱排油烟机以及吸尘器等家用电器

二、电力电容器类型

在电力系统中分高压电力电容器（6kV 以上）和低压电力电容器（400V）。低压电力电容器按性质分为油浸纸质电力电容器和自愈式电力电容器；按功能分为普通电力电容器和智能式电力电容器；按用途分为以下 8 种。

① 并联电容器，又称移相电容器。它主要用于补偿电力系统感性负荷的无功功率，以提高功率因数，改善电压质量，降低线路损耗。

② 串联电容器，串联于工频高压输、配电线路中，用以补偿线路的分布感抗，提高系统的静、动态稳定性，改善线路的电压质量，加长送电距离和增大输送能力。

③ 耦合电容器，主要用于高压电力线路的高频通信、测量、控制、保护以及在抽取电能的装置中作为部件使用。

④ 断路器电容器，原称均压电容器。它并联在超高压断路器断口上起均压作用，使各断口间的电压在分断过程中和断开时均匀，并可改善断路器的灭弧特性，提高分断能力。

⑤ 电热电容器，用于频率为 40～24000 Hz 的电热设备系统中，以提高功率因数，改善回路的电压或频率等特性。

⑥ 脉冲电容器，主要起储能作用，用作冲击电压发生器、冲击电流发生器、断路器试

验用振荡回路等基本储能元器件。

⑦ 直流和滤波电容器，用于高压直流装置和高压整流滤波装置中。

⑧ 标准电容器，用于工频高压测量介质损耗回路中，作为标准电容或用作测量高压的电容分压装置。

三、电力电容器的检测

现场检查和判断电力补偿电容器的好坏，可按如下简易方法和步骤进行。

（1）外部观察法

① 电容器外部明显损坏，应立即退出运行报废并更换新品。

② 如发现电容器高压瓷瓶闪烙炸裂或已出现喷油、溢出内部绝缘介质等现象，也应立即判断为电容器损毁，要妥善处理和回收上缴损毁品，更换新品。

③ 电容器在正常运行时，不应有任何响声。如听到有异常"嘶"、"啪"放电声或"嗡嗡"的沉闷响声，说明电容器内部有故障，应立即停运做进一步检查处理或更换新品。

④ 电容器在运行时，如发现该组电容器开关出现事故跳闸或高压跌落保险丝熔断现象，应退出运行，待查明电容器确无故障后方可再次投运。

（2）绝缘摇表测试法

选取一只与电容器工作电压相当的电压等级的兆欧表（一般规定：1000V 以下用 500V 或 1000V 兆欧表；1000V 以上的使用 1000V 或 2500V 的兆欧表）摇测电容器的绝缘电阻。摇测时应戴绝缘手套或站在绝缘体上，按约 120r/min 的转速保持匀速，再将测试线（笔）一次性可靠触及电容器被测导体搭试测量，经摇表发电机连续 30～60s 对电容器充电并读取数据后，迅速将测试线（笔）离开被试品并切断电路，然后才降低和终止摇表摇把的转动，以避免被充的电容器的剩存电荷通过摇表内电路放电漏掉和打坏指示表针，烧毁摇表内二极管等内部元器件。

将电容器短路放电，可按下列会出现的 3 种结果进行判断。

① 如果兆欧表摇测时表针从零开始，逐渐增大至一定数值并趋于平稳，摇测后将电容器短路时有放电的清脆响声和火花，说明电容器充放电性能良好。只要绝缘不低于规定值，即可判断该电容器为合格，只管放心投入运行。

② 如果兆欧表有一些读数，但短路时却没有放电火花，则表示电极板和接线柱之间的连接导线已断裂，须退出运行或更换新品。

③ 如果兆欧表停在零位，则表明电容器已经击穿损坏，不得再次使用。

2.2 项目基本知识

知识点一 电容器的电路图形符号和实物图

一、各种电容器的电路符号

电容器的电器图形符号如图 2-17 所示。

图 2-17　电容器的图形符号

二、常用电容器的实物图、结构特点及典型应用

常用电容器的实物图、结构特点及典型应用如表 2-4 所示。

表 2-4　　　　常用电容器的实物图、结构特点及典型应用

实　物　图	结　构　特　点	典　型　应　用
片状陶瓷电容器	片状陶瓷电容器是片状电容器中产量最大的一种，有 3216 型和 3215 型两种（定义见片状电阻器）。片状陶瓷电容器的容量范围宽（1～47800 pF），耐压为 25 V、50 V	常用于混合集成电路和电子手表电路中
铝电解电容器	电解电容器的介质是一层极薄的附着在金属极板上的氧化膜。金属极板为阳极，阴极则为液体、半液体或胶状的电解液。根据阳极材料的不同，电解电容器又分为铝电解、钽电解及铌电解 铝电解电容器是将附有氧化膜的铝箔和浸有电解液的衬垫纸与阴极箔叠在一起卷绕而成的。铝电解电容器价格低廉，材料丰富，但氧化膜易被腐蚀，寿命和可靠性受到一定影响	常用在整流电路中进行滤波、电源去耦、放大器中的耦合和旁路等。使用时正、负极不要接反 低频放大器 电解电容器 C_1、C_2 称为耦合电容，电解电容器 C_e 称为旁路电容
箔式聚苯乙烯薄膜电容器	箔式聚苯乙烯薄膜电容器具有绝缘电阻大、介质损耗小、容量稳定以及精度高等优点，可以在中、高频电路中使用。其缺点是体积大、耐热性较差	常用在电子设备、仪器仪表、电视机、电子计算机电路中 石英晶体振荡器 C_4、C_5 是振荡电容

31

续表

实 物 图	结 构 特 点	典 型 应 用
 云母电容器	云母电容器是用云母作为介质，电极有金属箔式和金属膜式。现在大多在云母上被覆一层银电极，芯子结构是装叠而成的，外壳有金属外壳、陶瓷外壳和塑料外壳。云母电容器的特性：稳定性高、精密度高、可靠性高、介质损耗小、温度特性好、频率特性好、不易老化以及绝缘电阻高等。云母电容器是优良的高频电容器之一	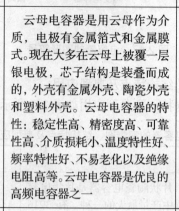 收音机中频调谐电路　电容器 C 为收音机中频调谐电路的谐振电容，既适用于中高频电路中作信号耦合、旁路、调谐等电路，也可用在高压设备电路中
涤纶电容器（CL 型）	涤纶电容器的介质为涤纶薄膜。外形结构有：金属壳封装，如 CL41 型；塑料壳封装；树脂包封，如 CL10、1L11、CL20、CL21 型。它的电极有金属箔式和金属膜式两种。涤纶电容器具有耐高温、耐高压、耐潮湿、价格低等优点	一般用于各种中、低频电路中，适合稳定性要求不高的场合选用
钽电解电容器（CA 型） 钽电解电容器	钽电解电容器以化学性能稳定的钽氧化膜（Ta_2O_5）作介质，使用温度（上限达 200℃）、容量、损耗、寿命均优于铝电解电容器，但价格较贵，一般用于要求较高的电路	广泛应用于通信、航天、军工及家用电器上各种中、低频电路和时间常数设置电路，如集成电路电视机的行、场振荡部分的定时电路
 瓷介电容器  瓷介电容器（CC 型）	瓷介电容器是用陶瓷材料作介质，在陶瓷片上涂敷银而制成电极，并焊上引出线。其外层常涂上各种颜色的保护漆，以表示其温度系数　瓷介电容器的特性：耐热性能好，在 600℃高温条件下长期工作不老化；稳定性好，耐腐蚀性好；瓷介电容器能耐酸、碱和盐类的腐蚀；体积小，绝缘性能好，可以制成高压电容器；介质损耗小；温度系数范围宽。缺点：电容量小，机械强度低，易碎易裂	适用于高频高压电路中和温度补偿电路中

实 物 图	结 构 特 点	典 型 应 用
 片状钽电容器	片状钽电容器的体积小、容量大。其正极使用钽棒并露出一部分，另一端为负极。片状钽电容的容量范围为 0.1～100μF，其耐压值常用的是 16V 和 35V	广泛应用在台式计算机、手机、数码照相机和精密电子仪器等电路中
 贴片电解电容器	贴片电解电容器的体积很小，其性能稳定、可靠性高、工作温度范围宽	—
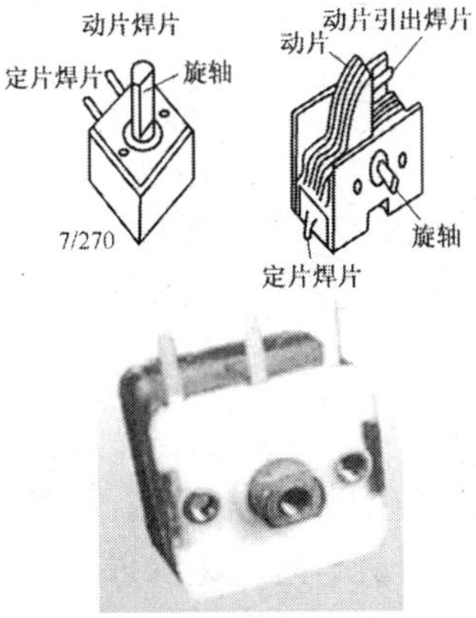 可调电容器	可调电容器按其容量的变化范围可分为两大类：可调电容器和微调电容器。空气可调电容器以空气为介质，用一组固定的定片和一组可旋转的动片（两组金属片）作为电极，两组金属片互相绝缘。动片和定片的组数分为单联、双联、多联等。其特点是稳定性高、损耗小、精确度高，但体积大。薄膜介质可调电容器的动片和定片之间用云母或塑料薄膜作为介质，外面加以封装。由于动片和定片之间距离极近，因此在相同的容量下，薄膜介质可调电容器比空气可调电容器的体积小，质量也小	空气可变电容器常用于收音机的调谐电路中 常用的薄膜介质密封单联和双联电容器，在便携式收音机中广泛使用 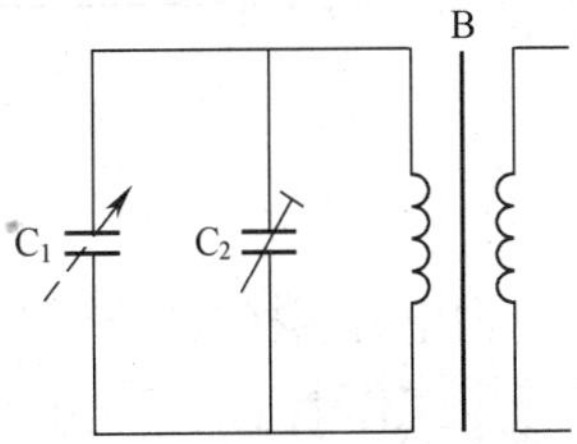 收音机天线输入回路：C_1 为双联可变电容器、C_2 为微调可变电容器
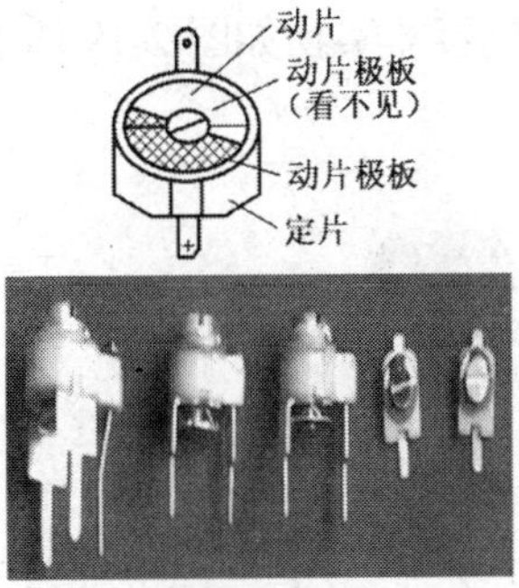 微调电容器	微调电容器有云母、瓷介和瓷介拉线等几种类型，其容量的调节范围极小，一般仅在几皮法到几十皮法之间，常在电路中起补偿和校正等作用	常用于电路中作补偿和校正等，如收音机天线输入回路中的 C_2

电容器的损耗与漏电和使用环境的温度有极大的关系。

> **知识点二　电容器的类型**

电容器主要由芯子和外壳组成，而芯子的结构又分为平行板形、管形及卷绕形 3 种基本结构。电容器种类繁多，外形各异，以适应电路的不同要求。

常用电容器按用途可分为电信电容器和电力电容器两大类。

其中，电信电容器的分类如图 2-18 所示。

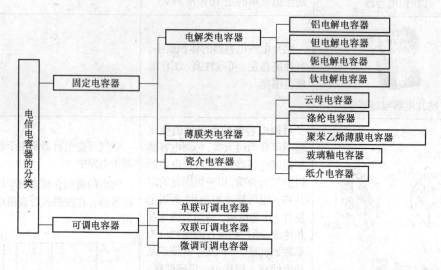

图 2-18　电信电容器的分类

电力电容器按其安装方式可分为户内式和户外式；按相数可分为单相和三相；按其运行的额定工作电压可分为高压和低压；按其外壳材料可分为金属外壳、陶瓷绝缘外壳和胶木筒外壳等多种；按其内部浸渍液体可分为矿物油、蓖麻油、硅油及氯化联苯等；按其工作条件可分为移相（并联）电容器、串联电容器、耦合电容器、电热电容器、脉冲电容器、均压电容器、滤波电容器和标准电容器。电力电容器的主要功能是改善电力系统运行条件，提高功率因数，具体用途可查阅电工手册等有关资料。常用电力电容器实物如图 2-19 所示。

图 2-19　常用电力电容器实物图

> **知识点三　电容器的主要参数与分布电容**

电容器的主要参数有标称容量与允许偏差、额定工作电压、绝缘电阻、温度系数、频率特性和电容器的介质损耗等。

一、电容器的主要参数

1. 电容器的标称容量与允许偏差

标志在电容器上的电容量称作标称容量。电容器的实际容量与标称容量存在一定的偏差，电容器的标称容量与实际容量的允许最大偏差范围，称作电容器的允许偏差。电容器的标称容量与实际容量的误差反映了电容器的精度。电容器的精度等级与允许偏差的对应关系如表 2-5 所示。一般电容器常用Ⅰ、Ⅱ、Ⅲ级，电解电容器常用Ⅳ、Ⅴ、Ⅵ级。

表 2-5　　　　　　　　　　　电容器的精度等级与允许偏差的对应关系

精 度 级 别	00	0	Ⅰ	Ⅱ	Ⅲ	Ⅳ	Ⅴ	Ⅵ
允许误差（%）	±1	±2	±5	±10	±20	+20 −10	+50 −20	+50 −30

2. 电容器的额定工作电压

额定工作电压是指电容器在规定的温度范围内，能够连续可靠工作的最高电压，有时又分为额定直流工作电压和额定交流工作电压。额定工作电压的大小与电容器所用介质和环境温度有关。环境温度不同，电容器能承受的最高工作电压也不同。选用电容器时，要根据其工作电压的大小，选择额定工作电压大于实际工作电压的电容器，以保证电容器不被击穿。常用的固定电容工作电压有 6.3 V、10 V、16 V、25 V、50 V、63 V、100 V、400 V、500 V、630 V、1000 V、2500 V。耐压值一般直接标在电容器上，但有些电解电器的耐压采用色标法，位置靠近正极引出线的根部。电容器耐压色环标志如表 2-6 所示。

表 2-6　　　　　　　　　　　　　电容器耐压色环标志

颜色	黑	棕	红	橙	黄	绿	蓝	紫	灰
耐压	4 V	6.3 V	10 V	16 V	25 V	32 V	40 V	50 V	63 V

3. 电容器的温度系数

温度的变化会引起电容器容量的微小变化，通常用温度系数来表示电容器的这种特性。温度系数是指在一定温度范围内，温度每变化 1℃时电容器容量的相对变化值。

4. 电容器的漏电流

电容器的介质并不是绝对绝缘的，总会有些漏电，产生漏电流。一般电解电容器的漏电流比较大，其他电容器的漏电流很小。当漏电流较大时，电容器会发热；发热严重时，电容器会因过热而损坏。

5. 电容器的绝缘电阻

电容器的绝缘电阻的值等于加在电容器两端的电压与通过电容器的漏电流的比值。电容器的绝缘电阻与电容器的介质材料和面积、引线的材料和长短、制造工艺、温度和湿度等因素有关。对于同一种介质的电容器，电容量越大，绝缘电阻越小。理想情况下，电容的绝缘电阻应为无穷大；在实际情况下，电容的绝缘电阻一般在 $10^8\Omega \sim 10^{10}\Omega$。

电容器绝缘电阻的大小和变化会影响电子设备的工作性能，对于一般的电子设备，选用绝缘电阻越大越好。绝缘电阻变小，则漏电流增大，损耗也增大，严重时会影响电路的正常工作。

6. 电容器的频率特性

频率特性是指电容器对各种不同的频率所表现出的性能（即电容量等电参数随着电路工作频率的变化而变化的特性）。不同介质材料的电容器，其最高工作频率也不同，例如，容量较大的电容器（如电解电容器）只能在低频电路中正常工作，而高频电路中只能使用容量较小的高频瓷介电容器或云母电容器等。

7. 电容器的介质损耗

电容器在电场作用下消耗的能量，通常用损耗功率和电容器的无功功率之比，即损耗角的正切值表示。损耗角越大，电容器的损耗越大，损耗较大的电容器不适合在高频情况下工作。

二、分布电容

除电容器外，由于电路的分布特点而具有的电容叫分布电容。分布电容往往都是无形的，例如，线圈的相邻两匝之间，两个分立的元器件之间，两根相邻的导线间，一个元器件内部的各部分之间，都具有一定的电容。它对电路的影响等效于给电路并联上一个电容器，这个电容值就是分布电容。在低频交流电路中，分布电容的容抗很大，对电路的影响不大，因此，在低频交流电路中，一般可以不考虑分布电容的影响，但对于高频交流电路，分布电容的影响就不能忽略。

1. 电感线圈的分布电容

线圈的匝和匝之间、线圈与地之间、线圈与屏蔽盒之间以及线圈的层和层之间都存在分布电容。分布电容的存在会使线圈的等效总损耗电阻增大，品质因数 Q 降低。高频线圈常采用蜂房绕法，即让所绕制的线圈，其平面不与旋转面平行，而是相交成一定的角度，这种线圈称为蜂房式线圈。线圈旋转一周，导线来回弯折的次数，称为折点数。蜂房绕法的优点是体积小，分布电容小，而且电感量大。蜂房式线圈都是利用蜂房绕线机来绕制的，折点数越多，分布电容越小。

2. 变压器的分布电容

变压器在初级和次级之间存在分布电容，该分布电容会经变压器进行耦合，因而该分布电容的大小直接影响变压器的高频隔离性能。也就是说，该分布电容为信号进入电网提供了通道，所以在选择变压器时，必须考虑其分布电容的大小。

3. 输出变压器层间分布电容

输出变压器层间分布电容对音频信号的高频有极大的衰减作用，直接导致音频信号在整个频带内不均匀传输，是音频信号失真增大的主要因素。为了削弱极少的分布电容就要采用初级每层分段的特殊绕法，以降低分布电容对高频音频信号的衰减。

✎ 知识点四　电容器在电子和电工中的应用

电容是电子设备中大量使用的电子元器件之一，广泛应用于隔直、耦合、旁路、滤波、调谐回路、能量转换、移相、延时和控制电路等方面。

一、电容器在电子电路中的应用

1. 滤波电容电路应用

如图 2-20 所示，在负载电阻上并联了一个滤波电容 C。分析电容滤波电路工作原理时，主要是用到了电容器的隔直通交特性和储能特性。前面整流电路输出的脉动性直流电压可分解成一个直流电压和一组频率不同的交流电，交流电压部分就会从电容器流过到地，而直流电压部分却因电容器的通交隔直特性而不能接地才流到下一级电路。这样电容器就把原单向脉动性直流电压中的交流部分的滤去

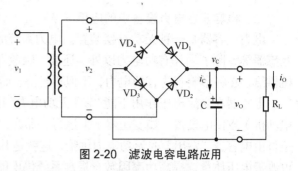

图 2-20 滤波电容电路应用

掉了。另外，电容滤波电路也可以用电容储能特性来解释，当单向脉动直流电压处于高峰值时电容就充电，而当处于低峰值电压时就放电，这样把高峰值电压存储起来到低峰值电压处再释放。把高低不平的单向脉动性直流电压转换成比较平滑的直流电压。滤波电容的容量通常比较大，并且往往是整机电路中容量最大的一只电容器。滤波电容的容量大，滤波效果好。电容滤波电路是各种滤波电路中最常用的一种。

2. 耦合电容在电子电路中的应用

如图 2-21 所示，在多级放大器中，一般不希望前级的直流信号加到后级，只希望前级的交流信号加到后级，此时就要采用耦合电路。电路中，C 是耦合电容，由于电容器具有隔直通交的特性，所以可以使用电容器来完成耦合任务。

3. 旁路电容在电子电路中的应用

如图 2-22 所示，电容 C_e 用在有电阻连接时，接在电阻两端使交流信号顺利通过，提供额外的通路，在这里提高了放大倍数。

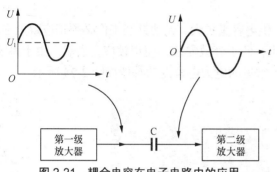

图 2-21 耦合电容在电子电路中的应用

4. 瓷片电容器与晶振产生的振荡信号在电子电路中的应用

如图 2-23 所示，晶振 JT 的两引脚处接入 C_4、C_5 两个 10～50pF 的瓷片电容接地来削减谐波对电路的稳定性的影响。

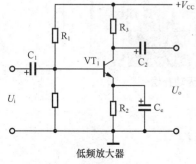

图 2-22 旁路电容在电子电路中的应用

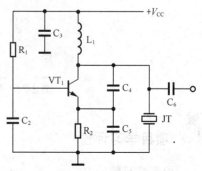

图 2-23 瓷片电容器与晶振产生的振荡信号在电子电路中的应用

二、电容器在电力设备中的应用

电力电容器是一种无功补偿装置。电力系统的负荷和供电设备，如电动机、变压器、互感器等，除了消耗有功电力以外，还要"吸收"无功电力。如果这些无功电力都由发电机供给，必将影响它的有功电力，不但不经济，而且会造成电压质量低劣，影响用户使用。

电容器在交流电压作用下能"发"无功电力（电容电流），如果把电容器并接在负荷（如电动机）或供电设备（如变压器）上运行，那么，负荷或供电设备要"吸收"的无功电力，正好由电容器"发出"的无功电力供给，这就是并联补偿。并联补偿减少了线路能量损耗，可改善电压质量，提高功率因数，提高系统供电能力。

如果把电容器串联在线路上，补偿线路电抗，改变线路参数，这就是串联补偿。串联补偿可以减少线路电压损失，提高线路末端电压水平，减少电网的功率损失和电能损失，提高输电能力。

电力电容器包括移相电容器、电热电容器、均压电容器、耦合电容器、脉冲电容器等。移相电容器主要用于补偿无功功率，以提高系统的功率因数；电热电容器主要用于提高中频电力系统的功率因数；均压电容器一般并联在断路器的断口上作均压用；耦合电容器主要用于电力送电线路的通信、测量、控制、保护；脉冲电容器主要用于脉冲电路及直流高压整流滤波。

随着国民经济的发展，负荷日益增多，供电容量扩大，无功补偿工作必须相应跟上去。用电容器作为无功补偿时，投资少、损耗小，便于分散安装，使用较广。当然，由于系统稳定的要求，必须配备一定比例的调相机。常见的电力电容无功补偿如图 2-24 所示。

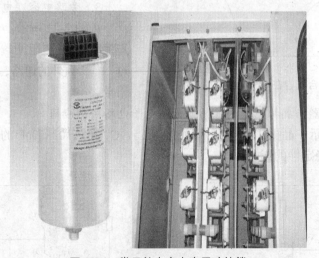

图 2-24　常见的电力电容无功补偿

 项目学习评价

一、思考练习题

（1）电容器型号由哪几部分组成？各部分含义是什么？

（2）电容器的电容量有哪几种标注方法？

（3）电容器的类型有哪些？

（4）利用万用表如何判断电容器的好坏？

（5）常见的电力电容主要应用在电力系统什么方面？

二、自我评价、小组互评及教师评价

评价方面	项目评价内容	分值	自我评价	小组评价	教师评价	得分
理论知识	① 熟悉并能说出常见电容器的特点及作用	10				
	② 了解常用电容器和电力电容器的分类	10				
	③ 理解电容器的主要性能参数	10				
	④ 掌握电容器在电工电子中的应用	10				
实操技能	① 掌握电容器的检测方法	20				
	② 理解电容器的主要性能指标	10				
	③ 熟练判断电容器的好坏	20				
学习态度	① 严肃认真的学习态度	5				
	② 严谨、有条理的工作态度	5				

三、个人学习总结

成功之处	
不足之处	
改进方法	

项目三　电感性元器件的识别、检测与应用

 项目情境创设

随着科学技术的发展，电子技术的应用几乎渗透到了人们生产生活的方方面面。图 3-1 所示是电感器在计算机中的应用。电感器（电感线圈）和变压器均是用绝缘导线（漆包线、纱包线等）绕制而成的电磁感应元器件，也是电子电路中常用的元器件之一，其识别、检测与应用，对于学习电子技术的学生自然应该是一个重点。

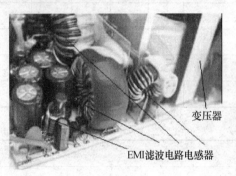

图 3-1　电感器在计算机中的应用

 项目学习目标

	学习目标	学习方式	学时
技能目标	① 熟练掌握电感性元器件的识别与检测方法 ② 熟练掌握中频变压器的识别与检测方法 ③ 熟练掌握电源变压器的识别与检测方法	学生实际识别、检测元器件（教师指导）	4
知识目标	① 通过学习，了解电感性元器件的构造、分类和性能指标，理解互感现象 ② 掌握电感性元器件、中频变压器、电源变压器的识别与检测方法 ③ 理解电感元器件在电工和电子中的应用原理	知识点讲授	4

项目基本功

3.1　项目基本技能

任务一　电感器的识别与检测

一、电感器外形、种类的识别

电感器外形和种类形形色色。没有抽头的电感器有两根引脚，这两根引脚是不分正、负极性的，可以互换使用。如果电感器有抽头，引脚数目就会大于两根。3 根引脚的电感器就有头、尾和抽头之分，不能弄错。

1. 常用电感元器件的实物图及电路图形符号

常用电感元器件的实物图及电路图形符号见表 3-1。

表 3-1　　　　　　　　　　电感性元器件的实物图及电路图形符号

类　型	电路图形符号	实　物　图	用　途
（1）空芯线圈电感器		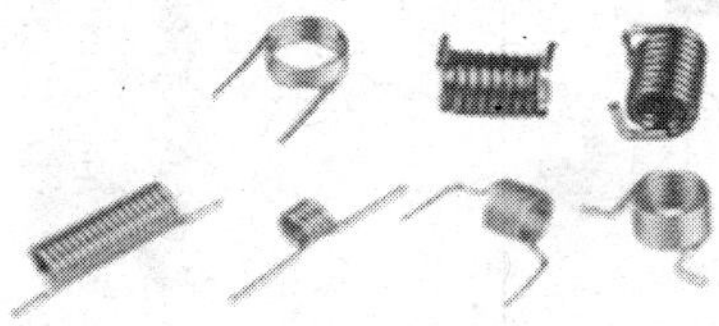	空芯线圈电感器广泛用于振荡、扼波及扼流、高频发射及无线接收的电路中。它的 Q 值高，性能稳定
（2）中波天线	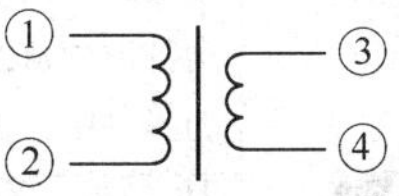	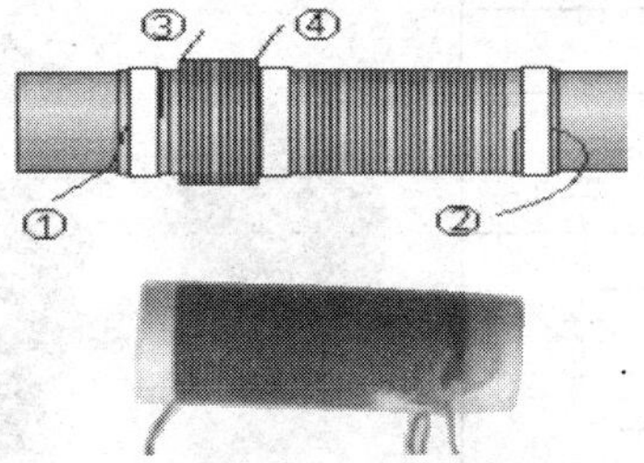	晶体管收音机的中波天线线圈常采用这种线圈。为了提高线圈的 Q 值，绕制这种天线线圈，要采用多股丝包线
（3）短波天线	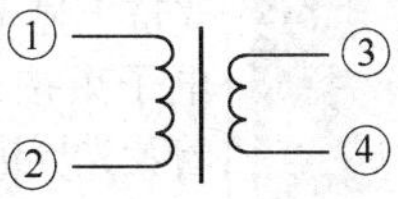	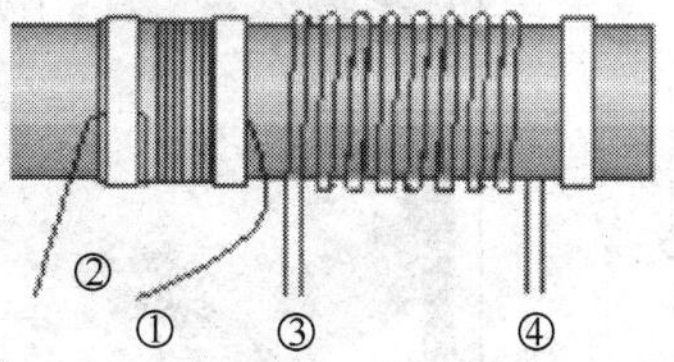	晶体管收音机短波天线常采用间绕单层这种线圈。就是将导线一圈又一圈地隔一定的距离绕在磁棒骨架上，常采用镀银导线绕制
（4）铜芯线圈	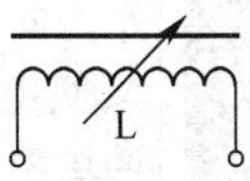	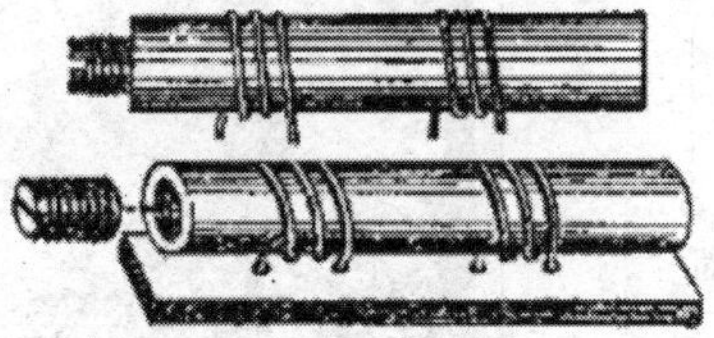	超短波的线圈常采用铜芯线圈，利用旋转铜芯在线圈中的位置来改变电感量

续表

类　型	电路图形符号	实　物　图	用　　途
（5） 中频变 压器	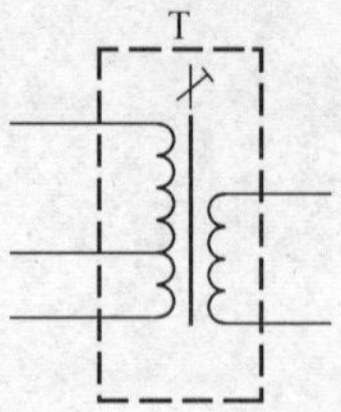		中频变压器适用于收音机、收录机中的振荡线圈和中频谐振回路
（6） 音频变 压器	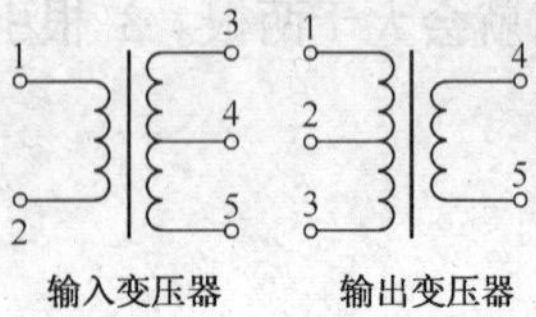 输入变压器　　输出变压器	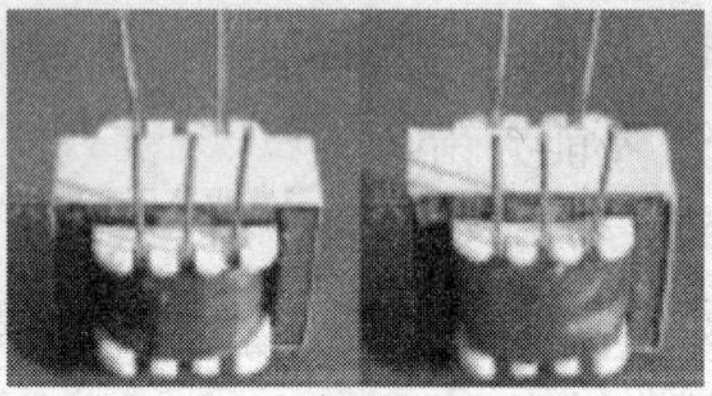	音频变压器用于广播、电视、音响和通信等器材，在音频信号的传输中起电压变换、阻抗匹配的作用，频率在20Hz～20kHz
（7） 行线性 可调电 感	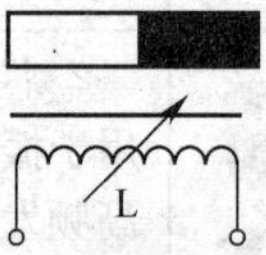	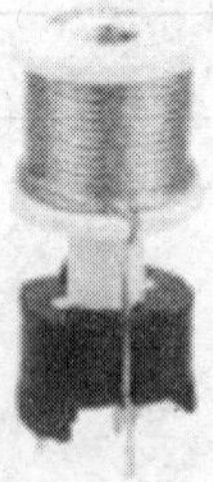	行线性可调电感用于电视机行扫描电路的线圈。它与偏转线圈串联，调节行扫描电流波形，以达到校正非线性目的
（8） 行输出 变压器	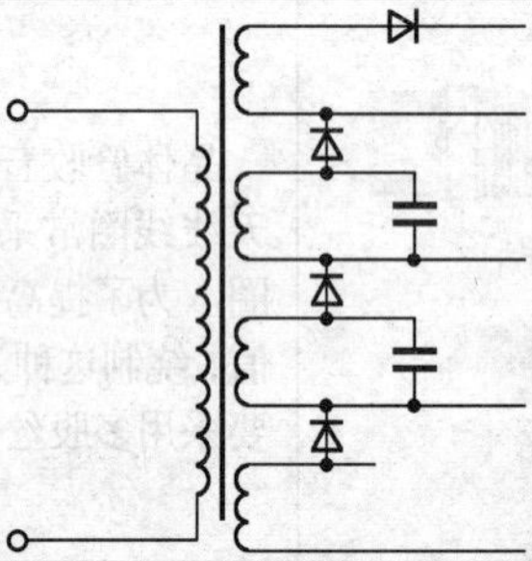	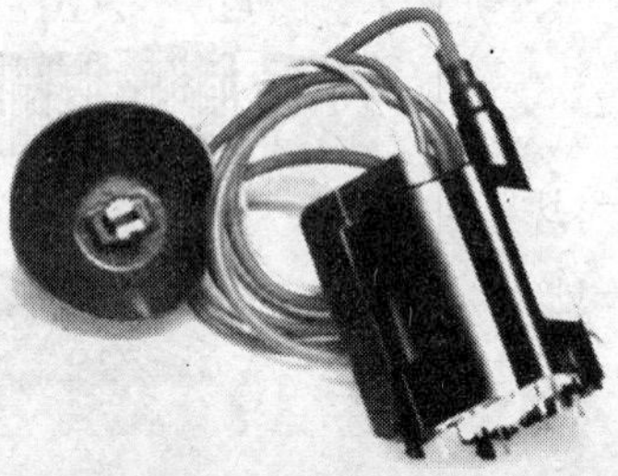	行输出变压器是电视机行扫描电路的专用变压器，常称为回扫变压器。这种行输出变压器的高压绕组、低压绕组和高压整流二极管均被封罐在一起，即称做一体化行输出变压器
（9） 偏转线 圈	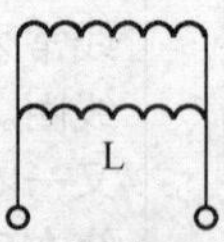 场偏转线圈 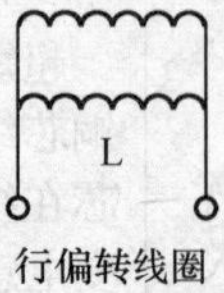 行偏转线圈	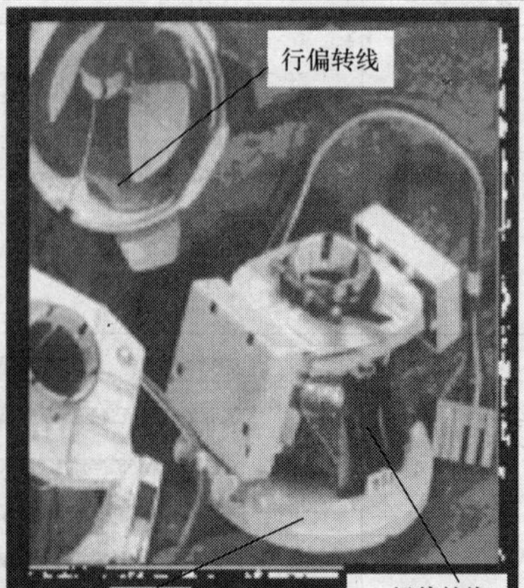	为了在电视显像管荧光屏上显示图像，就要使电子束按一定的规律沿着荧光屏进行扫描，偏转线圈就利用通电产生的磁场力使电子束偏转，行偏转使得电子束沿着水平方向运动，同时场偏转又使电子束沿着垂直方向运动，这样就在荧光屏上形成了长方形的光栅

续表

类 型	电路图形符号	实 物 图	用 途
（10）色码电感器	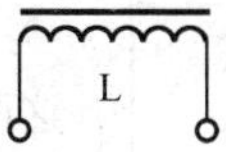 L	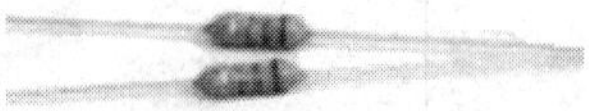	色码电感器适用于频率范围为 10kHz ～ 200MHz 的各种电路中
（11）立式电感器	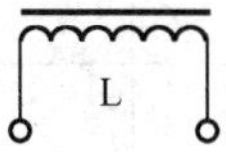 L		立式电感器主要用于电源、计算机及其外围设备、通信设备和电子设备、升压线路
（12）压模电感器	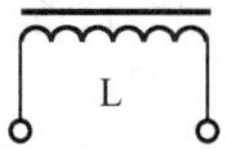 L	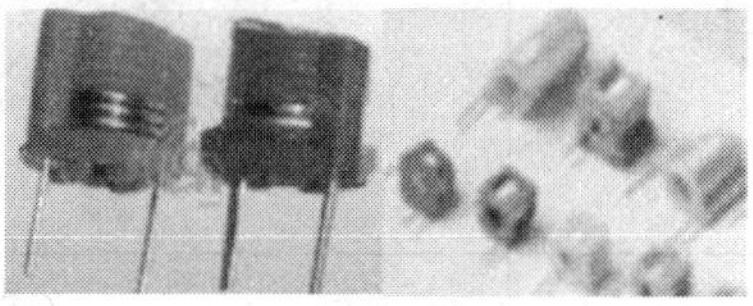	压模电感器主要应用于安全和防盗、遥控玩具和无线电收发产品
（13）铁芯低频阻流圈	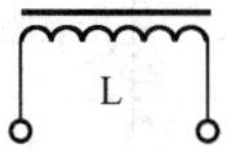 L		铁芯低频阻流圈常与电容器组成滤波电路，消除整流后残存的一些交流成分，只让直流通过
（14）电源滤波器	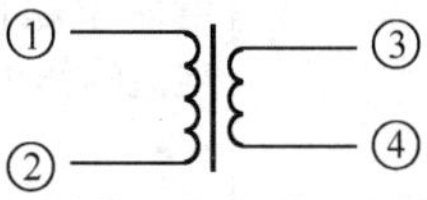 ①② ③④		电源滤波器适用于各种电源的抑噪滤波电路
（15）蜂房式带磁芯可调电感器	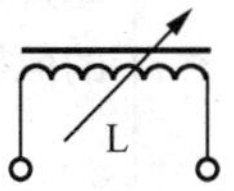 L	 铁粉芯 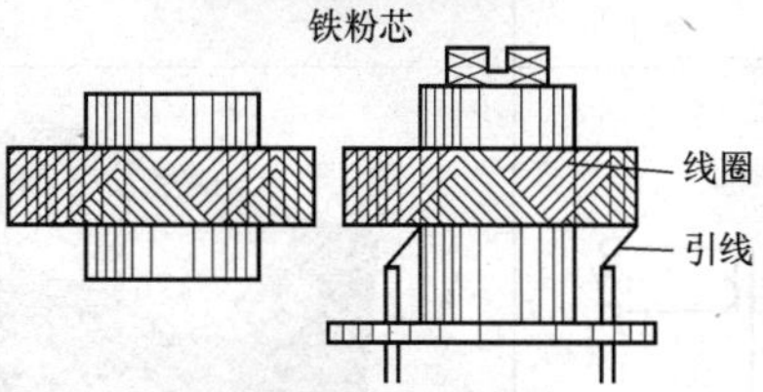 线圈 引线	蜂房式线圈的平面不与旋转面平行，而是相交成一定的角度，当绕线骨架旋转一周时，导线可来回折弯二三次或更多次。其特点为：体积小、分布电容小、电感量大
（16）磁环滤波器	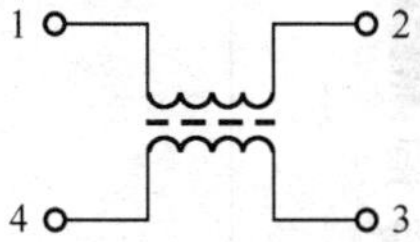 1 2 4 3		磁环滤波器适用于各种电源的抑噪、滤波电路

续表

类 型	电路图形符号	实 物 图	用 途
（17）棒状线圈和磁环线圈	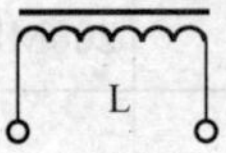 L	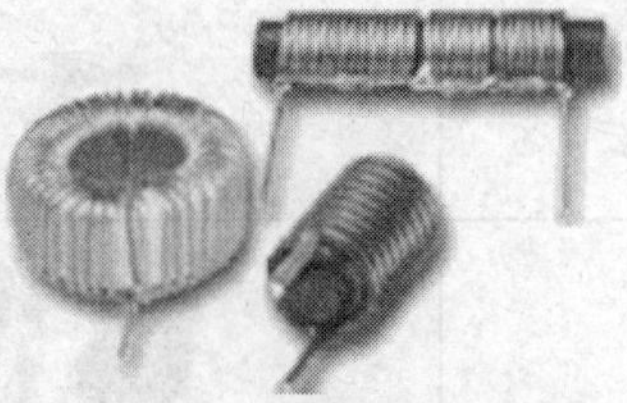	这两种线圈适用于各种电源的抑噪、滤波电路
（18）继电器（半透明）	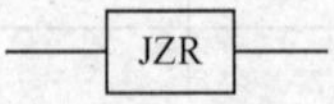 JZR		继电器（半透明）适用于自动控制、通信设备、家用电器及机床电器等设备
（19）继电器（封闭式）	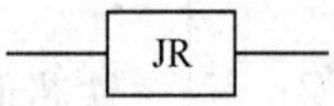 JR		继电器（封闭式）适用于自动装置、通信设备、家用电器、无线电遥控和声控玩具等
（20）金属卤化物灯用镇流器	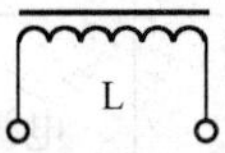 L		这类镇流器用于金属卤化物灯的配套，在点灯电路中起稳定灯泡工作电流的作用
（21）交流接触器	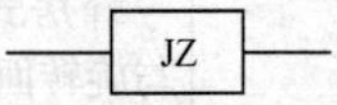 JZ		交流接触器主要用于电力线路，控制交流电动机的正转与反转。它也可以与继电器配合来实现对电路、电气系统的保护
（22）小型电源变压器	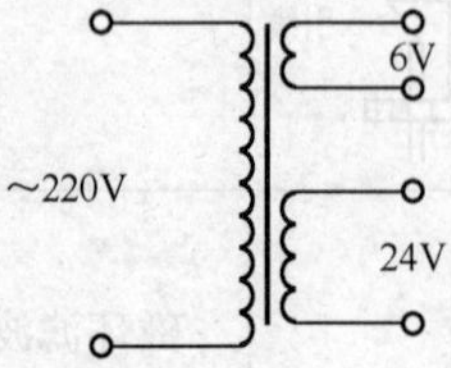 ~220V 6V 24V		这种变压器主要应用在各种小型电子设备中

续表

类 型	电路图形符号	实 物 图	用 途
（23）电流互感器	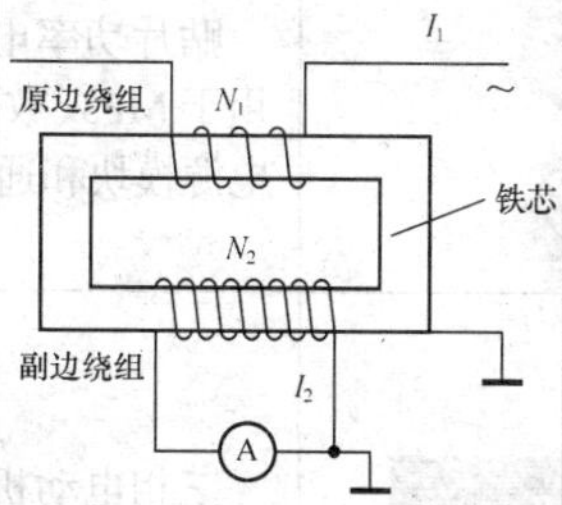 原边绕组 N_1 I_1 ~ 铁芯 N_2 副边绕组 I_2 Ⓐ	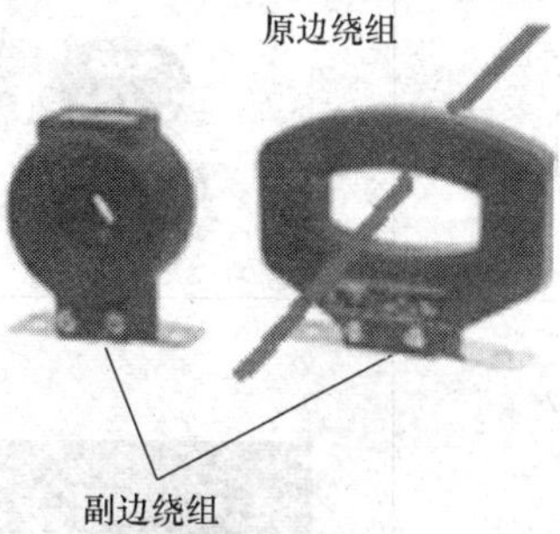 原边绕组 副边绕组	电流互感器实际上是一个升压变压器，常在测量大电流时与小量程电流表配合使用
（24）高压电压互感器	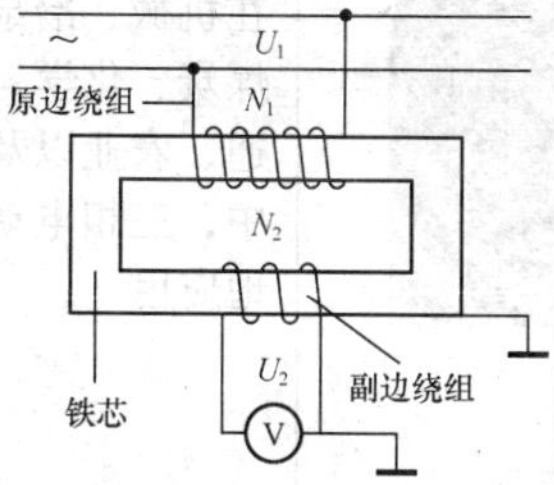 ~ U_1 原边绕组 N_1 N_2 铁芯 U_2 副边绕组 Ⓥ		高压电压互感器实际上是一个降压变压器，常在测量交流高压时与小量程电压表配合使用，在电力系统的应用最为广泛
（25）三相变压器	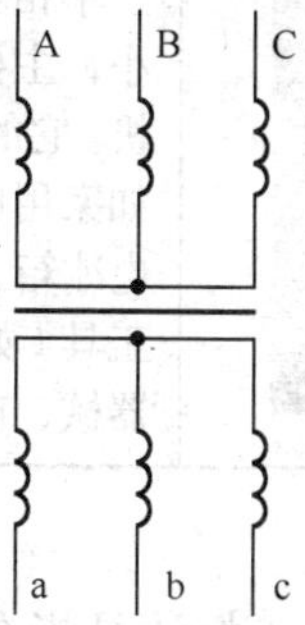 A B C a b c		三相变压器在电路中主要用作交流电压变换，即通过变压器将电路电压升高或降低。一次电压：380V；二次电压：144/108/72/36V
（26）单相自耦调压器	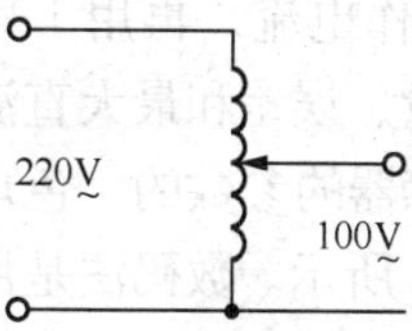 220V~ 100V~		单相自耦调压器具有波形不失真、结构简单、体积小、质量小、效率高、使用方便和性能可靠等特点
（27）中频空心滤波电感	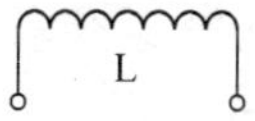 L		此类滤波电感器主要用于中频电源
（28）贴片中周	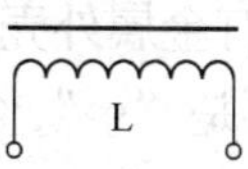 L		贴片中周主要用于全球定位系统（GPS）、车载液晶显示器和便携式DVD等产品中

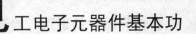

续表

类 型	电路图形符号	实 物 图	用 途
（29）贴片功率电感器	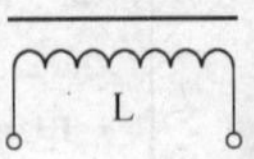 L		贴片功率电感器主要用于 MP3、数码照相机、电源模块和通信设备等
（30）三相电动机定子绕组	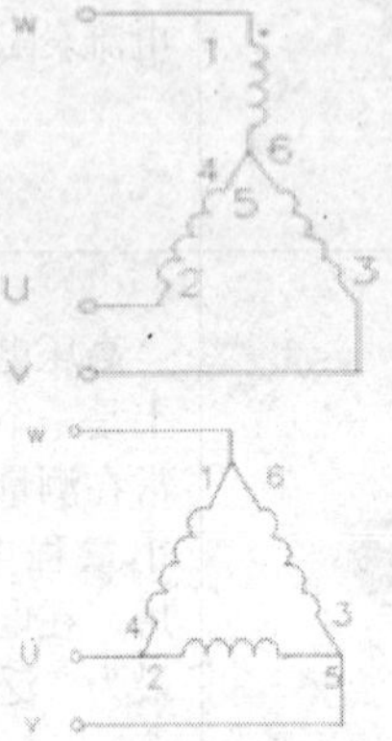		三相电动机是把电能转换成机械能的设备。在机械、冶金、石油、煤炭、化学、航空、交通、农业以及其他工业中，三相电动机被广泛地应用
（31）单相电动机定子绕组	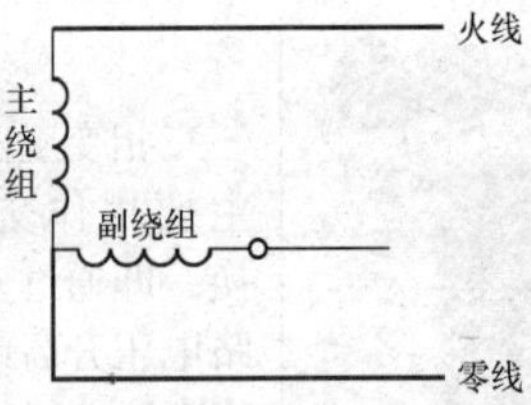 主绕组 副绕组 火线 零线		单相异步电动机功率小，主要制成小型电动机。它的应用非常广泛，如家用电器（洗衣机、电冰箱、电风扇）、电动工具（如手电钻）、医用器械、自动化仪表等

二、电感量的识别

电感量的主要表示方法有直标法、色标法和数码法 3 种。直标法是指在小型固定电感器的外壳上标出电感量的标称值，同时用字母表示额定工作电流，再用 I±（5%）、II±（10%）、III±（20%）表示允许偏差参数，如电感器的电感量、误差和最大直流工作电压直接标注在电感器上。色标法是用不同颜色的色环来表示电感器的参数的，色环印在电感器的表面上，其读法与色环电阻器相似，单位为 μH，如图 3-2 所示。数码法是用 3 位数字来表示电感量的大小，单位为 μH。前两位数字为电感值的有效数字，第三位数字表示倍率，即乘以 10^n，n 的取值范围 0～9，例如，223 表示 $22×10^3$。小数点用 R 表示，例如，1R8 表示 1.8μH，R68 表示 0.68μH。

三、电感的测量方法

1. 电感线圈好坏判断检测

用指针式万用表的 R×1 挡测量电感器的直流阻值，其电阻值极小，则说明电感器基本正常；若测量阻值为 ∞，则说明电感器已经开路损坏。对于具有金属外壳的电感器（如中周），若测得振荡线圈的外壳（屏蔽罩）与各管脚之间的阻值不是"∞"，而是有一定电阻值或为零，则说明该电感器存在问题。

电感器的色环读数

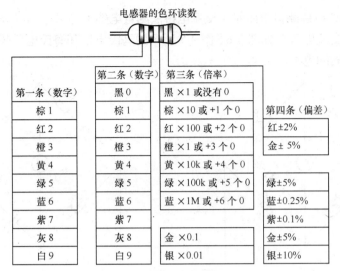

第一条（数字）	第二条（数字）	第三条（倍率）	第四条（偏差）
		黑 ×1 或没有 0	
棕 1	黑 0	棕 ×10 或 +1 个 0	
红 2	棕 1	红 ×100 或 +2 个 0	红 ±2%
橙 3	红 2	橙 ×1 或 +3 个 0	金 ±5%
黄 4	橙 3	黄 ×10k 或 +4 个 0	
绿 5	黄 4	绿 ×100k 或 +5 个 0	绿 ±5%
蓝 6	绿 5	蓝 ×1M 或 +6 个 0	蓝 ±0.25%
紫 7	蓝 6		紫 ±0.1%
灰 8	紫 7	金 ×0.1	金 ±5%
白 9	灰 8	银 ×0.01	银 ±10%
	白 9		

图 3-2 电感器色标法

2. 电感量的测量

电感量测量的两类仪器：R、L、C 电桥测量仪（电阻、电感、电容 3 种都可以测量）和电感测量仪，如图 3-3 和图 3-4 所示。测量仪表有带有测量电感量挡位的数字表，如图 3-5 所示。

图 3-3 R、L、C 电桥测量仪

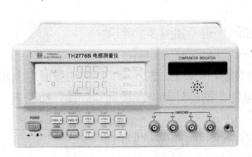

图 3-4 电感测量仪

图 3-5 带有测量电感量挡位的数字表

（1）R、L、C 电桥测量电感量（交流电桥法测量电感）

测量电感的交流电桥有如图 3-6、图 3-7 所示的马氏电桥和海氏电桥两种，分别适用于测量品质因数不同的电感。

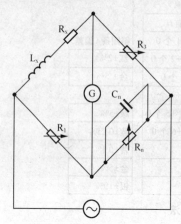

图 3-6 马氏电桥测量电感

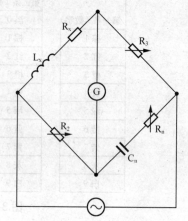

图 3-7 海氏电桥测量电感

马氏电桥适用于测量 $Q < 10$ 的电感，图 3-5 中 L_x 为被测电感，R_x 为被测电感损耗电阻，马氏电桥由电桥平衡条可得：

$$L_x = \frac{R_2 R_3 C_n}{1 + \dfrac{1}{Q_n^2}}$$

$$R_x = \frac{R_2 R_3}{R_n} \left(\frac{1}{1 + Q_n^2} \right)$$

$$Q_x = \frac{1}{\omega R_n C_n} = Q_n$$

海氏电桥与马氏电桥一样，R_3 用开关换接作为量程选则，R_2 和 R_n 为可调元器件，由 R_2 的刻度可直读 L_x，由 R_n 的刻度可直接读出 Q 值。用电桥测量电感时，首先应估计被测电感 Q 值以确定电桥的类型，再根据被测电感量的范围选则量程（R_3）然后反复调节 R_2 和 R_n，使检流计 G 的读数最小，这时即可从 R_2 和 R_n 的刻度读出被测电感的 L_x 和 Q_x 值。

图 3-6 所示的海氏电桥适用于测量 $Q > 10$ 的电感，测量方法和结论与马氏电桥相同。

（2）万用电桥 QS18A 的使用方法

QS18A 型万用电桥面板上各开关旋钮的作用，如图 3-3 所示。

其使用方法如下。

① 将被测元器件接到"被测元器件接线柱（即 1、2 之间）"，拨动板面左上角电源选择开关至"内 1kHz"位置，如果用外部电源，则将外部电源接到"外接"插孔上，拨动电源选择开关至"外"位置。

② 根据被测量，将测量选择开关旋至"C"、"L"或"R > 10"处。

③ 估计被测量的大小，选择量程开关的位置。

④ 根据被测元器件的情况，按照表 3-2 选择合适的损耗倍率开关挡位。

⑤ 根据电桥平衡情况，调整灵敏度调节旋钮使指示电表读数由小逐步增大。

⑥ 反复调节电桥的读数盘和损耗平衡旋钮，并在调整过程中逐步提高指示电表的灵敏度直至电桥平衡。此时存在如下关系：

L_x（或 C_x）=量程开关指示值×电桥读数盘示值

Q_x（或 D_x）=损耗倍率指示值×损耗平衡盘指示值

表 3-2　　　　　　　　　　　　倍率开关位置

测量元器件	位　置
空心电感线圈	Q×1
高 Q 值线圈和小损耗电容	D×0.1（Q=1/D）
带铁芯线圈和大电解电容	D×1（Q=1/D）

【例 3-1】　用 QS18A 型万用电桥测量线圈的电感量 L_x 及 Q_x 值，如图 3-8 所示。当电桥平衡时，左边读数盘（粗调）示值为 0.6，右边读数盘（细调）示值为 0.028，量程开关在 100 mH 挡上，损耗倍率开关在 Q×1 挡上，损耗平衡盘读数为 3.5，求被测电感 L_x 和品质因数 Q_x。

解：　由 QS18A 型万用电桥的使用方法介绍，可知：

$$L_x=（0.6+0.028）×100\text{mH}=62.8\text{mH}$$

$$Q_x=1×3.5=3.5$$

答：（略）

图 3-8　QS18A 型万用电桥测量线圈的电感量实物图

（3）电感测量仪测量电感量

电感测量仪的面板，如图 3-9 所示。

※仪器面板及说明如下。

① 灰底黑字液晶，显示屏点阵 320×240 带屏幕触摸按键功能。

② 仪器 USB 通信接口，连接笔记本电脑，可以数据下载、电脑虚拟仪器采集。

③ 电源插座带保险丝，内置 5A 保险丝 2 只，备用保险丝 1 只。

④ 电源开关。

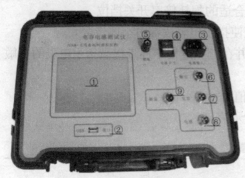

图 3-9　电感测量仪的板面

⑤ 仪器接地。

⑥ 输出信号插座公共端（黑线）。

⑦ 输出信号插座交流 10V（红线）供电容测量接口。

⑧ 输出信号插座交流 3V（红线）供电感测量接口。

⑨ 钳形电流传感器输入插座。

※电感、电抗器测量的面板接线如下。

① 黑色测量线插在（输出）。

② 红色测量线插在（电感）。

③ 钳形电流传感器插在（测量）。

测试电感电抗接线图如图 3-10 所示。电感电抗测量接线方法：测量线由仪器测量输出端按颜色对应插好，将红色夹子夹在母线排一端上、黑色夹子夹在另一端上，然后将电流测量线插在仪器接口上拧紧、钳形传感器应套在电抗器引线上方可测量，完成后转下一接线。

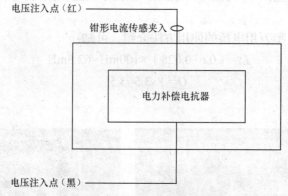

图 3-10　测试电感电抗接线图

（4）电容电感数字表测量电感量

采用具有电感挡的数字表（注意：有部分数字万用表是有测量电容和感量的挡位）来检测电感量是很方便的，将数字表量程开关拨至合适的电感挡，然后将电感器两个引脚与两个表笔相连，即可从显示屏上显示出该电感器的电感量。若显示的电感量与标称电感量差许多，则说明该电感器有问题；若显示的电感量与标称电感量相近，则说明该电感器正常。若显示的电感量与标称值相近，需说明的是：在检测电感器时，数字表的量程选择很重要，最好选择接近标称电感量的量程去测量，否则，测试的结果将会与实际值有很大的误差。例如，图 3-11 所示的电容电感数

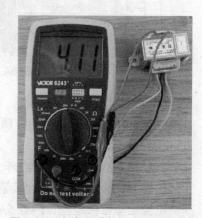

图 3-11　电容电感数字表测量电感量

字表，测量范围：20mH/200mH/2H/20H、误差±3.0%。

任务二　中频和电源变压器的识别与检测

一、中频变压器的检测

1. 测量阻值

将万用表拨至 R×1 挡，按照中周变压器的各绕组引脚排列规律，逐一检查各绕组的通断情况，进而判断其是否正常。由于中频变压器线圈圈数不多，直流电阻很小，一般为零点几欧至几欧姆，故测量时一定要调准零欧位置，否则会影响测量结果或发生误判。当发现测试的阻值为无穷大时，则表明被测绕组已经断路。

2. 检测绝缘性能

将万用表置于 R×10k 挡，做如下几种状态测试：

（1）初级绕组与次级绕组之间的电阻值；

（2）初级绕组与外壳之间的电阻值；

（3）次级绕组与外壳之间的电阻值。

上述测试结果分 3 种情况：第一，阻值为无穷大，正常；第二，阻值为零，有短路性故障；第三，阻值小于无穷大，但大于零，有漏电性故障。

二、电源变压器的识别

电源变压器标称功率、电压、电流等参数的标记，日久会脱落或消失。有的市售变压器根本不标注任何参数，这给使用者带来极大不便。下面介绍无标记电源变压器参数的判别方法。此方法对选购电源变压器很有参考价值。

1. 从外形识别

常用电源变压器的铁芯有 E 形和 C 形两种。E 形铁芯变压器呈壳式结构（铁芯包裹线圈），采用 D41、D42 优质硅钢片作铁芯，应用广泛。C 形铁芯变压器用冷轧硅钢带作铁芯，磁漏小，体积小，呈芯式结构（线圈包裹铁芯）。

2. 从绕组引出端子数识别

电源变压器常见的有两个绕组，即一个初级和一个次级绕组，因此有 4 个引出端。有的电源变压器为防止交流声及其他干扰，初、次级绕组间往往加一屏蔽层，其屏蔽层是接地端。因此，电源变压器接线端子至少是 4 个。

3. 从硅钢片的叠片方式识别

E 形电源变压器的硅钢片是交叉插入的，E 片和 I 片间不留空气隙，整个铁芯严丝合缝。音频输入、输出变压器的 E 片和 I 片之间留有一定的空气隙，这是区别电源和音频变压器的最直观方法。至于 C 形变压器，一般都是电源变压器。

三、电源变压器的检测

（1）通过观察变压器的外貌来检查其是否有明显异常现象。如线圈引线是否断裂、脱焊，绝缘材料是否有烧焦痕迹，铁芯紧固螺杆是否有松动，硅钢片有无锈蚀，绕组线圈是否有外露等。

（2）绝缘性测试：用万用表 R×10k 挡分别测量铁芯与初级、初级与各次级、铁芯与各次级、静电屏蔽层与初级、次级各绕组间的电阻值，万用表指针均应指在无穷大位置不动。

否则，说明变压器绝缘性能不良。（也可以用兆欧表，俗称摇表检测）

（3）线圈通断的检测：将万用表置于 R×1 挡，测试中，若某个绕组的电阻值为无穷大，则说明此绕组有断路性故障。

（4）判别初、次级线圈：电源变压器初级引脚和次级引脚一般都是分别从两侧引出的，并且初级绕组多标有 220 V 字样，次级绕组则标出额定电压值，如 15V、24V、35V 等。再根据这些标记进行识别。

（5）空载电流的检测如下。

① 直接测量法：将次级所有绕组全部开路，把万用表置于交流电流挡（500 mA），串入初级绕组。当初级绕组的插头插入 220V 交流市电时，万用表所指示的便是空载电流值。此值不应大于变压器满载电流的 10%～20%。一般常见电子设备电源变压器的正常空载电流应在 100 mA 左右。如果超出太多，则说明变压器有短路性故障。

② 间接测量法：在变压器的初级绕组中串联一个 10Ω/5W 的电阻，次级仍全部空载。把万用表拨至交流电压挡。加电后，用两表笔测出电阻 R 两端的电压降 U，然后用欧姆定律算出空载电流 $I_空$，即 $I_空 = U/R$。

（6）空载电压的检测：将电源变压器的初级接 220V 市电，用万用表交流电压挡依次测出各绕组的空载电压值应符合要求值，允许误差范围一般为：高压绕组≤±10%，低压绕组≤±5%，带中心抽头的两组对称绕组的电压差应≤±2%。

（7）一般小功率电源变压器允许温升为 40℃～50℃。如果所用绝缘材料质量较好，允许温升还可提高。

（8）检测判别各绕组的同名端：在使用电源变压器时，有时为了得到所需的次级电压，可将两个或多个次级绕组串联起来使用。采用串联法使用电源变压器时，参加串联的各绕组的同名端必须正确连接，不能搞错。否则，变压器不能正常工作。

（9）电源变压器短路性故障的综合检测判别：电源变压器发生短路性故障后的主要症状是发热严重和次级绕组输出电压失常。通常，线圈内部匝间短路点越多，短路电流就越大，而变压器发热就越严重。检测判断电源变压器是否有短路性故障的简单方法是测量空载电流（测试方法前面已经介绍）。存在短路故障的变压器，其空载电流值将远大于满载电流的 10%。当短路严重时，变压器在空载加电后几十秒钟之内便会迅速发热，用手触摸铁芯会有烫手的感觉。此时不用测量空载电流便可断定变压器有短路点存在。

3.2　项目基本知识

知识点一　电感元器件的基本知识、分类、主要参数和分布电感

一、电感元器件的基本知识

电感元器件的基本知识，见表 3-3。

表 3-3 电感元器件的基本知识

序号	项 目	内 容
1	电感的定义	线圈的自感磁链 ψ 与电流 I 的比值称为线圈的自感系数,简称电感,用字母 L 表示
2	电感元器件的组成	电感元器件通常是由绕组(又称线圈)、骨架、磁芯和屏蔽罩等组成的。由于使用的场合要求不同,有的线圈没有磁芯或屏蔽罩,或这两者都没有,有的还没有骨架,如应用于短波及超高频段的线圈就只有绕组
3	电感元器件的绕组制作	绕组大多数是用各种规格导线(漆包线)按照模子形状一圈紧靠一圈地绕在绝缘骨架上绕制而成的
4	制作电感器件骨架的材料	绕组的骨架常用电工纸板、胶木、硬塑料、聚苯乙烯、聚四氟乙烯、云母和陶瓷等介质材料制成
5	磁芯的作用和材料	电感元器件装有磁芯或铁芯,可以增大电感量。与电感元器件无磁芯或无铁芯的线圈相比,装有磁芯可以减少线圈的圈数,从而减小线圈的体积和分布电容,同时提高线圈的 Q 值,还可以通过调整磁芯位置调整电感量。常用的磁芯材料有金属硅钢片和坡莫合金等;有时也用非金属的锰锌铁氧体、镍锌铁氧体等制作磁芯
6	屏蔽罩的制作和作用	屏蔽罩大多数是由 0.3～0.5mm 厚镀锌铁皮冲制而成,也有手工制作的。其作用主要是减小线圈产生的磁场对其他电路和元器件的影响。制作时常采用屏蔽措施,如收音机的本振线圈等就是采用了接地的金属屏蔽罩
7	绕组的圈数和线径确定的基本原则	绕组圈数的多少主要取决于使用要求,一般电感量越大,绕组的圈数就越多 导线直径的选择应根据通过线圈的电流值及线圈的 Q 值来确定。通过的电流大,要求的 Q 值高,导线就应选择较粗的多股线 例如,广播发射机中用的高频回路线圈,由于通过的电流大,达到几十安至几百安,要求 Q 值也不能太低,因此,线圈由粗铜管制成。而在晶体管收音机中用的中频变压器线圈,通过的电流很小,为几毫安,因此所用的导线只有头发丝那么粗
8	电感元器件的计量单位和电路图形符号	① 电感元器件的计量单位。电感量的单位有亨(H)、毫亨(mH)、微亨(μH),其换算关系如下 $$1H=10^3 mH=10^6 μH$$ ② 电感元器件的电路图形符号。电感元器件通常在电路中的图形符号和实物如下图所示 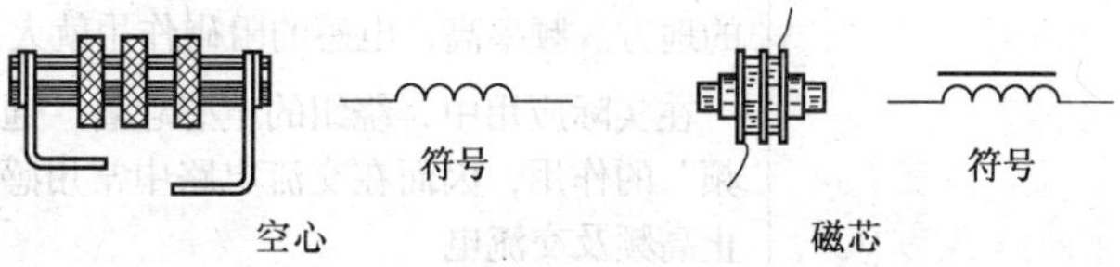 ![空心 符号 磁芯 符号]电感元器件图形符号和实物图

序号	项　目	内　容
9	电感器的特性	① 绕组的自感特性。当通过一个绕组的电流发生变化时，电流激发的磁场将随之发生变化，从而使通过绕组本身的磁通量发生变化，这样，在绕组中就产生了感应电动势。这种因电流变化而在绕组自身中产生感应电动势的现象称做自感现象，所产生的感应电动势称为自感电动势 • 自感电动势的方向。自感电动势总是阻碍绕组中原来电流的变化。当电流增大时，自感电动势的方向与原来电流方向相反；当电流减小时，自感电动势的方向与原来电流方向相同。"阻碍"不是"阻止"，"阻碍"其实是"延缓"，使回路中原来的电流变化得缓慢一些 • 自感电动势的大小由导体本身及通过导体的电流改变快慢程度共同决定。在恒定电流电路中，只有在通、断电的瞬间才会发生自感现象 • 自感系数 L 简称自感或电感，它是由线圈本身的特性决定的。绕组越长，单位长度上的匝数越多，线圈截面积越大，它的自感系数就越大。另外，有铁芯的绕组自感系数比没有铁芯时要大得多。对于一个已经制造好的绕组来说，自感系数是一定的 ② 互感特性。当绕组 1 的电流变化时，产生磁链 Ψ_{11} 不仅会在自身中产生自感电动势，还会同时产生磁链 Ψ_{12} 经过线圈 2 中产生感应电动势。同理，绕组 2 的电流变化时，也会在绕组 1 中产生感应电动势。这样两个线圈的电流可以互相提供磁通。当电流变化时互相在对方回路中产生感应电动势的现象称做电磁互感原理，所产生的感应电动势称为互感电动势，如下图所示 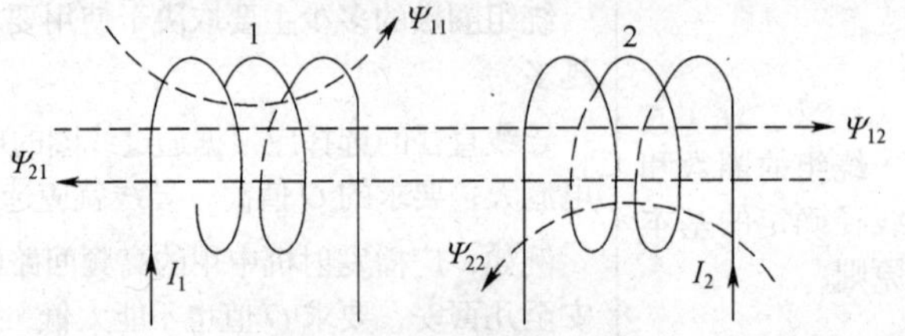 绕组产生互感现象示意 ③ 频率特性。电感对正弦交流电的阻碍作用称做感抗。通常用符号 X_L 表示，即 $X_L = \omega L = 2\pi f L$。式中，频率 f 的单位为赫，电感 L 的单位为亨，感抗 X_L 的单位为欧 从公式中可以看出，电感量越大，感抗也就越大。如果交流电频率大则电流的变化率也大，感抗随着频率的增大而增大。交流电中的感抗和交流电的频率与电感量成正比。这说明，同一电感元器件（L 一定），对于不同频率的交流电所呈现的感抗是不同的，这是电感元器件和电阻元器件不同的地方。频率高，电感的阻碍作用就大。电感量大，交流电难以通过绕组 在实际应用中，绕组的电感起着"通直流，阻交流"或"通低频，阻高频"的作用，因而在交流电路中常用感抗的特性来旁通低频及直流电，阻止高频及交流电

二、电感元器件的分类

在电工和电子元器件中，电感线圈的种类很多，可按电感形式和结构、导磁体性质、工作性质、绕线结构和电磁感应原理分类。电感元器件的分类如图 3-12 所示。

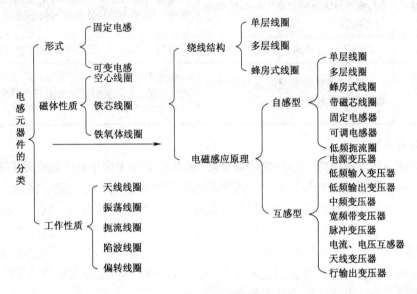

图 3-12　电感元器件的分类

三、电感元器件的主要参数

电感元器件的主要参数，如表 3-4 所示。

表 3-4　　　　　　　　　　　　　　　　电感元器件的主要参数

主要参数	定　义	说　明
电感量 L	电感量 L 也称做自感系数，是表示电感元器件自感应能力的一种物理量	它表示线圈本身固有特性，与电流大小无关。除专门的电感线圈（色码电感）外，电感量一般不专门标注在线圈上，而以特定的名称标注
允许偏差	电感线圈电感量的允许偏差	它取决于用途,用于谐振回路或滤波器中的线圈，要求精度较高；而一般用于耦合或作为阻流圈的线圈，要求精度不高。例如，振荡回路的电感线圈，允许偏差为±0.2%～±0.5%；而高频阻流圈和耦合线圈，允许偏差为±10%～±15%
感抗 X_L	电感线圈对交流电流阻碍作用的大小称感抗 X_L	感抗单位是欧［姆］。它与电感量 L 和交流电频率 f 的关系为 $X_L=2\pi fL$
品质因素 Q	品质因素 Q 是表示线圈质量的一个物理量	Q 为感抗 X_L 与其等效电阻的比值，即 $Q=X_L/R$。线圈的 Q 值愈高，回路的损耗愈小。线圈的 Q 值与导线的直流电阻、骨架的介质损耗、屏蔽罩或铁芯引起的损耗、高频集肤效应的影响等因素有关。线圈的 Q 值通常为几十到几百

续表

主要参数	定 义	说 明
分布电容	线圈的匝与匝间、线圈与屏蔽罩间、线圈与底板间存在的电容被称为分布电容	分布电容的存在使线圈的 Q 值减小，稳定性变差，因而线圈的分布电容越小越好
直流电阻	电感线圈自身的直流电阻	可用万用电桥、数字表和欧姆表直接测得
额定电流	通常是指允许长时间通过电感元器件的直流电流值	在选用电感元器件时，若电路流过电流大于额定电流值，就需改用额定电流符合要求的其他型号电感器

四、分布电感

分布电感虽然不是电感元器件的主要参数，但是在实际工作中这个概念是非常重要的。

在电路中，由于电路布线和元器件的分布而存在的电感叫分布电感。例如，电解电容是两层薄膜卷起来的，这种卷起来的结构在高频时都具有一定的电感，它对电路的影响等效于给电路串联上一个电感器，这个电感值就是分布电感。根据前面所讲的电感器的频率特性可以知道，由于分布电感的数值一般不大，在低频交流电路中，分布电感的感抗很小，对电路的影响不大，因此，在低频交流电路中，一般可以不考虑分布电感的影响，但对于高频交流电路，分布电感的影响就不能忽略了。

（1）线绕精密电阻和电位器的分布参数（分布电容和分布电感）

由于线绕精密电阻和电位器存在分布参数，所以线绕精密电阻和电位器的匝数较多时，往往采用无感绕制法绕制，即正向绕制的匝数和反向绕制的匝数相同，以尽量减小分布电感。

（2）传输电缆的分布参数

可以把一条传输电缆看成是由分布电容、分布电感和电阻联合组成的等效电路，如图 3-13 所示。

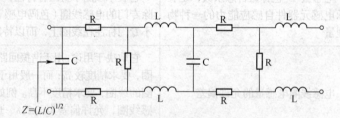

图 3-13　传输电缆等效电路图

（3）印制板引线的分布参数

对高频电路印制板上的引线来说，它的分布电感不容忽视。去除这些分布电感影响，可以加宽电源线和地线以减少电源线和地线的阻抗。

（4）接插件的分布参数

线路板上的接插件，有 520 nH 的分布电感。双列直插的㉔引脚集成电路插座，有 4～18 nH 的分布电感。

（5）电容器的分布参数

实际中的电容器与"理想"电容器不同，"实际"电容器由于其封装、材料等方面的影响，使其只具备电感、电阻的一个附加特性。

单片陶瓷电容器具有很低的等效串联电感，即具备很宽的退耦频段，所以比较适合用作高频电路的退耦电容。

综上所述，这些小的分布参数对于在较低频率的电路中是可以忽略不计的；而在高频电路中则必须予以注意。

知识点二 电感元器件在电工和电子技术中的应用

电感线圈的自感现象和互感现象已被广泛地应用于无线电技术、电磁测量技术及传感器中，在电工和电子电路中也有许多应用，如日光灯的镇流器，电力变压器、电动机的线圈，发电机的线圈，电视机、收录机中的扼流圈与中频变压器以及自动化仪器的延时器等。

电感器的应用范围很广，它在调谐、振荡、匹配、耦合、滤波、陷波等电路中都是必不可少的。下面列举一些电感元器件在电路中的应用实例。

一、电感元器件在电工技术中的应用

1. 工农业生产中广泛应用的电动机

三相电动机是把电能转换成机械能的设备，也是提供动力源的设备，如图 3-14 所示。在机械、冶金、石油、煤炭、化学、航空、交通、农业以及其他工业中，三相电动机被广泛地应用着。它由机壳、机座、铁芯、定子、定子绕组和转子部件组成，依据电学中互感原理制作而成。

其中，定子绕组是能量转换的主要部件，同时是电感性元器件，所以电动机经常被人们称为感性负载。

图 3-14 三相电动机生产机械提供动力源

2. 工农业生产中广泛应用的变压器

变压器是根据互感原理制造而成的，分单相变压器和三相变压器。在电力电路中，变压器主要将高压交流电压变换成低压交流电压，也可以说通过变压器将电路电压升高，实现了电能传输。如果变压器接入直流电路，则在铁芯中不会产生交变的磁通量，没有互感现象出现，所以变压器仅工作于交流电路中。

与电源连接的绕组叫原边绕组，也叫初级绕组；与负载连接的绕组叫副边绕组，也叫次级绕组。两个绕组由绝缘导线绕制，铁芯由涂有绝缘漆的硅钢片叠压而成。变压器的工作原理和电路图形符号如图 3-15 所示。

3. 家庭、办公室中广泛应用的日光灯

日光灯由灯管、镇流器、启辉器和灯座等零部件组成。日光灯工作原理图如图 3-16 所示。

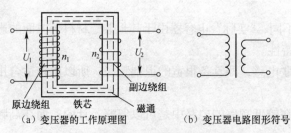

（a）变压器的工作原理图　　（b）变压器电路图形符号

图 3-15　变压器的工作原理和电路图形符号

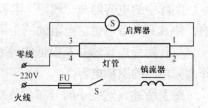

图 3-16　日光灯工作原理图

日光灯的工作原理分两个部分。

（1）启辉过程。合上开关瞬间，启辉器开路，镇流器空载，电源电压几乎全部加到启辉器动、静触头之间，使其发出辉光而发热，双金属片伸直，接触静触头将电路接通，形成日光灯启辉状态的电流回路（该电流为日光灯启辉电流）。电流流过镇流器和两端灯丝，灯丝被加热而发射电子；同时启辉器接通后，辉光消失，双金属片弯曲温度下降，双金属片弯曲启辉器电路断开，此时镇流器线圈中由于电流突然中断产生较高的自感电动势，出现瞬时脉冲高压和电源电压叠加后加在灯管两端，使管内惰性气体电离发生弧光放电，管内温度升高，水银汽化电离碰撞惰性气体分子产生弧光放电，辐射出紫外线，激发荧光粉发出白色可见光。

（2）工作过程。灯管启辉后，管内电阻下降，日光灯管回路电流增加，镇流器两端电压也增大，加在启辉器氖泡上的电压大大降低，不足以引起辉光放电，继而断开。电流由管内气体导电而形成回路，灯管进入工作状态。

二、电感元器件在电子技术中的应用

1. 扼流圈

图 3-17 所示是两种典型的电感元器件，分别为低频扼流圈与高频扼流圈。图 3-17（a）所示为低频扼流圈，它由闭合铁芯和绕在铁芯上的线圈构成。这种扼流圈一般有几千匝甚至超过一万匝，自感系数很大，为几十亨，而电阻却较小。它对低频交流会产生很大的阻碍作用，而对直流的阻碍作用则较小，在电子线路中可以起到"阻交流、通直流"的作用。

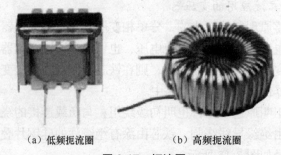

（a）低频扼流圈　　　　　　（b）高频扼流圈

图 3-17　扼流圈

图 3-17（b）所示为高频扼流圈，它的线圈有的是绕在圆柱形的铁氧体芯上，有的则是空心的。这种扼流圈的匝数一般有几百匝，自感系数为几毫亨。它只对频率很高的交流产生很大的阻碍作用，而对低频交流的阻碍作用较小，在电子线路中可以起到"阻高频、通

低频"的作用。

　　高频电感器（高频扼流圈）是来复式晶体管收音机电路中常用的电感元器件，用符号 GZL 表示。图 3-18 所示为单管收音机中使用的高频扼流圈 GZL 应用电路。高频晶体三极管 VT 来做复放大，信号由调谐回路 L_1C_1 选出来感应到次级，再加到晶体管 VT 的基极和发射极之间进行高频放大。放大后的高频信号经过耦合电容 C_4 加到由二极管 VD_1、VD_2 组成的倍压检波电路进行检波，检波后的低频信号又被送入晶体管 VT 的基极，由它再做一次音频放大。电容 C_3 使 L_2 的高频信号能够顺利地加到基极与发射极之间。高频扼流圈 GZL 可阻止高频通过，低频畅通无阻，因此，放大后的低频信号能够被顺利地送进耳塞。

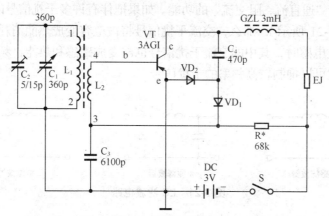

图 3-18　单管收音机中使用的高频扼流圈 GZL 应用电路

2. 空心式电感器应用

　　空心式电感器是用绝缘导线逐圈绕在绝缘管上的。如果是一圈挨一圈绕的，则叫做密绕法。这种绕法很简单，容易制作。如果一圈和一圈之间有一定的间隙，则叫做间绕法。这种绕法分布电容比较小，具有较高品质因数的稳定度，多用在短波电路中。如果导线绕在管芯上，绕好后抽出管芯，并把线圈拉开一定的距离，则叫做脱胎法。这种绕法分布电容更小，品质因数更高，改变圈和圈之间的距离也可以改变电感量，多用在超短波电路中。图 3-19 所示是调频收音机的调谐回路。本振线圈 L_1 是用漆包线在骨架上绕制后脱胎而成的，与可变电容器组成调谐回路，调节可变电容器 C_0，即可选择广播电台。

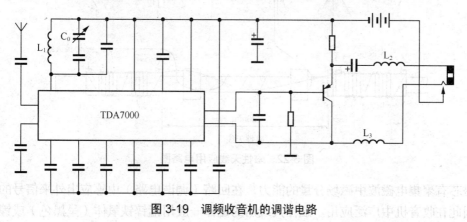

图 3-19　调频收音机的调谐电路

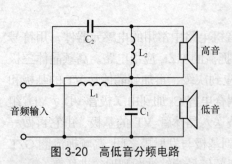

图 3-20 高低音分频电路

另外，音响输出端与音箱（喇叭）之间采用了分频线圈和电容器共同组成的分频网络，以提高放音效果。图 3-20 所示为一种二分频高低音分频电路。分频器中的电感必须用空心线圈。若用磁芯，则会产生磁饱和失真。

3. LC 滤波电路

电感在电路最常见的功能就是与电容一起，组成 LC 滤波电路。电容具有"阻直流，通交流"的特性，而电感则有"通直流，阻交流"的功能。如果把伴有许多干扰信号的直流电通过 LC 滤波电路（如图 3-21 所示），那么，交流干扰信号将被电容变成热能消耗掉；变得比较纯净的直流电流通过电感时，其中的交流干扰信号也被变成磁感和热能，频率较高的最容易被电感阻抗，这就可以抑制较高频率的干扰信号。

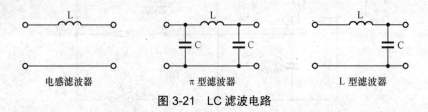

| 电感滤波器 | π 型滤波器 | L 型滤波器 |

图 3-21 LC 滤波电路

在线路板电源部分的电感一般是由线径非常粗的漆包线环绕在涂有各种颜色的圆形磁芯上。而且附近一般有几个高大的滤波铝电解电容，这二者组成的就是上述的 LC 滤波电路。另外，线路板还大量采用"蛇行线 + 贴片钽电容"来组成 LC 电路。

4. 调谐与选频

磁性天线应用电路如图 3-22 所示。晶体管收音机电路中调谐回路的线圈绕在磁棒上，就是磁性天线。

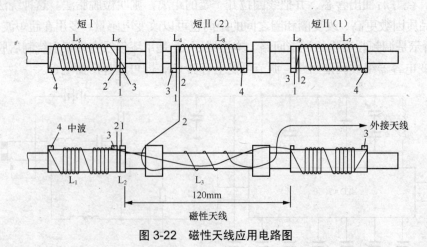

图 3-22 磁性天线应用电路图

磁芯有聚集电磁波中磁场分量的能力，在回路（调谐电路）中感应出外来信号的电动势，因此在收音机中广泛应用。磁性天线用的磁棒一般用锰锌铁氧体（呈黑色）或镍锌铁氧体（呈棕色）制成。

5. 分频网络电路

图 3-23 所示为音响电路的分频电路图。电感线圈 L_1 和 L_2 为空心密绕线圈，它们与 C_1、C_2 组成分频网络，对高、低音进行分频，以改善放音效果。

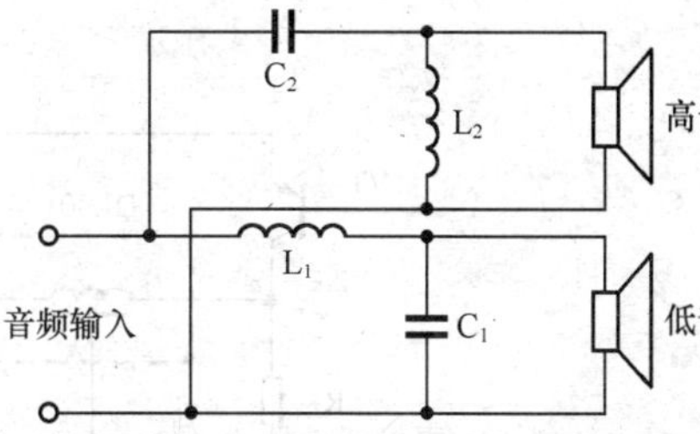

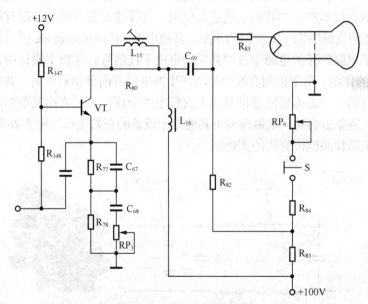

图 3-23　音响电路的分频电路

6. 补偿电路

利用电感器的感抗随频率变化的特性，可进行频率补偿。图 3-24 所示是某电视机的视放电路，其高频补偿电路由 L_{15}、L_{16} 组成。L_{16} 与 VT_{15} 的集电极负载 R_{80} 串联，使总的负载阻抗为 $z = R_{80} + X_{L_{16}}$，频率越高，感抗 $X_{L_{16}}$ 越大，使高频增益增大。同时 L_{16} 与显像管的输入电容和分布电容形成并联谐振。选取合适的 L_{16} 值使其谐振在放大器增益衰减的频率上，可以提高谐振点上的增益。L_{15} 串联在 VT_{15} 与显像管阴极之间，当频率增加时，感抗 $X_{L_{15}}$ 增大，使 R_{80} 与 $X_{L_{15}}$ 的并联阻抗增大，即高频负载电阻增加，也会起到提高高频增益的作用。

图 3-24　电视机的视放电路

7. 延迟电路

电感线圈在电路中还可起到延迟作用，使输出的信号与输入的信号基本不变，而只使输出延迟一段时间，即信号的幅度不变，而仅相位发生变化。

图 3-25 所示是彩色电视机亮度延迟线的典型应用电路，其中，DL301 为亮度延迟线。亮度延迟线为特殊的电感元器件，它的电感量由延迟时间和信号频率确定。为了保证彩色电视信号中的亮度信号与色度信号叠加同步，亮度延迟线会将亮度信号延迟 0.6μs。

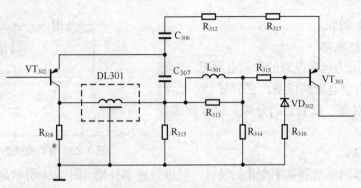

图 3-25　彩色电视机亮度延迟电路

8. 抗电磁干扰（EMI）电路

随着开关型电源在工业和家用电器中越来越多地应用，电器之间的相互干扰成为日益严重的问题，电磁环境越来越为人们所关心。电磁干扰有很多种类，其中在 30MHz 以下的共模干扰是非常重要的一类，它们主要以传导方式传播，对仪器的安全正常运行造成很大危害，必须加以控制。通常在输入端附加共模滤波器，以减轻外界共模干扰通过电源线进入仪器，同时防止仪器产生的共模干扰进入电网。共模滤波器的核心是带有软磁铁芯的共模电感，其性能的高低决定了滤波器的水平。共模电感（Common mode Choke），也叫共模扼流圈，常用于电脑的开关电源中过滤共模的电磁干扰信号。在板卡设计中，共模电感也是起 EMI 滤波的作用，用于抑制高速信号线产生的电磁波向外辐射发射。共模电感实质上是一个双向滤波器：一方面要滤除信号线上共模电磁干扰；另一方面又要抑制本身不向外发出电磁干扰，避免影响同一电磁环境下其他电子设备的正常工作。图 3-26 所示是电源线滤波器的基本电路和共模扼流圈的实物图。

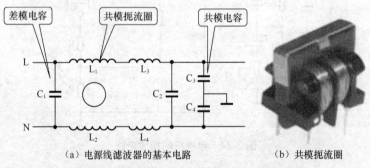

（a）电源线滤波器的基本电路　　　　　　　　（b）共模扼流圈

图 3-26　电源线滤波器的基本电路和共模扼流圈

9. 电源电路中的储能作用

在图 3-27 所示的开关电源电路中，电源 220V 交流电流经整流、滤波后，得到的直流电压 U_1 加在开关调整管上，开关调整管在控制电路的作用下处于开关状态，当调整管处于导通状态时，给滤波电容充电，向负载供电，同时在电感 L 上储能；当调整管截止时，在 L 中产生反向的感应电动势，使续流二极管 VD 导通，给负载供电，并给滤波电容充电，在此电路中又体现了电感 L 的储能作用。

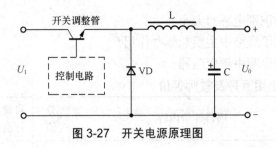

图 3-27 开关电源原理图

 项目学习评价

一、思考练习题

1. 填空题

① 红紫橙金表示该电感值为_____，误差范围_____。

② 1R8 表示该电感值为_____。

③ 电感量的主要表示方法有_____、_____和_____3 种。

④ 数码法是用 3 位数字来表示电感量的大小，单位为 μH，前两位数字为电感值的_____，第三位数字表示_____。

⑤ 电感测量的两类仪器：RLC 测量（电阻、电感、电容 3 种都可以测量）和_____测量仪。

⑥ 用指针式万用表的 R×1 挡测量电感器的直流阻值，测其电阻值_____，则说明电感器基本正常；若测量阻值_____，则说明电感器已经开路损坏。

⑦ 电感器是利用_____原理制成的元器件，它通常分两类：一类是应用自感作用的电感线圈；另一类是应用_____作用的耦合电感。

⑧ 电感器的主要参数为_____、_____、额定电流和分布电容等。

⑨电感有让_____通过，阻止_____通过的能力。

⑩ 电源变压器接线端子至少是_____个。

2. 选择题

① 亨利是（　　）标准单位。

A. 气压　　　　　　B. 密度　　　　　　C. 电感　　　　　　D. 重力

② 短线圈意味着（　　）。

A. 更小的电阻　　　B. 更弱的电感　　　C. 更大的电阻　　　D. 更强的电感

③1 H 等于（　　）mH。

A. 100　　　　　　B. 1000　　　　　　C. 1000000

④ 停在线圈上的汽车相当于电感器的（　　）部件。

A. 线圈　　　　　　B. 振荡器　　　　　　C. 线芯　　　　　　D. 探测器

3. 问答题

① 怎样识别电感器，它外形有何特征？

② 怎样用万用表测量电感器质量好坏？

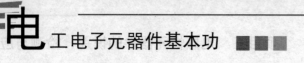

③ 怎样用色标法识别电感器大小?

④ 电感线圈在电子线路中主要起哪些作用?

⑤ 怎样用万用表检测中频变压器?

二、自我评价、小组互评及教师评价

评价方面	项目评价内容	分值	自我评价	小组评价	教师评价	得分
理论知识	① 电感元器件的组成有哪些部件?	10				
	② 电感元器件的主要参数有哪些?	10				
	③ 什么是分布电感?在什么电路要注意分布电感的产生?	10				
	④ 举例说明电感元器件在电工和技术中的应用	10				
实操技能	① 电感性元器件识别 将所给电感性元器件的名称与型号用胶布盖住并编号,根据电感性元器件实物写出其名称与型号(或标称值),并填入表3-5中	10				
	② 电感检测 读出所给电感的电感量大小;用指针式万用表的 R×1 挡测量所给电感器的直流阻值,并填入表3-6中。	10				
	③ 中频变压器检测 将万用表拨至 R×1 挡,按照中周变压器的各绕组引脚排列规律,逐一测量初级绕组与次级绕组的电阻值;将万用表拨至 R×10k 逐一测量挡初级绕组、次级绕组与外壳之间和初级绕组与次级绕组之间的电阻值,并填入表3-7中	10				
	④ 电源变压器检测 用万用表 R×10k 挡分别测量铁芯与初级绕组、铁芯与各次级绕组、静电屏蔽层与初级、次级各绕组间的电阻值,用万用表 R×1 挡分别测量初级绕组、各次级绕组的电阻值,并填入表3-8中	20				
学习态度	① 严肃认真的学习态度	5				
	② 严谨、有条理的工作态度	5				

表 3-5　　　　　　　　　　　　　　　电感性元器件识别

内容 ＼ 序号	元器件 1	元器件 2	元器件 3	元器件 4	元器件 5
名称					
型号（或标称值）					

表 3-6　　　　　　　　　　　　　　　电感检测

内容 ＼ 序号	元器件 1	元器件 2	元器件 3	元器件 4	元器件 5
读出电感器的电感量					
测量电感器的电阻值					
判断好坏（根据测量结果填写好或坏）					

表 3-7　　　　　　　　　　　　　　　中频变压器检测

内容 ＼ 序号	元器件 1	元器件 2	元器件 3	元器件 4	元器件 5
初级绕组、次级绕组的电阻值					
初级绕组、次级绕组、外壳之间的电阻值					
判断好坏（根据测量结果填写好或坏）					

表 3-8　　　　　　　　　　　　　　　电源变压器检测

内容 ＼ 序号	元器件 1	元器件 2	元器件 3	元器件 4	元器件 5
铁芯与初级、各次级绕组之间的电阻值					
静电屏蔽层与初级、次级各绕组之间的电阻值					

续表

序号 内容	元器件 1	元器件 2	元器件 3	元器件 4	元器件 5
初级绕组、各次级绕组电阻值					
判断好坏（根据测量结果填写好或坏）					

三、个人学习总结

成功之处	
不足之处	
改进方法	

项目四 晶体二极管的识别、检测与应用

 项目情境创设

晶体二极管作为电子技术中一个最为基本的常用元器件，其识别与检测、电路符号和实物图、主要参数，在电工和电子中的应用对于学习电子技术的学生自然应该是一个重点，如图 4-1 所示。

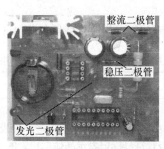

图 4-1 晶体二极管

 项目学习目标

	学习目标	学习方式	学时
技能目标	① 能识别各种型号二极管 ② 熟练掌握用万用表判别二极管的极性及质量好坏	学生实际识别、检测元器件（教师指导）	2
知识目标	① 识别不同类型的二极管，熟知它们的适用场合 ② 了解半导体二极管的伏安特性及其主要参数，了解二极管在电工和电子中应用 ③ 了解常用二极管的性能特点及应用 ④ 掌握用万用表判别二极管的极性及质量好坏的方法	知识点讲授	2

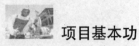

项目基本功

4.1 项目基本技能

任务一 晶体二极管的识别与检测

一、二极管的实物图、特点及电路图形符号和识别

1. 二极管的实物图、特点及电路图形符号

二极管外形特征和电阻器相似，共有两根引脚（＋、－）叫电极，分别叫正极和负极。且两根引脚沿轴向伸出，根据二极管所用半导体材料、结构及制造工艺的不同，二极管有不同的用途。

常见晶体二极管的实物图、特点及电路图形符号如表 4-1 所示。

表 4-1 　　　　　常见晶体二极管的实物图、特点及电路图形符号

常见晶体二极管实物图	特点及应用	电路图形符号
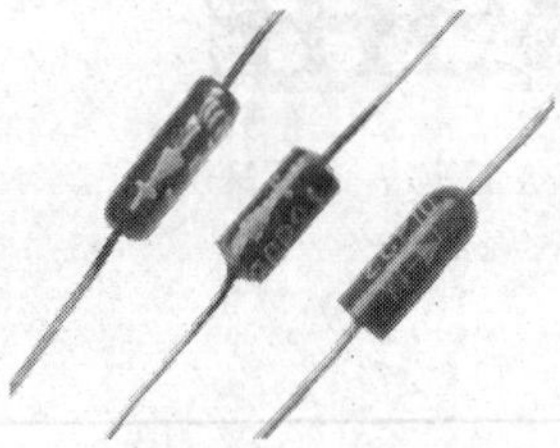 普通晶体二极管	普通晶体二极管用于检波、整流等，如 2AP9、2AP10、2CP10、2CP21 等。外表所印的晶体二极管符号标记表示晶体二极管的正负电极。检波二极管一般结电容小、高频特性好，主要用于高频检波电路。下图所示是收音机中常用的二极管检波电路 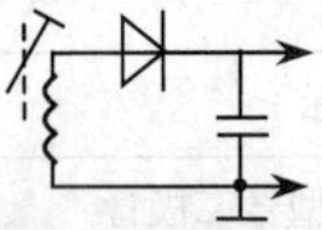	 负极 正极
 整流桥 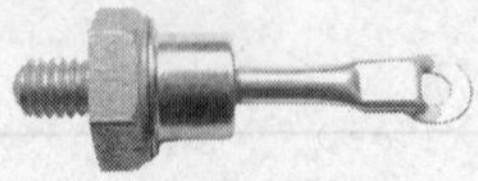 整流二极管	利用二极管的单向导电性，对交流电进行整流。整流二极管主要用于工频大电流整流电路，多由硅材料制成，常见型号如 1N4007、PX6AL07、2CZ57 等。对于柱形二极管，外表一端用色环或色点表示负极；对于螺栓形的，螺栓的一端是正极。有的已将 4 个二极管封装在一起，称整流桥或全桥。下图所示是整流桥内部电路，由 4 个二极管组成的桥式全波整流电路 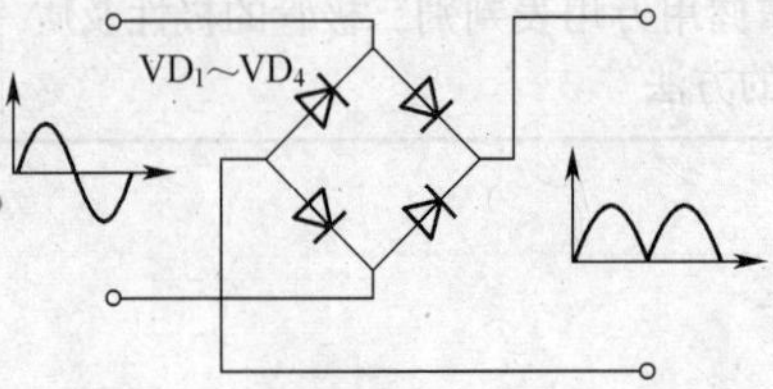 VD₁~VD₄	

续表

常见晶体二极管实物图	特点及应用	电路图形符号
 开关二极管	开关二极管既有硅管，又有锗管，在电路中用作电子开关，如左图所示。开关二极管除能满足普通二极管的性能指标外，还具有良好的开关特性，主要用于家用计算机、电视机、通信设备、仪器仪表的控制电路中。开关二极管分为普通开关二极管、高速开关二极管等。常用的国产普通开关二极管型号有 2AK 系列，高速开关二极管型号有 2CK 系列。进口的高速开关二极管型号有 1N41×× 系列，如：1N4148、1N4150 等；RLS 系列（贴片式），如：RLS4148、RLS450 等	负极  正极
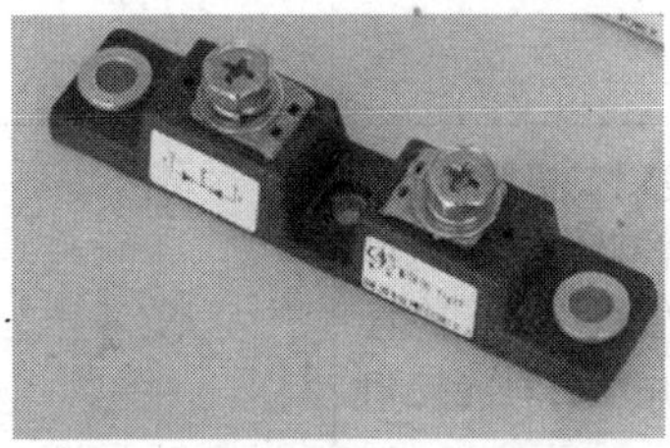 超快恢复二极管（FRED）模块	IGBT 功率 MOSFET 等高速开关器能在电力电子线路中发挥真正的功能和效率，必须与作为续流、吸收、箝位和隔离二极管以及输入和输出整流器的超快恢复二极管（FRED）配合使用才行。在带直流环变频器的输入整流器内，采用超快恢复二极管将大大降低变频器的谐波和波形畸变，从而降低 EMI 滤波器的电容器和电感器的尺寸及价格 这种超快恢复二极管模块，目前已广泛用于开关电源、变频器、逆变焊机、高频感应加热、不间断电源、通信电源等领域	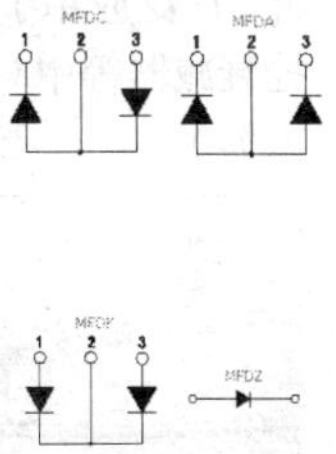 MFD-C　MFD-A MFD-F　MFD-Z 选用时注意电路接法有如图所示的 4 种
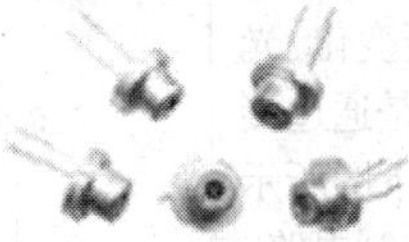 激光二极管	激光二极管是由镓铝砷等材料制成的，一种能将电信号转变成近红外激光的半导体元器件。它主要用于计算机光驱、激光打印机、CD 激光唱机等激光产品中	
 肖特基二极管	肖特基二极管是具有肖特基特性的"金属半导体结"的二极管。其正向起始电压较低。其金属层除钨、铝、银、铂等材料外，还可以采用金、钼、镍、钛等材料。其半导体材料采用硅或砷化镓，多为 N 型半导体。这种元器件是由多数载流子导电的，所以，其反向饱和电流较以少数载流子导电的 PN 结大得多。由于肖特基二极管中少数载流子的存储效应甚微，所以其频率响应仅被 RC 时间常数限制，因此，它是高频和快速开关的理想元器件。其工作频率可达 100GHz 肖特基二极管的主要应用领域是开关模式电源（SMPS）的有源功率因数校正（CCM PFC）和太阳能逆变器与电动机驱动器等其他 AC/DC 和 DC/DC 电源转换应用。MIS（金属－绝缘体－半导体）肖特基二极管可以用来制作太阳能电池或发光二极管	负极  正极

续表

常见晶体二极管实物图	特点及应用	电路图形符号
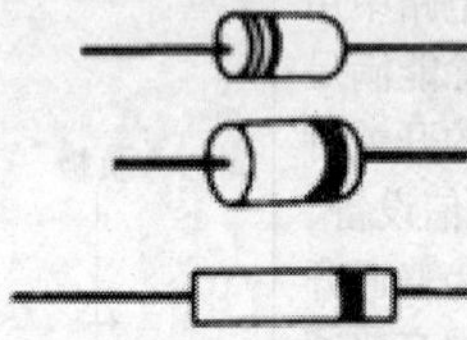 **变阻二极管** PIN 管又常称为高频变阻二极管，是一种用在高频电子线路中对高频信号起衰减作用的电子元器件，广泛应用于电子通信设备的可控衰减器等中（如高质量的电视调谐器）	变阻二极管是利用 PN 结之间等效电阻可变的原理制成的半导体元器件，主要用在 10～1000MHz 高频电路或开关电源等电路中作为可调衰减器，起限幅、保护等作用。 变阻二极管的等效电阻，随加在二极管两端的正向偏置电压的大小变化而改变。当二极管两端的正向偏压增高时，二极管的正向电流将增大，其等效内阻将减小；当二极管两端的正向偏压降压时，二极管的正向电流也随之减小，其等效内阻将增大 当二极管的外加偏置电压固定时，二极管的等效电阻会保持稳定	 负极 正极
	红外发光二极管又称红外线发射二极管，由砷化镓等材料制成，采用全透明、浅蓝色或黑色封装，如左图所示。红外发光二极管可以将电能直接转换成红外光辐射出去，主要用于各种光控和遥控发射电路中	
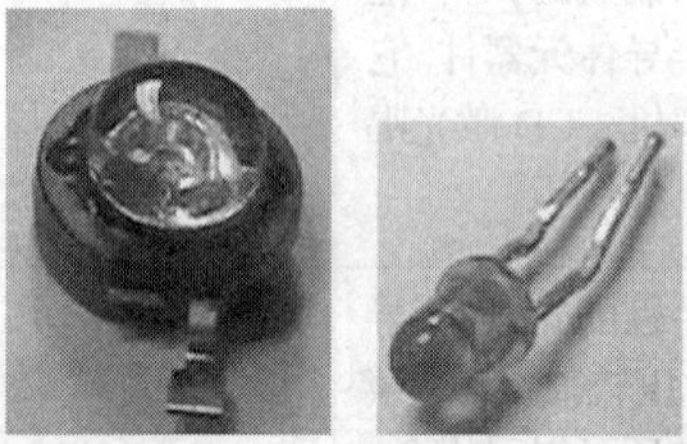	红外光电接收二极管 PIN 结构，感应范围：1.9 mm，灵敏度高，响应时间 6 ns 光电二极管的反向电阻随光的强弱而变化，光越强其阻值越小。在实际应用中，主要是通过接收光源（可见光或红外线）实现光控。下图所示是利用光电二极管构成的简单的光电控制电路 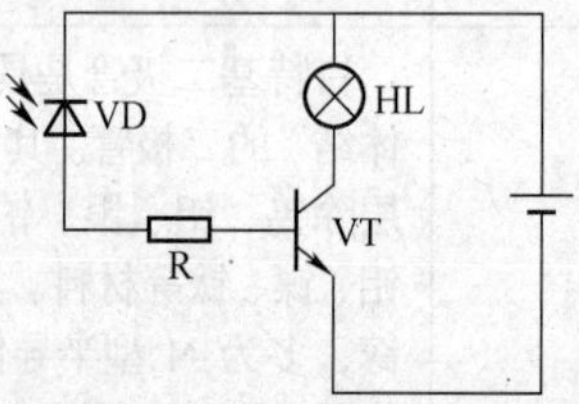	 负极 正极
	发光二极管（简称 LED）是由磷化镓或磷砷化镓的混合晶体等材料制成的，是一种能直接将电能转变成光能的发光显示元器件。它主要应用在两个方面：一是光电控制电路，如光电开关、光电隔离、红外遥控等；二是信号状态指示和数字符号显示，如电源指示、数码显示等。当其内部有一定电流流过时，就会发光，且电流增大、亮度变亮。发光二极管可分为普通单色发光二极管、变色发光二极管、红外发光二极管等	

续表

常见晶体二极管实物图	特点及应用	电路图形符号
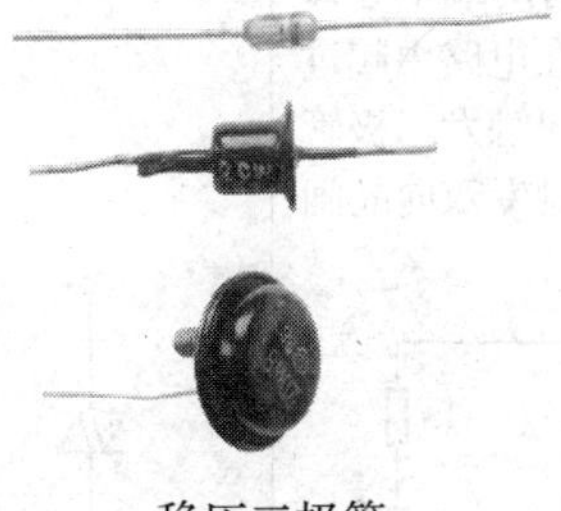 稳压二极管	利用 PN 结击穿又不损坏时，其反向电流在很大范围内变化，两端电压却能保持稳定不变的特性，可用于稳压电路，常见型号如 2CW、2DW 系列等。下图所示是简单稳压二极管（又称单向击穿二极管）稳压电路 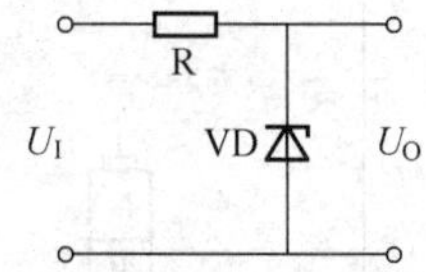 U_I　R　VD　U_O	 负极 正极
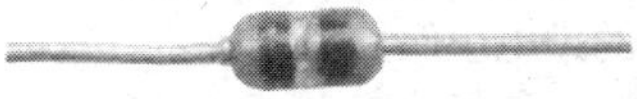 变容二极管	利用 PN 结加不同反向电压时，其结电容改变的特性，可用于收音机、电视机电子调谐回路中作为可变电容，常见型号有 2AC、2CC、2DC 系列等。下图所示是彩色电视机的电子调谐器部分电路 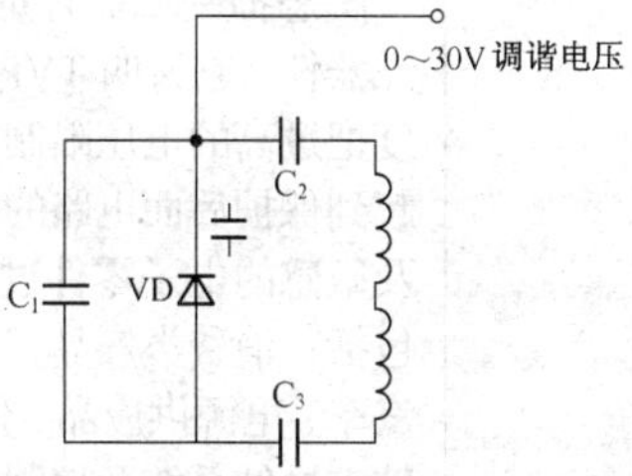 0～30V 调谐电压　C_1　VD　C_2　C_3	 负极 正极
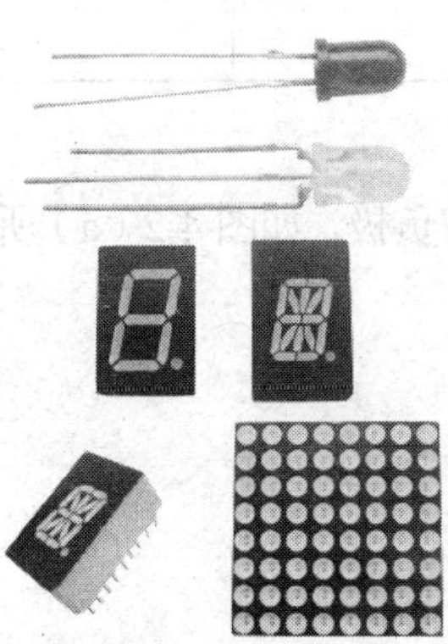 发光二极管	发光二极管一般能发出红、绿、黄和蓝色的光。它主要应用于指示、显示元器件，数码管和符号管，米字管及点阵式显示屏中的每个发光单元。发光二极管又有单色和三色两种，三色发光二极管一般有 3 个引脚，一个为公共端，在另外两个上分别加电压可发出红或绿光，如果同时加电压可发出黄色光，三色点阵式显示屏中的每个发光单元是一个三色发光二极管。照明也成为发光二极管的一个应用方向，LED 手电筒一般是由多只高亮发光二极管构成的。下图所示是数码管的内部电路 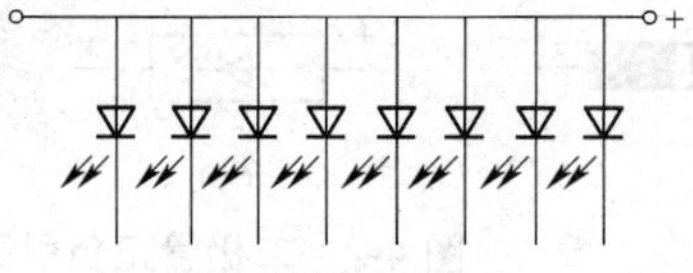 共阳极型 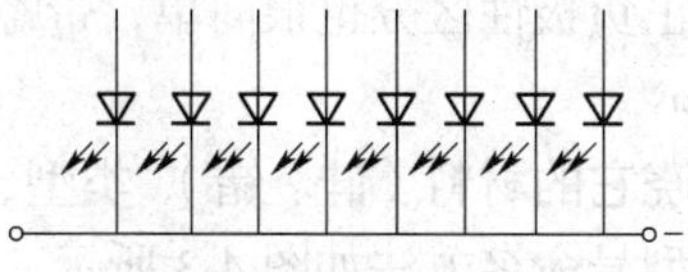 共阴极型	 负极 正极

续表

常见晶体二极管实物图	特点及应用	电路图形符号
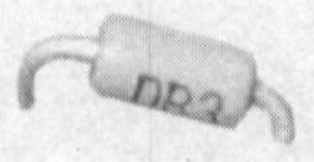 双向触发二极管	双向触发二极管是具有对称性的两端半导体元器件，常用来触发双向晶闸管，在电路中起过电压保护作用。图（a）所示是双向触发二极管的构造示意图，图（b）所示是其触发双向晶闸管电路 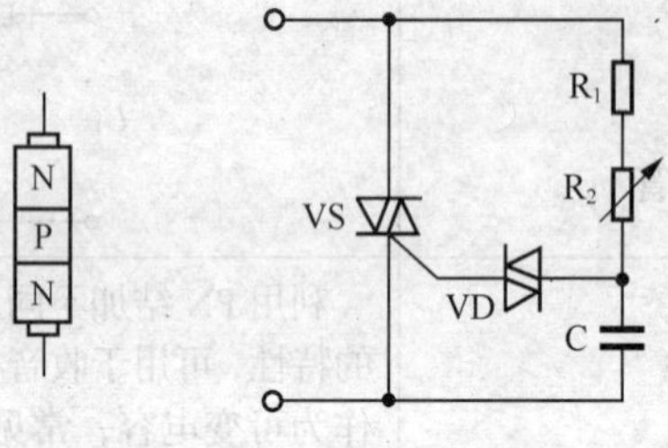 （a）双向触发二极管的构造示意图　（b）触发双向晶闸管电路	
 瞬态抑制二极管	瞬态抑制二极管是一种限压型的过电压保护元器件，它又叫 TVP、ABD，它能以 pS 级的速度把过高的电压限制在一个安全范围之内，从而起到保护后面电路的作用。其广泛应用在半导体及敏感的电子零件过电压、ESD 保护上，主要包括：消费类产品、工业产品、通信、计算机、汽车、电源供应品、信号线路保护及军事、航天航空导航系统及控制系统上；反应速度快，电压抑制能力强，有 P4KE、P6KE、1.5KE、SA、3KP、5KP SMAJ、SMBJ、SMCJ、P4SMA、P6SMB、1.5SMC、等系列。限压型零件，反应速度快，瞬态功率从 400～5000W；电压由 5～550V 或更高，也可为客户定制规格	 负极 正极

2. 二极管管脚的识别

常用塑料封装的二极管，用一条灰色的色带表示出二极管的负极，如图 4-2（a）所示。

用电路符号标注二极管的正、负极，如图 4-2（b）所示。

用色点标注二极管引脚一端为正极，如图 4-2（c）所示。

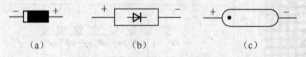

（a）　　　　　　　（b）　　　　　　　（c）

图 4-2　二极管正负引脚标记

大功率二极管引脚正负极性区分也很简单，带螺纹的一端是负极。

3. 二极管性能认知

从二极管型号便知晓它的材料（硅、锗）、类型、工作电流、工作特性、极性、主要参数。国产半导体元器件型号命名方法如图 4-3 所示，型号由 5 部分组成。例如，2CZ11D，

"2"表示二极管,"C"表示N型硅,"Z"表示整流管,"11"序号,"D"表示规格号,通过查《晶体二极管元器件手册》找到该二极管的最大整流电流为 1000 mA,最高反向工作电压为 300 V,反向饱和电流≤0.6μA 等参数。

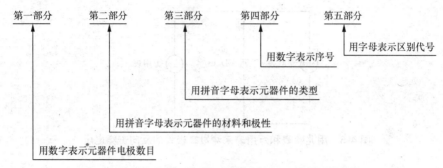

图 4-3　国产半导体元器件型号命名方法（国标 GB2494）

二、二极管的检测

利用万用表既可以判断二极管的正负极性和材料,同时还可以知道其质量好坏。

1. 普通二极管的正负极性的检测

用红、黑表笔分别接二极管的两根引脚,万用表指针偏转指出读数,然后调换红黑表笔再次测量,又指出一个读数。在两次测量中,有一个读数在 10 kΩ 左右,则测量的是一只硅材料二极管的正向电阻值,此次与黑表笔相连的是二极管的正极,与红表笔相连的是二极管负极,如图 4-4（a）所示;而另一个测量阻值读数应为"∞"（无穷大）或接近无穷大,该阻值为二极管的反向电阻值,与黑表笔相连的是二极管负极,与红表笔相连的是二极管正极,如图 4-4（b）所示,即正向电阻小、反向电阻大。

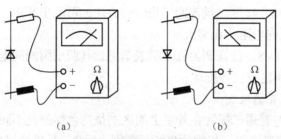

（a）　　　　　　　（b）

图 4-4　普通二极管检测图

如果两次测量的电阻值相接近,说明该二极管质量差。若两次测量电阻值均很小或接近零,说明被测二极管内部已击穿;如果正反方向测的阻值均很大或表针不动,说明被测二极管内部已开路。以上情况下二极管都不能用。

反向击穿电压的检测:二极管反向击穿电压（耐压值）可以用晶体管直流参数测试表测量。其方法是:测量二极管时,应将测试表的"NPN/PNP"选择键设置为 NPN 状态,再将被测二极管的正极接测试表的"C"插孔内,负极插入测试表的"e"插孔,然后按下"V（BR）"键,测试表即可指示出二极管的反向击穿电压值。

也可用兆欧表和万用表来测量二极管的反向击穿电压,测量时被测二极管的负极与兆欧表的正极相接，将二极管的正极与兆欧表的负极相连，同时用万用表（置于合适的直流电压挡）监测二极管两端的电压。如图4-5所示，摇动兆欧表手柄（应由慢逐渐加快），待二极管两端电压稳定而不再上升时，此电压值即是二极管的反向击穿电压。

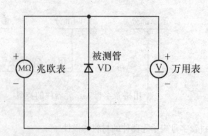

图4-5　用兆欧表和万用表来测量二极管的反向击穿电压

2. 玻封硅高速开关二极管的检测

检测硅高速开关二极管的方法与检测普通二极管的方法相同。不同的是，这种管子的正向电阻较大。用 R×1k 电阻挡测量，一般正向电阻值为 5～10kΩ，反向电阻值为无穷大。

3. 快恢复、超快恢复二极管的检测

用万用表检测快恢复、超快恢复二极管的方法基本与检测塑封硅整流二极管的方法相同，即先用 R×1k 挡检测一下其单向导电性，一般正向电阻为 4～5kΩ 左右，反向电阻为无穷大；再用 R×1 挡复测一次，一般正向电阻为几欧姆，反向电阻仍为无穷大。

4. 双向触发二极管的检测

将万用表置于 R×1k 挡，测双向触发二极管的正、反向电阻值都应为无穷大。若交换表笔进行测量，万用表指针向右摆动，说明被测管有漏电性故障。

5. 瞬态电压抑制二极管（TVS）的检测

对于单极型的 TVS，按照测量普通二极管的方法，可测出其正、反向电阻，一般正向电阻为 4 kΩ 左右，反向电阻为无穷大。

对于双向极型的 TVS，任意调换红、黑表笔测量其两引脚间的电阻值均应为无穷大，否则，说明管子性能不良或已经损坏。

6. 高频变阻二极管的检测

高频变阻二极管与普通二极管在外观上的区别是其色标颜色不同，普通二极管的色标颜色一般为黑色，而高频变阻二极管的色标颜色则为绿色。其极性规律与普通二极管相似，即带绿色环的一端为负极，不带绿色环的一端为正极。

与测量普通二极管正、反向电阻的方法相同，当使用 500 型万用表 R×1k 挡测量时，正常的高频变阻二极管的正向电阻为 5～5.5 kΩ，反向电阻为无穷大。

7. 变容二极管的检测

将万用表置于 R×10k 挡，无论红、黑表笔怎样对调测量，变容二极管的两引脚间的电阻值均应为无穷大。如果在测量中，发现万用表指针向右有轻微摆动或阻值为零，说明被测变容二极管有漏电故障或已经击穿损坏。对于变容二极管容量消失或内部的开路性故障，用万用表是无法检测判别的。必要时，可用替换法进行检查判断。

8．单色发光二极管的检测

在万用表外部附接一节 1.5V 干电池，将万用表置 R×10 或 R×100 挡。这种接法就相当于给万用表串接上了 1.5V 电压，使检测电压增加至 3V（发光二极管的开启电压为 2V）。检测时，用万用表两表笔轮换接触发光二极管的两管脚。若管子性能良好，必定有一次能正常发光，此时，黑表笔所接的为正极，红表笔所接的为负极。

9．红外发光二极管的检测

判别红外发光二极管的正、负电极：红外发光二极管有两个引脚，通常长引脚为正极，短引脚为负极。因红外发光二极管呈透明状，所以管壳内的电极清晰可见，内部电极较宽较大的一个为负极，而较窄且小的一个为正极。

将万用表置于 R×1k 挡，测量红外发光二极管的正、反向电阻，通常，正向电阻应在 30 kΩ左右，反向电阻要在 500 kΩ以上，这样的管子才可正常使用。要求反向电阻越大越好。

10．红外接收二极管的检测

从外观上识别，常见的红外接收二极管外观颜色呈黑色。识别引脚时，面对受光窗口，从左至右，分别为正极和负极。另外，在红外接收二极管的管体顶端有一个小斜切平面，通常带有此斜切平面一端的引脚为负极，另一端为正极。

检测红外接收二极管的方法与检测普通二极管的方法相同。

11．激光二极管的检测

将万用表置于 R×1k 挡，按照检测普通二极管正、反向电阻的方法，即可将激光二极管的管脚排列顺序确定。但检测时要注意，由于激光二极管的正向压降比普通二极管要大，所以检测正向电阻时，万用表指针仅略微向右偏转而已，而反向电阻则为无穷大。

12．稳压二极管的检测

正、负电极的判别：从外形上看，金属封装稳压二极管管体的正极一端为平面形，负极一端为半圆面形。塑封稳压二极管管体上印有彩色标记的一端为负极，另一端为正极。对标志不清楚的稳压二极管，也可以用万用表判别其极性，测量的方法与普通二极管相同，即用万用表 R×1k 挡，将两表笔分别接稳压二极管的两个电极，测出一个结果后，再对调两表笔进行测量。在两次测量结果中，阻值较小那一次，黑表笔接的是稳压二极管的正极，红表笔接的是稳压二极管的负极。若测得稳压二极管的正、反向电阻均很小或均为无穷大，则说明该二极管已击穿或开路损坏。

稳压值的测量：用 0～30V 连续可调直流电源，对于 13V 以下的稳压二极管，可将稳压电源的输出电压调至 15V，将电源正极串接 1 只 1.5kΩ 限流电阻后与被测稳压二极管的负极相连接，电源负极与稳压二极管的正极相接，再用万用表测量稳压二极管两端的电压值，所测的读数即为稳压二极管的稳压值。若稳压二极管的稳压值高于 15V，则应将稳压电源调至 20V 以上。

也可用低于 1000V 的兆欧表为稳压二极管提供测试电源。其方法是：将兆欧表正端与稳压二极管的负极相接，兆欧表的负端与稳压二极管的正极相接后，按规定匀速摇动兆欧表手柄，同时用万用表监测稳压二极管两端电压值（万用表的电压挡应视稳定电压值的大小而定），待万用表的指示电压指示稳定时，此电压值便是稳压二极管的稳定电压值。

若测量稳压二极管的稳定电压值忽高忽低，则说明该二极管的性能不稳定。

图 4-6 所示是稳压二极管稳压值的测量方法。

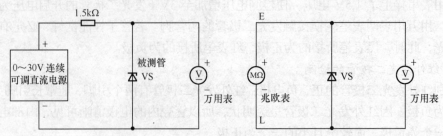

图 4-6　稳压二极管稳压值的测量方法

4.2　项目基本知识

知识点一　二极管的特性

半导体元器件是现代电子技术的重要组成部分，它具有体积小、重量轻、使用寿命长、功率转换效率高等优点，因而得到了广泛应用。研究半导体元器件特别重要，具体要研究晶体二极管的特性和主要参数，这样做对实际应用半导体元器件非常有用。

一、二极管的单向导电性

把二极管接成图 4-7（a）所示电路，当开关 S 闭合时，二极管阳极接电源正极，阴极接电源负极，这种情况称为二极管（PN 结）正向偏置。当开关 S 闭合时，灯泡亮，电流表中看到较大电流。这时称二极管（PN 结）导通，流过二极管电流称做正向电流。用 I_F 表示。将二极管接成图 4-7（b）所示电路，这时二极管阳极（P 区）接电源负极，阴极（N 区）接正级，这时二极管（PN 结）称为反向偏置。开关 S 闭合、灯泡不亮，从电流表中看到电流几乎为零，这时称二极管（PN 结）截止。这时二极管中仍有微小电流流过，这微小电流基本不随外加反向电压而变化，故称为反向饱和电流（亦称反向漏电流）用 I_S 表示。I_S 很小，但它会随温度上升而显著增加。所以，半导体二极管等半导体元器件，热稳定性较差，在使用半导体元器件时，要考虑环境温度对元器件和由它构成电路的影响。

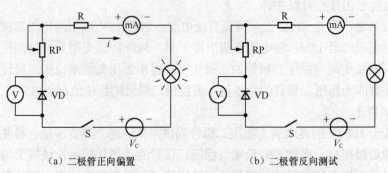

（a）二极管正向偏置　　　　　　　　　　（b）二极管反向测试

图 4-7　半导体二极管单向导电性实验与伏安特性测试

这就是 PN 结的一个重要特性——单向导电性，即正偏导通、反偏截止（即不导通）。这也是我们在实际工作中判断二极管是否导通与截止的重要理论依据。

二、二极管的伏安特性

在图 4-7 中，改变电位器 RP 阻值，就可改变二极管两端电压，电压表用来测定二极管导通电压 U_F，毫安表用来测定二极管电流 I_F。

通过实验测定，可得二极管伏安特性曲线，如图 4-8 所示。

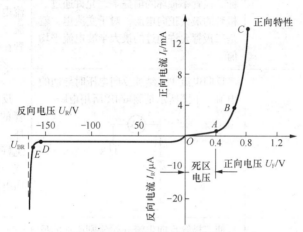

图 4-8 半导体二极管伏安特性

1. **正向特性**

当二极管正向偏置时，不立即产生很大正向电流，即正向电压较小时有一段"死区"，如图 4-8 中 OA 段所示。当二极管两端所加电压超过一定数值以后，正向电流随着外加电压增加而快速上升。这个电压称之为死区电压或阈值电压，锗管约为 0.1V，硅管约为 0.5V。当外加电压超过阈值电压后，如图 4-13 中 B 点以后线段所示，正向电压稍有变化，正向电流急剧增加，此时二极管在电路中相当于一个开关导通状态。BC 段曲线近似于直线，称之为线性区，在此区域正向电流在相当范围内变化，而二极管两端导通电压的变化却不大，近似为恒压特性。二极管导通电压小功率管锗管约 0.2~0.3V，硅管约为 0.6~0.8V。在工程上，一般硅管取 0.7V，锗管取 0.3V。

2. **反向特性**

二极管反向偏置时，二极管有微小电流通过，称为反向电流，如图 4-8 中 OD 段所示。由图可见，反向电流基本上不随反向偏置电压的变化而变化。在这时，二极管呈现很高的反向电阻，处于截止状态，在电路中相当于开关处于关断状态。

二极管的反向电流越小，表明二极管的反向性能越好。小功率硅管的反向电流在 1μA 以下，小功率锗管可达几微安到几十微安。

3. **反向击穿特性**

在图 4-8 中，当由 D 点继续增加反偏电压时，反向电流在 E 处急剧上升，这种现象称为反向击穿，发生击穿时的电压称为反向击穿电压 U_{BR}。各类二极管的反向击穿电压大小各不相同。普通二极管、整流二极管等不允许反向击穿情况发生，因二极管反向击穿后，电流不加限制，会使二极管 PN 结过热而损坏。

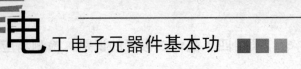

三、晶体二极管的主要参数

晶体二极管的参数很多。晶体二极管的主要技术参数如表 4-2 所示。

表 4-2　　　　　　　　　　晶体二极管的主要技术参数

技术参数名称	表示方法	定　义	选用思路及说明
最大整流电流	I_F	最大整流电流是指在长期连续工作保证二极管不损坏的前提下，允许通过二极管的最大正向电流，对于交流电，就是二极管允许通过的最大半波电流平均值	在实际应用中，最大整流电流一般应大于电路电流 2 倍以上，以保证二极管在应用中不被烧毁
反向电流	I_R	反向电流 PN 结加反向电压时导通的电流。下图所示是测量 IR 所用电路 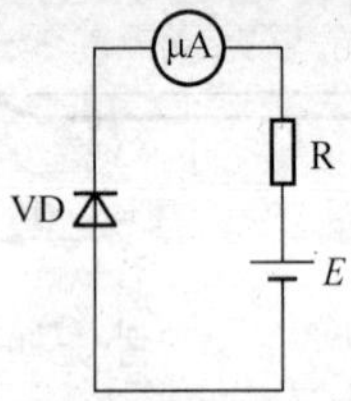	反向电流参数反映二极管的单向导电性能的好坏。一般反向电流 IR 越小越好。硅二极管的反向电流一般小于锗二极管的反向电流
反向击穿电压	U_{BR}	使二极管反向电流开始急剧增加的反向电压称为反向击穿电压。下图表示出了二极管的反向特性及反向击穿电压 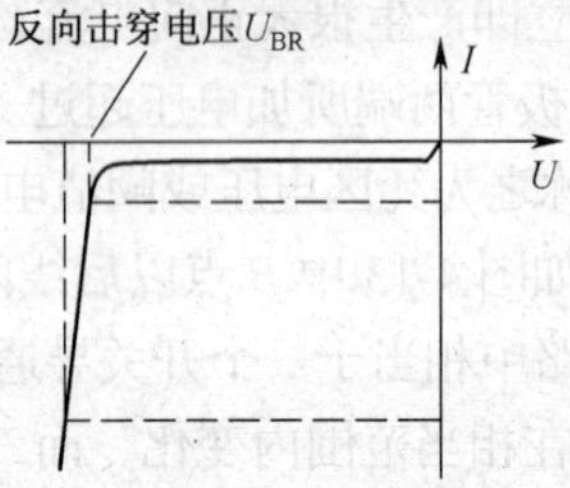　　二极管反向特性曲线	除稳压二极管外，为保证二极管正常工作，其两端的反向电压应小于 U_{BR} 的 1/2
最大反向工作电压	U_R	最大反向工作电压是指二极管的所有参数不超过允许值时（即不被击穿），允许加的最大反向电压	为了使用安全，在实际工作时，最大反向工作电压 U_R 一般只按反向击穿电压 U_{BR} 的一半计算
正向压降	U_F	正向压降是在规定的正向电流下，二极管的正向电压降。下图所示是测量 UF 所用电路 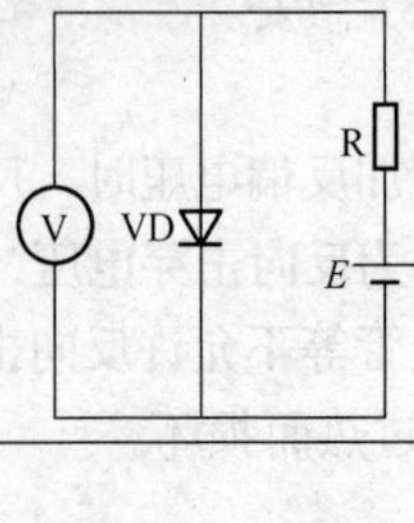	小电流硅二极管的正向压降在中等电流水平下为 0.6～0.8 V；锗二极管为 0.2～0.3 V

续表

技术参数名称	表示方法	定 义	选用思路及说明
结电容	C_J	结电容是指当 PN 结加反向电压时，P 区积累负电荷，N 区积累正电荷，即构成一个已储存电荷的电容器。结电容是指该电容器的等效电容	在高频运用时必须考虑结电容的影响
最高工作频率	f_M	最高工作频率是指二极管能正常工作的最高频率。它主要取决于 PN 结的结电容大小	如果信号频率超过 f_M，则二极管的单向导电性将变差，甚至不能工作。选用二极管时，必须使其工作频率低于最高工作频率

知识点二 晶体二极管的分类

一、常用晶体二极管的分类

晶体二极管种类很多，按制作材料不同分为硅二极管和锗二极管；按制造工艺不同可分为点接触型和面接触型两类；按用途不同分为整流二极管、检波二极管、发光二极管、光电二极管、稳压二极管、变容二极管等。它们的性能特点及应用见表 4-3。

表 4-3 　　　　　　　　　　　　几种常用二极管的性能特点及应用

二极管的类别	应 用 特 点
普通二极管	普通二极管多用于整流、检波。整流二极管不仅有硅管和锗管之分，而且还有低频和高频、大功率和中（小）功率之分。硅管具有良好的温度特性及耐压性能，故使用较多。检波实际上是对高频小信号整流的过程，它可以把调幅信号中的调制信号（低频成分）取出来。检波二极管属于锗材料点接触型二极管，其特点是工作频率高，正向压降小
发光二极管	发光二极管是将电信号转换成光信号的发光半导体元器件，当管子 PN 结通过合适的正向电流时，便以光的形式将能量释放出来。它具有工作电压低、耗电少、响应速度快、寿命长、色彩绚丽及轻巧等优点（颜色有红、绿、黄等，形状有圆形和矩形等），广泛应用于单个显示电路或做成七段显示器、LED 点阵等。而在数字电路实验中，常用作逻辑显示器
光电二极管	光电二极管是一种将光信号转换成电信号的半导体元器件。光电二极管 PN 结的反向电阻大小与光照强度有关系，光照越强，阻值越小。光电二极管可用于光的测量。当制成大面积的光电二极管时，可作为一种能源，称为光电池
稳压二极管	稳压二极管也称齐纳二极管，是一种用于稳压、工作于反向击穿状态的特殊二极管。稳压二极管是以特殊工艺制造的面接触型二极管，它是利用 PN 结反向击穿后，在一定反向电流范围内，反向电压几乎不变的特点进行稳压的
变容二极管	变容二极管在电路中能起到可变电容的作用，其结电容随反向电压的增加而减小。变容二极管主要用于高频电路中，如变容二极管调频电路

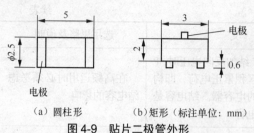

（a）圆柱形　　　（b）矩形（标注单位：mm）

图 4-9　贴片二极管外形

二、贴片二极管

常见贴片二极管为圆柱形、矩形两种。圆柱形贴片二极管外形如图 4-9（a）所示，它无引线，两个端面作为阳极、阴极。外形尺寸有 $\phi2.5mm \times 5mm$ 等规格，壳体一般采用黑色。

矩形片状二极管外形如图 4-9（b）所示，它有 3 条仅 0.65mm 的引线。矩形贴片二极管种类较多，各有不同用途，按管内所含二极管数量来划分可分为单管和对管。

知识点三　晶体二极管在电工和电子中的应用

二极管的应用范围很广，可用于整流、检波、限幅、稳压、钳位、元器件的保护以及数字电路中的开关等。

一、晶体二极管在电力中的应用

1. 晶体二极管在半导体变流技术中的应用

变流技术是一种电力变换的技术。通常所说的"变流"是指"交流电变直流电，直流电变交流电"。例如，常见的充电器就使用了交流电变直流电的变流技术。

图 4-10 所示是三相半波不可控整流电路，任何时刻只有瞬时阳极电压最高的一相管导通，按电源的相序，每管轮流导通 120°。

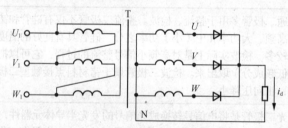

图 4-10　三相半波不可控整流电路

2. 晶体二极管在开关电源中的应用

图 4-11 中 VT_1 和开关变压器组成间歇振荡器。充电器加电后，220V 市电经 VD_1 半波整流后在 VT_1 的 C 极上形成一个 300V 左右的直流电压，经过变压器初级加到 VT_1 的 C 极，同时该电压还经启动电阻 R_2 为 VT_1 的 B 极提供一个偏置电压。由于正反馈作用，VT_1 的 I_C 迅速上升而饱和，在 VT_1 进入饱和期间，开关变压器次级绕组产生的感应电压使线路导通，向负载输出一个约 9V 的直流电压。开关变压器的反馈绕组产生的感应脉冲经 VD_3 整流、C_2 滤波后产生一个与振荡脉冲个数呈正比的直流电压。此电压若超过稳压管 Z_1 的稳压值，Z_1 便导通，此负极性整流电压便加在 VT_1 的 B 极，使其迅速截止。VT_1 的截止时间与其输出电压呈反比。Z_1 的导通/截止直接受电网电压和负载的影响：电网电压越低或负载电流越大，Z_1 的导通时间越短，VT_1 的导通时间越长；反之，电网电压越高或负载电流越小，VD_3 的整流电压越高，Z_1 的导通时间越长，VT_1 的导通时间越短。

3. 晶体二极管在双向电力电子开关中的应用

图 4-12 所示是晶体二极管在双向电力电子开关中的应用。在斩控式交流调压电路中电力电子开关必须满足：开关是全控的，可以控制导通也可以控制关断，所以必须采用全控型元器件；电力电子开关必须是双向导电的，因此单个元器件是无法满足要求的，必须用多个元器件组合而成；开关频率较高，一般都在几十千赫兹以上。

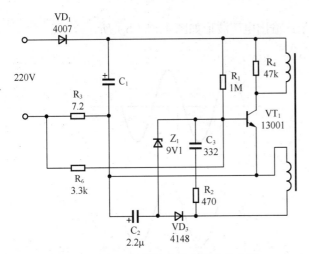

图 4-11 晶体二极管在开关电源中的应用

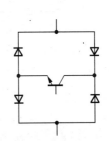

图 4-12 晶体二极管在双向电力电子开关中的应用

只用了一个可控元器件，同时由 4 个二极管组成桥式连接，使得无论外电路电流方向如何，总是流入晶体管的集电极。

二、普通二极管在电子电路中的应用

1. 晶体二极管在整流电路中的应用

所谓整流，就是利用二极管的单向导电性将交流变成直流。图 4-13（a）所示为单相半波整流电路，图中 U_i 为输入正弦交流电压，输出电压 U_o 的波形如图 4-13（b）所示。

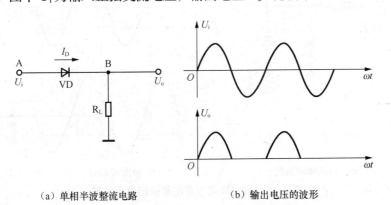

（a）单相半波整流电路　　　　　（b）输出电压的波形

图 4-13 单相半波整流电路和输出电压的波形

由图 4-13（b）可知，输入正弦波电压 U_i 的一个周期内，输出电压 U_o 只有半个周期，故称为半波整流电路。

图 4-13（a）所示电路，若接上滤波电路，就可得到直流输出电压。其他整流电路还有桥式整流电路、全波整流电路等。

2. 晶体二极管在限幅电路中的应用

所谓限幅，是指输出电压的幅度受到规定电压（限幅电压）的限制。限幅电路有单向限幅电路和双向限幅电路两种。

（1）单向限幅电路

正向限幅电路如图 4-14（a）所示；输出电压波形如图 4-14（b）所示。

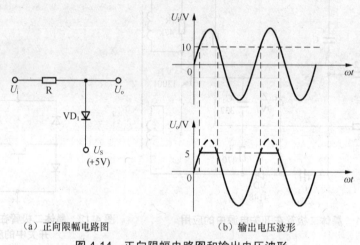

（a）正向限幅电路图　　　（b）输出电压波形

图 4-14　正向限幅电路图和输出电压波形

（2）晶体二极管在双向限幅电路中的应用

双向限幅电路如图 4-15（a）所示；输出电压波形如图 4-15（b）所示。

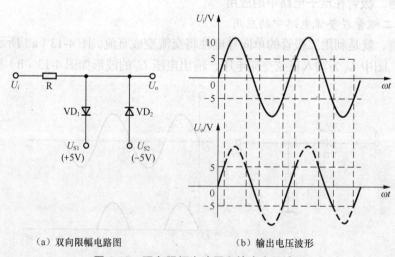

（a）双向限幅电路图　　　（b）输出电压波形

图 4-15　双向限幅电路图和输出电压波形

3. 晶体二极管在门电路中的应用

二极管组成的门电路，可实现逻辑运算。如图 4-16 所示的电路，只要有一条电路输入为低电平时，输出即为低电平，仅当全部输入为高电平时，输出才为高电平，实现逻辑"与"

运算。

三、特殊晶体二极管的应用电路

PN结还有一些其他特性，利用这些特性，采用适当工艺可制成特种功能用途的二极管，如稳压二极管、发光二极管、光电二极管和变容二极管等。

1. 稳压二极管的应用

稳压二极管就是通过半导体特殊工艺处理后，使它能长期在反向击穿状态下工作且具有很陡峭的反向击穿特性的二极管。常用稳压二极管有 2CW 和 2DW 系列。

图 4-17 所示是电视机里的过压保护电路：115V 是电视机主供电压，当此电压过高时，VD 导通，三极管 VT 导通，其集电极电位将由原来的高电平（5V）变为低电平，通过待机控制线的控制使电视机进入待机保护状态。

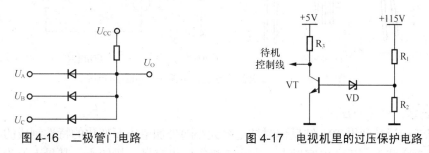

图 4-16 二极管门电路 　　　　图 4-17 电视机里的过压保护电路

2. 发光二极管的应用

发光二极管简称 LED，是由镓（Ca）、砷（As）、磷（P）等化合物制成的。这些材料制成的 PN 结，加上正偏电压时，将电能转化为光能而发光。光的颜色取决于制造 PN 结所用的材料。砷化镓加入一些磷发红光，磷化镓发绿光。发光二极管按发光颜色划分，可分为红色、黄色、蓝色、绿色、变色发光二极管和红外光二极管等。

发光二极管图形符号、外形图如图 4-18（a）所示。对于发红光、绿光、黄光的发光二极管，管脚引线较长者为正极，较短者为负极。如管帽上有凸起标志，那么靠近凸起标志的管脚就是正极。

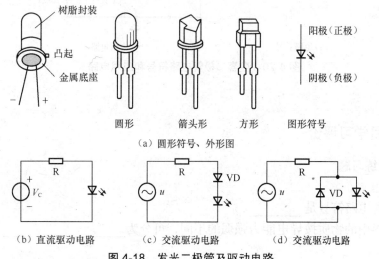

（a）圆形符号、外形图

（b）直流驱动电路　　　（c）交流驱动电路　　　（d）交流驱动电路

图 4-18 发光二极管及驱动电路

发光二极管可以用直流、交流、脉冲等电源驱动，直流驱动电路如图 4-18（b）所示，交流驱动电流如图 4-18（c）、图 4-18（d）所示。

3. 光电二极管的应用

光电二极管又称光敏二极管，它是利用 PN 结在施加反向电压时，在光线照射下反向电阻由大变小的原理来工作的。光电二极管外形图、电路符号和应用电路如图 4-19 所示。图 4-19 中 R_L 为负载电阻，R_L 选取时，要保证光电二极管反偏电压不小于 5V；当偏置电压小于 5V 时，光电流与入射光强度不再呈线性关系，使电路性能变坏。

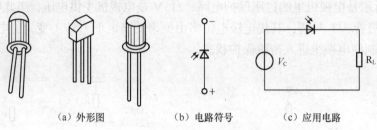

（a）外形图　　　　　（b）电路符号　　　　（c）应用电路

图 4-19　光电二极管外形图、电路符号和应用电路

4. 变容二极管的应用

变容二极管是利用 PN 结反偏时结电容大小随外加电压而变化的特性制成的。反偏电压增大时电容减小，反之电容增大。变容二极管的电容量一般较小，其最大值为几十到几百皮法。它主要用于高频电路中作自动调谐、调频、调相等，例如，在电视接收机的调谐回路中作可变电容。

变容二极管的电路符号和应用电路如图 4-20 所示。

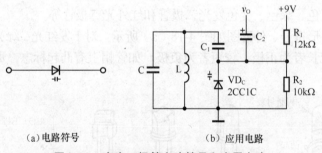

（a）电路符号　　　　　　　（b）应用电路

图 4-20　变容二极管电路符号和应用电路

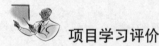 **项目学习评价**

一、思考练习题

1. 填空题

① 二极管电路符号是＿＿＿＿＿。

② 自然界中的物质按导电能力强弱的不同，可分为＿＿＿＿、＿＿＿＿和＿＿＿＿3 大类。

③ PN 结的一个重要特性是________导电性，即________、________。

④ 常见贴片二极管为________、矩形两种。

⑤ 二极管参数是反映二极管性能质量的指标，晶体二极管的主要参数________。

⑥ 二极管的应用范围很广，可用于整流、________、限幅、________、钳位、________以及数字电路中的开关等。

⑦ 所谓限幅，是指________的幅度受到规定电压（限幅电压）的限制。限幅电路有单向限幅电路和双向限幅电路两种。

2. 选择题

① 用万用表直流电压挡分别测出 VD_1、VD_2 和 VD_3 正极与负极对地的电位如图 4-21 所示，VD_1、VD_2、VD_3 的状态为（　　）。

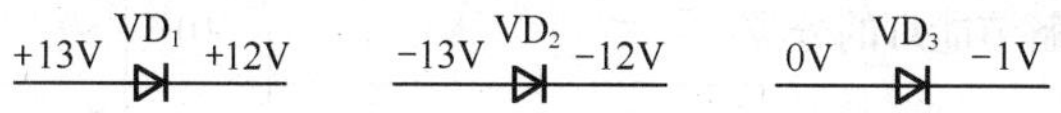
+13V
VD1
+12V
−13V
VD2
−12V
0V
VD3
−1V

图 4-21　VD_1、VD_2 和 VD_3 正极与负极对地的电位

A. VD_1、VD_3 正偏，VD_2 反偏　　B. VD_1 反偏，VD_2、VD_3 正偏

C. VD_1、VD_2 反偏，VD_3 正偏

② 用万用表的 R × 10 挡和 R × 100 挡测量同一个二极管的正向电阻，两次测得的值分别为 R_1 和 R_2，则两者相比（　　）。

A. $R_1>R_2$　　B. $R_1=R_2$　　C. $R_1<R_2$　　D. 说不清哪个大

③ 用万用表检查二极管的好坏，正反各测两次，当两次测量为如下（　　）状态时，二极管损坏。

A. 两次偏转相差很大　　B. 两次偏转都很大

④ 如图 4-22 所示电路中，二极管的工作状态分别为（　　）。

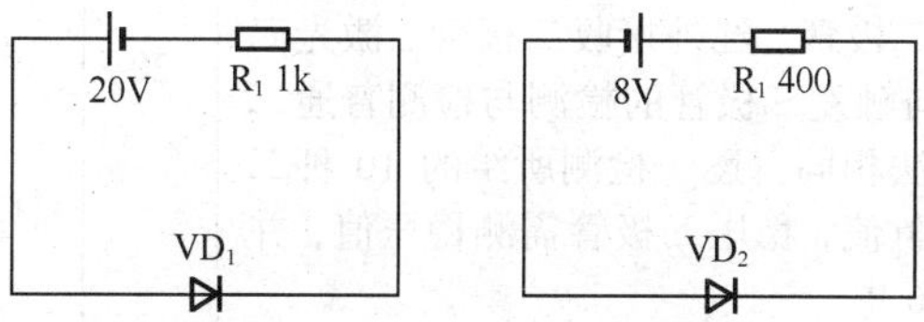
20V
R1 1k
VD1
8V
R1 400
VD2

图 4-22　二极管的工作状态

A. VD_1 截止，VD_2 导通　　B. VD_1，VD_2 都导通

C. VD_1，VD_2 都截止　　D. VD_1 导通，VD_2 截止

⑤ 如果测得晶体二极管正反向电阻都为零，则说明该晶体二极管（　　）。

A. 正常　　B. 内部断路　　C. 已被击穿

⑥ 工作在反向击穿状态的二极管是（　　）。

A. 一般二极管　　B. 稳压二极管　　C. 开关二极管

⑦ 二极管两端加上正向电压时（　　）。

A. 一定导通　　B. 超过死区电压才导通

C. 超过 0.3V 才导通　　D. 超过 0.7V 才导通

⑧ 半导体整流电路中使用的整流二极管应选用（ ）。

A. 变容二极管　　B. 稳压二极管　　C. 点接触型二极管　　D. 面接触型二极管

3. 问答题

① 怎样识别二极管？它们外形有何特征？

② 怎样用万用表测量稳压二极管好坏？

③ 二极管的色点表示什么含义？

二、自我评价、小组互评及教师评价

评价方面	项目评价内容	分值	自我评价	小组评价	教师评价	得分
理论知识	① 熟悉并能说出常用灯具的特点及作用	10				
	② 了解节能灯的分类	10				
	③ 理解节能灯的主要参数及规格	10				
	④ 理解并掌握节能灯的工作条件	10				
实操技能	① 二极管识别：将所给二极管的名称与型号用胶布盖住并编号，根据二极管实物写出其名称、型号（或标称值）与正负极，并填入表 4-4 中	20				
	② 二极管检测：用指针式万用表的用 R×100 挡或 R×1k 挡测量所给二极管的电阻值，并填入表 4-5 中	10				
	③ 特殊二极管的检测：开关二极管、瞬态电压抑制（TVS）二极管、高频变阻二极管、变容二极管、快恢复二极管、发光二极管、稳压二极管、红外接收二极管、激光二极管、双向触发二极管的检测与检测普通二极管的方法相同。逐一检测所给的 10 种二极管的电阻值，稳压二极管需测稳压值，并填入表 4-6 中	20				
学习态度	① 严肃认真的学习态度	5				
	② 严谨、有条理的工作态度	5				

表 4-4　　　　　　　　　　　　　　　二极管识别

内容 ＼ 序号	元器件 1	元器件 2	元器件 3	元器件 4	元器件 5
名称（应注明类型，如发光、稳压等）					
型号（或标称值）					

续表

内容＼序号	元器件 1	元器件 2	元器件 3	元器件 4	元器件 5
正负极（可在元器件上用记号笔标注）					

内容＼序号	元器件 6	元器件 7	元器件 8	元器件 9	元器件 10
名称（应注明类型，如发光、稳压等）					
型号（或标称值）					
正负极（可在元器件上用记号笔标注）					

表 4-5　二极管检测

内容＼序号	元器件 1	元器件 2	元器件 3	元器件 4	元器件 5
电阻值（测两次：先测一次，交换表笔再测一次）	① ②	① ②	① ②	① ②	① ②
正反向电阻值（根据测量结果判断）	$R_正=$ $R_反=$	$R_正=$ $R_反=$	$R_正=$ $R_反=$	$R_正=$ $R_反=$	$R_正=$ $R_反=$
正负极性判断（可用记号笔标注在元器件外壳上）					
判断好坏（根据测量结果填写好或坏）					

表 4-6　特殊二极管的检测

内容＼名称	开关二极管	TVS 二极管	高频变阻二极管	变容二极管	快恢复二极管
正、反向电阻值	$R_正=$ $R_反=$	$R_正=$ $R_反=$	$R_正=$ $R_反=$	$R_正=$ $R_反=$	$R_正=$ $R_反=$
极性判断（可用记号笔标注在元器件外壳上）					

名称\内容	开关二极管	TVS 二极管	高频变阻二极管	变容二极管	快恢复二极管
判断好坏（根据测量结果填写好或坏）					

名称\内容	发光二极管	稳压二极管	激光二极管	红外接收二极管	双向触发二极管
正反向电阻值	$R_{正}=$ $R_{反}=$	$R_{正}=R_{反}=$ 稳压值$=$	$R_{正}=$ $R_{反}=$	$R_{正}=$ $R_{反}=$	$R_{正}=$ $R_{反}=$
极性判断（可用记号笔标注在元器件外壳上）					
判断好坏（根据测量结果填写好或坏）					

三、个人学习总结

成功之处	
不足之处	
改进方法	

项目五 晶体三极管的识别、检测与应用

项目情境创设

晶体三极管作为电子技术中一个最为基本的常用元器件，几乎每一种电子产品，都有它的应用范围及方法，而它的识别与检测、电路符号和实物图、主要参数，在电工和电子中的应用对于学习电子技术的人自然应该是一个重点。

项目学习目标

	学习目标	学习方式	学时
技能目标	① 能识别各种型号的三极管 ② 熟练掌握用万用表对常见各类三极管进行判别与质量筛选	学生实际识别、检测元器件（教师指导）	4
知识目标	① 了解三极管的电流放大作用和伏安特性曲线及其主要参数 ② 学会使用万用表对常见各类三极管进行判别与质量筛选的方法 ③ 了解三极管在电工和电子中的应用	知识点讲授	2

项目基本功

5.1 项目基本技能

任务一 晶体三极管的识别与检测

一、中、小功率三极管的管型及管脚的判别

1. 外观识别三极管电极（管脚）

有些金属外壳封装的小功率三极管，如果管壳上带有定位标记，那么将管底朝上，从定位标记起，按顺时针方向，3 根电极依次为 e、b、c；如果管壳上无定位标记，且 3 根电极在半圆内（或等腰三角形），将有 3 根电极的半圆置于上方，按顺时针方向，3 根电极依次为 e、b、c，如图 5-1（a）所示。有些塑料外壳封装的小功率三极管，面对平面，3 根电极置于下方，3 根电极依次为 e、b、c，如图 5-1（b）所示。对于功率三极管，外型一般为 F 型和 G 型两种，如图 5-1（c）所示。F 型管从外形上只能看到两根电极，将管底朝上，2

根电极置于左方，则上为 e，下为 b，底座为 c。G 型管的 3 个电极一般在管壳的顶部，将管底朝上，3 根电极置左方，从最下电极起，顺时针方向依次为 e、b、c。

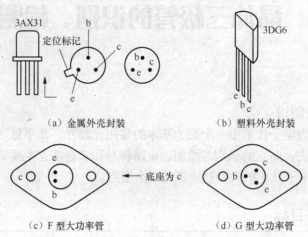

（a）金属外壳封装　　　　　　　（b）塑料外壳封装

（c）F 型大功率管　　　　　　　（d）G 型大功率管

图 5-1　三极管的极性（管脚）识别

2. 三极管极性识别

利用万用表的欧姆挡可以分辨三极管是 NPN 型还是 PNP 型，具体方法如下。将万用

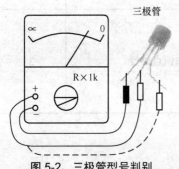

图 5-2　三极管型号判别

表置于 R×100（或 R×1k 挡），用黑表笔接三极管一根引脚，红表笔分别接另两根引脚，如图 5-2 所示。测得一组（两个）电阻值；黑表笔依次换接三极管其余两根引脚，重复上述操作，又测得两组电阻值。将测得的三组电阻值进行比较，当某一组中的两个阻值基本相等时，说明黑表笔所接的引脚为该三极管基极。如果该组两个阻值为三组中的最小值，则说明被测管是 NPN 型三极管；如果该组的两个阻值为最大值，则说明被测管是 PNP 型三极管。

还可以直观识别，根据管子的外形能粗略判断管型。小功率金属壳三极管，NPN 型管壳高度比 PNP 型低得多，对塑封小功率三极管来说，也多为 NPN 型。

3. 三极管管脚名称的判别

辨别三极管各引脚方法是将万用表置于 R×100 挡（或 R×1k 挡），先确定基极，再确定集电极和发射极。前面辨别 NPN 型还是 PNP 型三极管时已经确定基极，现在判断集电极和发射极。假设待测的两根管脚其中之一为集电极，用手把基极与假设的集电极一起捏住（注意两根引脚不能接触相碰，把人体电阻并接在基极和集电极之间），如果是 NPN 管，把黑表笔接假设的集电极，红表笔接假设的发射极，如图 5-3（a）所示。若表针摆动较大（阻值小），说明假设是正确的，反之是错误的。如果是 PNP 型三极管，把红表笔接假设的集电极，黑表笔接假设的发射极，如图 5-3（b）所示。如果指针摆动较大（阻值小），说明假设正确，否则不正确。集电极判断后，剩下一个待测的引脚就是发射极。

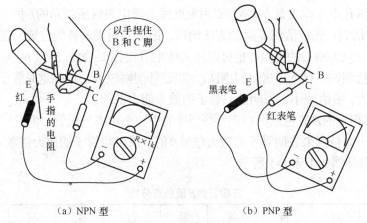

（a）NPN 型　　　　　　　　　（b）PNP 型

图 5-3　三极管管脚判别

三极管的管脚必须正确确认，否则，接入电路不但不能正常工作，还可能烧坏三极管。在实际应用中，小功率三极管多直接焊接在印刷电路板上，由于元器件的安装密度大，拆卸比较麻烦，所以在检测时常常通过用万用表直流电压挡，去测量被测三极管各引脚的电压值，来推断其工作是否正常，进而判断其好坏。

以上介绍的是比较简单的测试，要想进一步精确测试，可以借助于 JT—1 型晶体管图示仪，它能十分清晰地显示出三极管的输入特性曲线以及电流放大系数 β 等。

二、三极管性能参数的测量

1. 三极管穿透电流的估计测量

将万用表置于 R×1k 挡，如果是 NPN 型管，把黑表笔接集电极，红表笔接发射极，若表针摆动较大，说明穿透电流（I_{CEO}）大，反之小；如果是 PNP 型管，把红表笔接集电极，把黑表笔接发射极，如图 5-4（a）所示。穿透电流大，其耗散功率会增大，热稳定性差，噪声加大等，所以应选用 I_{CEO} 小的三极管。

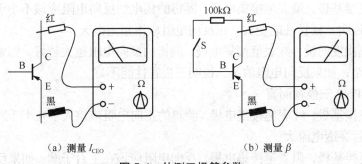

（a）测量 I_{CEO}　　　　　　　　　（b）测量 β

图 5-4　估测三极管参数

2. β 值的测量

① 多数万用表都设有测量三极管 β 值的挡位，具体测量方法如下。将万用表选择开关拨到测试 h_{FE} 值所规定的电阻挡（不同万用表应照万用表使用说明书中规定测 h_{FE} 时应拨的电阻挡位置），将表笔短路进行调零后分开，再将选择开关拨到 h_{FE} 或 β 挡。注意，这时红、黑表笔不能相碰，否则因电流太大可能损坏万用表。把被测三极管按其管型和管脚不同，

插入对应的测试孔中。在表盘 h_{FE} 或 β 专用刻度线上读出表针所指示的 β 值。

② β 值的估测：先按估测 I_{CEO} 的方法测试，记下万用表表针的位置，然后在集电极与基极之间连接一只 100kΩ 的电阻（也可以用人体电阻代替），如图 5-4（b）所示。按判断集电极的方法进行测试，接入 100kΩ 电阻后，若表针摆幅较大，说明这只管子的 β 值较大；若表针变化不大，β 值较小，说明这只管子的放大能力很差。

③ 常用三极管的 β 值色点识别：有些型号的中、小功率三极管，生产厂家直接在其管壳顶部标示出不同色点来表明管子的放大倍数 β 值，以表明管子的放大倍数（β）范围。三极管的 β 值色点分挡如下表 5-1 所示。

表 5-1　　　　　　　　　　　　三极管的 β 值色点分挡

色点	棕	红	橙	黄	绿	蓝	紫	灰	白	黑
β	<15	15～25	25～40	40～55	55～80	80～120	120～180	180～270	270～400	>400

但要注意，各厂家所用色标并不一定完全相同。

3. 三极管质量检测

将万用表置于 R×100 或 R×1k 挡，测量三极管集电结、发射结以及集电极与发射极之间的正反向电阻值的大小，来初步判断三极管的质量好坏。

（1）对于 NPN 型三极管而言

① 黑表笔接基极，红表笔接发射极，测得的正向电阻值应为几千欧。如果阻值很大，说明三极管性能不好。

② 红表笔接基极，红表笔接发射极，测得的反向电阻值应该不小于几百千欧。如果阻值小，说明三极管性能差，正反向电阻应该相差很大。

③ 黑表笔接基极，红表笔接集电极，测得的正向电阻应该有几千欧。如果正向阻值很大，说明三极管性能不好。

④ 红表笔接基极，黑表笔接集电极，测得的集电结反向电阻应该不小于几百千欧。如果阻值很小，说明三极管性能变劣，正反向电阻应该相差很大。

⑤ 黑表笔接发射极，红表笔接集电极，测得的反向电阻越大越好。如果是无穷大，说明三极管已开路；如果反向电阻值小，说明三极管性能不好。

（2）对于 PNP 三极管而言

① 黑表笔接基极，红表笔接集电极，测得的正向电阻应该大于几十千欧。如果阻值太小，说明三极管穿透电流大。

② 红表笔接基极，黑表笔接集电极，反向电阻应该在上百千欧。如果反向电阻小，说明三极管性能差。

在检测中还应该注意：如果测得的阻值为零或非常小，说明该三极管存在击穿故障；如果测得的阻值为无穷大，说明该三极管存在断路故障；如果测量时表针在不停地摆动，用手握三极管外壳时，表针所指的阻值在减小，减小的值越多，说明该三极管的温度稳定性越差。

4. 三极管的选用

选用三极管要依据它在电路中所承担的作用查阅晶体管手册，选择参数合适的三极管型号。

① NPN 型和 PNP 型的晶体管直流偏置电路极性是完全相反的，具体连接时必须注意。

② 电路加在晶体管上的恒定或瞬态反向电压值要小于晶体管的反向击穿电压，否则晶体管易损坏。

③ 高频运用时，所选晶体管的特征频率 F 要高于工作频率，以保证晶体管能正常工作。

④ 大功率运用时晶体管内耗散的功率必须小于厂家给出的最大耗散功率，否则晶体管容易被热击穿。晶体管的耗散功率值与环境温度及散热大小形状有关，使用时注意手册说明。

三、大功率晶体三极管的检测

利用万用表检测中、小功率三极管的极性、管型及性能的各种方法，对检测大功率三极管来说基本上适用。但是，由于大功率三极管的工作电流比较大，因而其 PN 结的面积也较大。PN 结较大，其反向饱和电流也必然增大。所以，若像测量中、小功率三极管极间电阻那样，使用万用表的 R×1k 挡测量，测得的电阻值必然很小，好像极间短路一样，所以通常使用 R×10 或 R×1 挡检测大功率三极管。

四、普通达林顿管的检测

用万用表对普通达林顿管的检测包括识别电极、区分 PNP 和 NPN 类型、估测放大能力等内容。因为达林顿管的 E－B 极之间包含多个发射结，所以应该使用万用表能提供较高电压的 R×10k 挡进行测量。

五、大功率达林顿管的检测

检测大功率达林顿管的方法与检测普通达林顿管基本相同。但由于大功率达林顿管内部设置了 VD、R_1、R_2 等保护和泄放漏电流元器件 [内部结构如图 5-5（a）所示]，所以在检测时应将这些元器件对测量数据的影响加以区分，以免造成误判。具体可按下述几个步骤进行。

① 用万用表 R×10k 挡测量 B、C 之间 PN 结电阻值，应明显测出具有单向导电性能，正、反向电阻值应有较大差异。

② 在大功率达林顿管 B—E 之间有两个 PN 结，并且接有电阻 R_1 和 R_2。用万用表电阻挡检测时，当正向测量时，测到的阻值是 B－E 结正向电阻与 R_1、R_2 阻值并联的结果；当反向测量时，发射结截止，测出的则是（$R_1＋R_2$）电阻之和，大约为几百欧，且阻值固定，不随电阻挡位的变换而改变。但需要注意的是，有些大功率达林顿管在 R_1、R_2 上还并有二极管，此时所测得的则不是（$R_1＋R_2$）之和，而是（$R_1＋R_2$）与两只二极管正向电阻之和的并联电阻值。

六、带阻尼行输出三极管的检测

将万用表置于 R×1 挡，通过单独测量带阻尼行输出三极管各电极之间的电阻值，即可判断其是否正常，内部结构如图 5-5（b）所示。具体测试原理、方法及步骤如下。

① 将红表笔接 E，黑表笔接 B，此时相当于测量大功率管 B－E 结的等效二极管与保护电阻 R 并联后的阻值，由于等效二极管的正向电阻较小，而保护电阻 R 的阻值一般也仅有 20～50Ω，所以，两者并联后的阻值也较小；反之，将表笔对调，即红表笔接 B，黑表

笔接 E，则测得的是大功率管 B-E 结等效二极管的反向电阻值与保护电阻 R 的并联阻值，由于等效二极管反向电阻值较大，所以，此时测得的阻值即是保护电阻 R 的值，此值仍然较小。

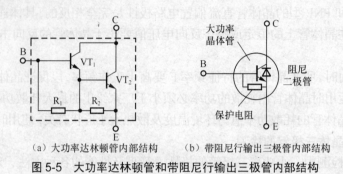

（a）大功率达林顿管内部结构　　（b）带阻尼行输出三极管内部结构

图 5-5　大功率达林顿管和带阻尼行输出三极管内部结构

② 将红表笔接 C，黑表笔接 B，此时相当于测量管内大功率管 B-C 结等效二极管的正向电阻，一般测得的阻值也较小；将红、黑表笔对调，即将红表笔接 B，黑表笔接 C，则相当于测量管大功率管 B-C 结等效二极管的反向电阻，测得的阻值通常为无穷大。

③ 将红表笔接 E，黑表笔接 C，相当于测量管内阻尼二极管的反向电阻，测得的阻值一般都较大；将红、黑表笔对调，即红表笔接 D，黑表笔接 E，则相当于测量管内阻尼二极管的正向电阻，测得的阻值一般都较小，约几欧至几十欧。

5.2　项目基本知识

知识点一　晶体三极管的电路符号和实物图

一、晶体三极管的电路符号

晶体三极管又称为半导体三极管。它是具有 3 个电极的半导体元器件，3 个电极分别称为发射极、基极和集电极，用字母 e、b 和 c 表示。

三极管的结构示意图及电路符号如图 5-6 所示。电路符号中带有箭头的是发射极，箭头方向表示发射结正向偏置时的电流方向。

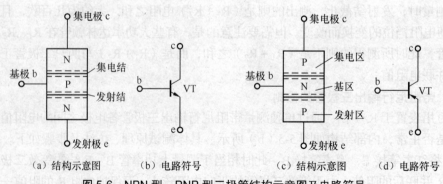

（a）结构示意图　　（b）电路符号　　　　（c）结构示意图　　（d）电路符号

图 5-6　NPN 型、PNP 型三极管结构示意图及电路符号

二、晶体三极管的实物图

常见晶体三极管的实物图如图 5-7 所示。

图 5-7 晶体三极管的实物图

知识点二 晶体三极管的分类

一、常用晶体三极管的分类

晶体三极管（简称三极管）是具有两个 PN 结的三极半导体元器件，主要有 NPN 型和
PNP 型两大类，一般我们可以从晶体管上标出的型号来识别。晶体三极管种类划分如下。

① 按制作材料和导电极性不同分为 NPN 硅管、PNP 硅管、NPN 锗管、PNP 锗管。

② 按结构不同分为点接触型三极管和面接触型三极管。

③ 按功率不同分为大、中、小功率三极管。

④ 按频率不同分低频管、高频管、微波管。

⑤ 按功能和用途不同分为放大管、开关管、达林顿管等。

二、表面贴片式三极管

SMT 就是表面组装技术（表面贴装技术），是目前电子组装行业里最流行的一种技术
和工艺。其组装密度高、电子产品体积小、重量轻，贴片元器件的体积和重量只有传统插
装元器件的 1/10 左右，一般采用 SMT 之后，电子产品体积缩小 40%～60%，重量减轻 60%～
80%，大量采用表面贴片元器件势在必行。像传统的针插式电子元器件，这种元器件体积
较大，电路板必须钻孔才能安置元器件，完成钻孔后，插入元器件，再过锡炉或喷锡（也
可手焊），成本较高，较新的设计都是采用体积小的表面贴片式元器件（SMD），这种元器
件不必钻孔，用钢膜将半熔状锡膏倒入电路板，再把 SMD 元器件放上，即可焊接在电路
板上。

片式三极管有人称为芝麻三极管（体积微小），有 NPN 管与 PNP 管，有普通管、超高
频管、高反压管、达林顿管等。常见的矩形片式普通 NPN 型三极管如图 5-8 所示。常用贴

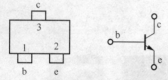

图 5-8　矩形片式普通 NPN 型三极管

片三极管型号为 M8050SOT-23、M8550SOT-23、S8050LT1SOT-23、S8550LT1SOT-23、S9018LT1SOT-23 等。

常见的封装属性为 TO-18（普通三极管）、TO-22（大功率三极管）、TO-3（大功率达林顿管）。

电路设计时，应考虑散热条件，可通过给元器件提供热焊盘将元器件与热通路连接，或用在封装顶部加散热片的方法加快散热。还可采用降额使用来提高可靠性，如选用额定电流和电压为实际最大值的 1.5 倍，额定功率为实际耗散功率的 2 倍左右。

知识点三　晶体三极管的主要参数

一、半导体三极管的特性曲线

三极管的特性曲线指各电极之间电压与电流的关系曲线，特性曲线可由晶体管图示仪直接显示出来，有输入和输出两组。首先将一个三极管接成如图 5-9（a）所示电路，左边的闭合回路称为输入回路，右边的回路称为输出回路，放大后的信号由 R_c 取出。该电路输入与输出回路以发射极为公共端，故为共射电路。共射电路应用最为广泛，现以它为例来讨论其输入、输出特性。图 5-9（b）、图 5-9（c）所示分别为 NPN 管的输入特性曲线和输出特性曲线。

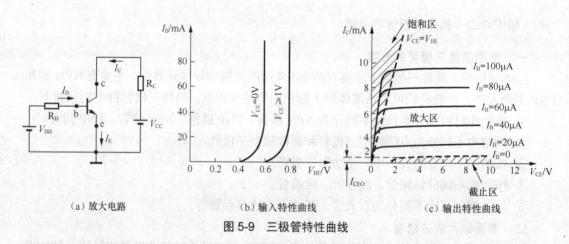

（a）放大电路　　　　　（b）输入特性曲线　　　　　（c）输出特性曲线

图 5-9　三极管特性曲线

1. 输入特性

输入特性是指 V_{CE} 为定值时，输入回路中 I_B 与 V_{BE} 之间的关系。

由于输入回路中，发射结是正向偏置的 PN 结，因此，输入特性就与二极管正向伏安特性相似，当 $V_{CE} \geq 1V$ 时，不同 V_{CE} 值的输入曲线基本重合，如图 5-9（b）所示。

2. 输出特性

输出特性是指 I_B 为某一固定值时，输出回路中 I_C 与 V_{CE} 之间的关系，如图 5-9（c）所示。图 5-9（c）中，每一条曲线都与一个 I_B 值相对应。根据输出特性曲线，三极管的工作状态可分为 3 种情况。

（1）截止区

当 V_{BE} 低于死区电压时，发射区基本没有电子注入基区，所以 $I_B=0$。在特性曲线上，$I_B=0$ 的那条特性曲线下的区域就是截止区，发射结或集电结此时均为反偏。它的特点是相当于一个开关断开状态，在此区域三极管失去了电流放大能力。

（2）饱和区

在特性曲线上，靠近纵轴 I_C 趋于直线上升的部分。这个区域的特点是发射结正偏，集电结也正偏。所以即使 I_B 上升很多，I_C 的上升也很少，呈饱和状态。而 V_{CE} 减小时，I_C 将迅速减小。可见三极管已失去放大能力，此区域的三极管相当于闭合的开关。

（3）放大区

截止区与饱和区中间的部分就是放大区。在放大区，I_B 的变化与 I_C 的变化成正比。特性曲线间隔大小反映了管子的 β 值，体现三极管的电流放大作用。由于各条曲线近似于平行等距，因此 β 近似为常数，常用三极管的 β 值在 50～200。

二、晶体三极管的主要参数

晶体三极管的主要参数如表 5-2 所示。

表 5-2 三极管的主要参数

参数	名 称	说 明
β、$\overline{\beta}$	电流放大倍数	$\overline{\beta}$ 反映静态（直流工作状态）时集电极电流与基极电流之比，β 则是反映动态（交流工作状态）时的电流放大作用
I_{CEO}	集电极–发射极反向饱和电流	指基极开路时，流过集电极和发射极之间的电流。它反映 PN 结的反向电流
I_{CM}	集电极最大允许电流	当集电极电流过大时，β 下降。通常取 β 下降到（2/3）所对应的集电极电流
$V_{(BR)CEO}$	集–射反向击穿电压	当基极开路时，加在集电极、发射极间的最大允许工作电压
P_{CM}	集电极最大允许功耗	这个参数决定于三极管的温升。若超过此值，将使三极管的性能变差或烧毁
f	共射极截止频率	由于三极管内 PN 结结电容的影响，使三极管的电流放大倍数 β 随频率的升高而降低，当 β 降到 0.707 倍 β 时所对应的频率
f_T	特征频率	当 β 降到等于 1 时所对应的频率称为特征频率

✎ **知识点四 晶体三极管在电工和电子中的应用**

三极管的主要功能是放大电信号，要使三极管对微小信号起到放大作用，则必须保证发射结正向偏置，集电结反向偏置。下面以 NPN 管为例说明它的电流分配关系和电流放大作用。

一、三极管的电流分配关系和电流放大作用

1. 三极管的电流分配关系

三极管各极电流测量电路如图 5-10 所示。在 b、e 两极之间加电源电压 V_{BB}，在 c、e

两极间加电源电压 V_{cc}，且 $V_{cc} > V_{BB}$，满足发射结正偏、集电结反偏的要求。电路接通后，就有 3 路电流流过三极管：基极电流 I_B、集电极电流 I_C 和发射极电流 I_E。调节电阻 R_W 使 I_B 取不同的值，并将对应的 I_C 和 I_E 记录下来，得到如表 5-3 所示的实验数据。分析实验数据，可得到如下结论。

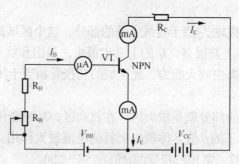

图 5-10　三极管各极电流测量电路

表 5-3　　　　　　　　　　　　　　三极管电流分配实验电路

I_B（mA）	0	0.01	0.02	0.03	0.04	0.05
I_C（mA）	0.01	0.056	1.14	1.74	2.33	2.91
I_E（mA）	0.01	0.057	1.16	1.77	2.37	2.96

$$I_E = I_B + I_C \tag{5-1}$$

式（5-1）表明了三极管的电流分配规律，即发射极电流恒等于基极电流和集电极电流之和。无论是 NPN 型管还是 PNP 型管，均符合这一规律。

如果将三极管看成节点，这 3 路电流关系应满足节点电流定律：流入三极管的电流之和等于流出三极管电流之和。在 NPN 管中，I_B、I_C 流入三极管，I_E 流出三极管；在 PNP 管中，I_E 流入三极管，I_B、I_C 流出三极管，如图 5-11 所示。

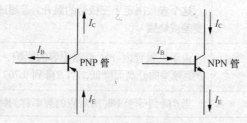

图 5-11　三极管电流方向

2. 三极管的电流放大作用

从表 5-3 可看到，I_B 从 0.02 mA 变化到 0.03 mA，I_C 从 1.14 mA 变化到 1.74 mA。集电极电流的变化量和基极电流的变化量之比为电流放大倍数 β：$\beta = \Delta I_C / \Delta I_B$。在上表中，$\beta = \Delta I_C / \Delta I_B = 60$。

如果把基极回路看成输入回路，集电极回路看成输出回路，则输出回路的电流变化比输入回路的电流变化大了 60 倍。这种小电流 I_B 对大电流 I_C 的控制作用，称为三极管的电流放大作用。

二、三极管放大电路

1. 三极管的放大概念和 3 种连接方式

三极管的主要用途之一是用来构成放大器。所谓放大器是利用晶体三极管的电流放大作用把微弱的电信号放大到所要求的数值。放大器的方框图如图 5-12 所示。

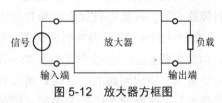

图 5-12 放大器方框图

从图 5-12 中可以看出，构成放大器必须有 4 个端子：输入端和输出端。输入端接入要放大的信号，输出端把放大了的信号输送到负载。三极管有 3 个电极，在构成放大器时只能提供 3 个端点，因此必有一个电极作为输入和输出的公共端。当把三极管的发射极作公共端时构成的放大器称为共发射极电路（简称共射电路），相应的还有基极作公共端的共基极电路（简称共基电路）和集电极作公共端的共集电极电路（简称共集电路），如图 5-13 所示。下面以 NPN 管共发射极电路为例作简要说明。

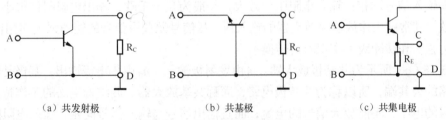

（a）共发射极　　　　　（b）共基极　　　　　（c）共集电极

图 5-13 三极管 3 种基本连接方式

2. 共发射极放大电路

共发射极放大电路简称共射电路，其原理电路如图 5-14 所示。输入端 AA′外接需要放大的信号源；输出端 BB′外接负载。发射极为输入信号 u_i 和输出信号 u_o 的公共端。公共端通常称为"地"（实际上并非真正接到大地），其电位为零，是电路中其他各点电位的参考点，用"⊥"表示。

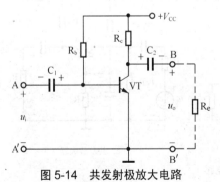

图 5-14 共发射极放大电路

电路的组成及各元器件的作用如下。三极管 NPN 管，具有放大功能，是放大电路的核心；直流电源 V_{CC} 使三极管工作在放大状态，V_{CC} 一般为几伏到几十伏；基极偏置电阻 R_b 使发射结正向偏置，并向基极提供合适的基极电流（R_b 一般为几十千欧至几百千欧）；集电极负载电阻 R_c 它将集电极电流的变化转换成集-射极之间电压的变化，以实现电压放大，R_c 的值一般为几千欧至几十千欧；耦合电容 C_1、C_2 又称隔直电容，起通交流隔直流的作用。C_1、C_2 一般为几微法至几十微法的电解电容器，在连接电路时，应注意电容器的极性，不能接错。

三、晶体三极管应用电路

1. 三极管在放大电路中的应用

三极管主要用途之一是利用它的电流放大作用组成各种放大电路，主要有三极管单级放大器、多级放大器、差分放大器、小信号调谐放大器、功率放大器等。

（1）三极管单级放大器

双极性三极管有 3 种不同组态。与之相对应，三极管放大器也分为 3 种，分别是共发射极放大器、共集电极放大器和共基极放大器，如图 5-15 所示。

图 5-15（a）所示为共射放大器。待放大信号 u_i 由三极管的基极输入，被放大后的信号 u_o 由集电极输出，基极与发射极构成输入回路，集电极与发射极构成输出回路，可见发射极是输入、输出回路的公共端，所以称为共发射极放大器，简称共射放大器。此电路的工作特点是，既能放大信号的电压又能放大信号的电流，而且输出信号与输入信号反相；输入电阻与输出电阻阻值适中，一般 R_L 为几千欧，电压放大倍数一般在几十到几百倍，可用于电压信号的放大，常被用作多级放大器的中间级。

图 5-15（b）所示为共集放大器。u_i 由基极输入，u_o 由发射极输出，集电极是输入和输出回路的公共端，所以称为共集电极放大器，简称共集放大器，也称为射极跟随器。此电路的工作特点是能放大信号的电流，不能放大信号的电压，电压放大倍数约为 1，而且输出信号与输入信号同相；输入电阻阻值较大，一般为几十千欧，输出电阻阻值很小，一般为几十欧。其常被用作放多级放大器的输入级（从信号源获取信号的能力强）、输出级（带负载能力强）和缓冲级（实现阻抗转换）。

图 5-15（c）所示为共基极放大器。u_i 由发射极输入，u_o 由集电极输出，基极是输入和输出回路的公共端，所以称为共基极电路，简称共基放大器。此结构电路的工作特点是能放大信号的电压，不能放大信号的电流，而且输出信号与输入信号同相；输入电阻阻值很小，一般为十几至几十欧，输出电阻阻值适中，一般为几千欧。其常用在高频信号电压放大电路和振荡器中。

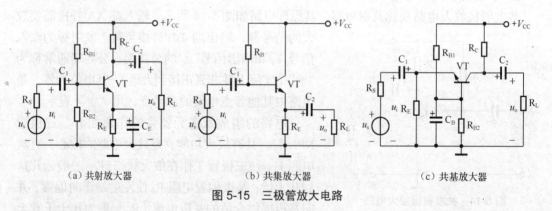

（a）共射放大器　　　　　　　（b）共集放大器　　　　　　　（c）共基放大器

图 5-15　三极管放大电路

（2）多级放大器

由一个三极管构成的单级放大器，放大倍数一般为几十到几百倍，而实际应用中，往往要求放大倍数较高，为此，需要把若干级放大器级联组成多级放大器。根据前后级放大器级联方式的不同分为直接耦合、阻容耦合、变压器耦合以及光电耦合等，如图 5-16 所示。

图 5-16（a）所示为直接耦合多级放大器。R_{B1}、R_{C1} 和 VT_1 组成第一级放大器，R_{B2}、R_{C2}、R_E、C_E 和 VT_2 组成第二级放大器，第一级和第二级通过导线直接相连，所以称为直接耦合多级放大器。此类多级放大器的优点是不仅可以放大交流信号，还可以放大直流信

号，并且不含有大容量阻抗元器件，容易集成。现在集成芯片中的电路大部分采用这种连接方式。其缺点是前后级静态工作点相互影响，工作点的稳定性不好。

图 5-16（b）所示为阻容耦合多级放大器，和图 5-15（a）结构基本一致，只是前后级是通过一个大容量的电容连接，所以称为阻容耦合多级放大器。此类多级放大器的优点是前后级静态工作点互相独立，工作点稳定。缺点是只能放大交流信号，不能放大直流信号，因为含有大容量的电容，不便于集成。

图 5-16（c）所示为变压器耦合多级放大器，前后级是通过变压器相连的，所以称为变压器耦合多级放大器。此类多级放大器的优缺点和阻容耦合多级放大器基本一致。

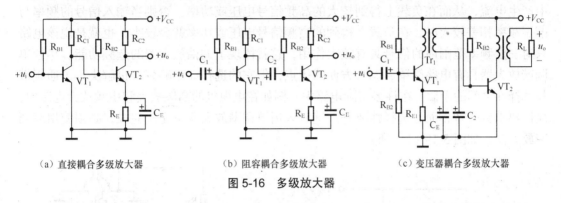

（a）直接耦合多级放大器　　　　（b）阻容耦合多级放大器　　　　（c）变压器耦合多级放大器

图 5-16　多级放大器

光电耦合电路如图 5-17 所示。方框内是光电耦合器，它由发光二极管和光电晶体管封装在同一管壳内组成。前级输出信号使发光二极管发光，光电晶体管接受光照后，产生光电流。光电流的大小随输入端信号的增加而增大。光电耦合器以光为媒介，实现电信号从前级向后级传输，它的输入端和输出端在电气上绝缘，具有抗干扰、隔噪声等特点，已得到越来越广泛的应用。

（3）差分放大器

差分放大电路由两只特性相同的半导体三极管构成，它利用两只管子的漂移特性相同的关系，使其互相抵消，从而更好地补偿零漂。差分放大器电路如图 5-18 所示。图 5-18 中的 VT_1、VT_2 具有相同温漂特性，当从 VT_1、VT_2 基极输入大小相等、极性相同的共模信号时，即 $u_{i1}=u_{i2}$，则 $u_o=0$，有效地抑制了共模信号。该电路主要用在集成运放的输入级。

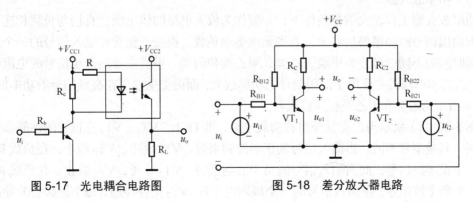

图 5-17　光电耦合电路图　　　　　　　图 5-18　差分放大器电路

（4）小信号调谐放大器

小信号调谐放大器是高频放大电路中一种最基本的常见单元电路。调谐放大器是由调谐回路和半导体三极管放大器相结合而构成。这种放大器的主要特点是具有选频功能，根据小信号调谐回路采用的是单调谐回路还是双调谐回路，可分为小信号单调谐放大器和双调谐放大器，如图 5-19 所示。

图 5-19（a）所示为单调谐放大电路，R_{b1}、R_{b2}、R_E、C_E 以及三极管 VT 组成放大电路部分。L、C 构成并联谐振回路，只有当输入信号的频率和 LC 谐振回路的谐振频率相等时，才能在 LC 回路两端产生较高的谐振电压。该电压经变压器 T_{r2} 耦合，在负载回路中产生电流，从而在负载上得到较大的高频信号电压或功率。否则当输入信号的频率与谐振频率相差较大时，在负载上得到的高频信号电压或功率就会较小，也就是说该电路只对一定频率范围内的信号具有放大作用，这就体现了调谐放大器的选频功能。尽管单调谐放大器具有电路简单、调整方便的优点，但它的选择性不够好，也解决不了通频带与选择性之间的矛盾。在许多实际电路中，例如在电视机的高频放大和中频放大电路中，往往要求频带宽，而且选择性要好。这时采用单调谐放大器是无法完成，必须使用双调谐放大器，如图 5-19（b）所示。

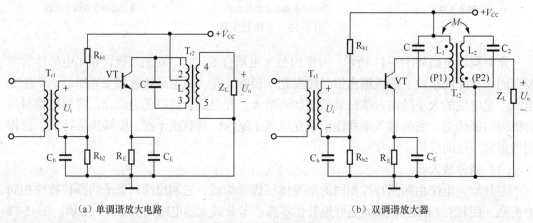

（a）单调谐放大电路　　　　　　　　　　　（b）双调谐放大器

图 5-19　调谐放大器

（5）功率放大器

功率放大器工作在大信号条件下，一般作为放大电路的输出级，直接与负载相连，这就要求输出信号的功率要足够大，否则无法驱动负载。根据三极管在输入信号的一个周期内导通时间的不同，可分为甲类、乙类、甲乙类和丙类。甲类主要用于小信号的电流电压放大，乙类和甲乙类主要用于低频信号的功率放大，而丙类主要用在高频信号的功率放大。图 5-20 所示为乙类和甲乙类低频放大器。

图 5-20（a）所示为乙类互补对称功放电路，即 OCL。VT_1、VT_2 三极管的性能参数完全相同，只是型号不同。当输入信号的正半波到来时，VT_1 导通，VT_2 截止，在负载 R_L 上产生一个正半波信号；而当输入信号的负半波到来时，VT_2 导通，VT_1 截止，在负载 R_L 上产生一个负半波信号。在输入信号的一个周期内 VT_1、VT_2 交替导通，每个三极管的导通时间均为半个周期，在负载上正、负半波电压叠加形成一个完整的正弦波。但是当输入电压

信号的瞬时值小于管子死区电压（硅管约 0.5V，锗管 0.2V）时，两个三极管都不导通，致使输出电压出现失真，把这种失真称为"交越失真"。

图 5-20（b）所示为单电源供电互补功放电路，即 OTL。在 VT_1、VT_2 的基极之间增加两个二极管，使三极管在静态工作点处于微导通状态，从而消除交越失真。在输出端外接大容量电容 C，既起到隔直流的作用，又能充当电源。

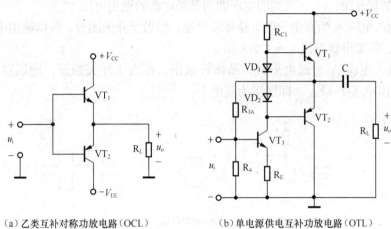

（a）乙类互补对称功放电路（OCL）　　　　（b）单电源供电互补功放电路（OTL）

图 5-20　功率放大器

2. 三极管在其他电路中的应用

（1）三极管稳压电路

如图 5-21 所示的电路是由运放组成的串联反馈稳压电路。它由基准电压、比较放大、调整管和取样电路 4 部分构成。

稳压过程：$V_O\uparrow \rightarrow V_F\uparrow$（$\because V_{REF}$ 不变）$\rightarrow V_B\downarrow \rightarrow V_O\downarrow$

该稳压电路输出电压的范围取决于 R_1/R_2。

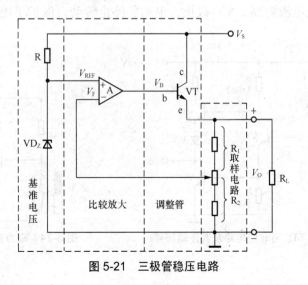

图 5-21　三极管稳压电路

（2）三极管开关电路

三极管开关电路的基本原理就是控制三极管工作在截止区和饱和区工作。

图 5-22 所示是三极管非门电路的电路图、逻辑符号和波形图。图 5-22（a）所示中三极管为 NPN 型硅管。电阻 R_1 为基极电阻，电阻 R_c 为集电极电阻，晶体三极管 VT 的基极 b 起控制极的作用，通过它来控制开关开闭动作，集电极 c 及发射极 e 形成开关两个端点，由 b 极来控制其开闭，c、e 两端的电压即为开关电路的输出电压 Y。

① 当输入电压 A 为高电平时，晶体管导通，相当于开关闭合，所以输出电压 $Y \approx 0$，即输出低电平，而集电极电流 $i_C \approx V_{CC}/R_C$。

② 当输入电压 A 为低电平时，晶体管截止，相当于开关断开，所以得集电极电流 $i_C \approx 0$，而输出电压 $Y \approx V_{CC}$，即输出为高电平。

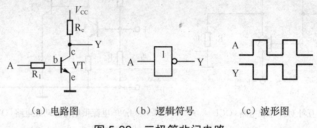

（a）电路图　　　（b）逻辑符号　　　（c）波形图

图 5-22　三极管非门电路

TTL 与非门电路如图 5-23 所示。该电路由输入级、倒相级、输出级 3 部分组成。输入级由多发射极三极管 VT_1 和电阻 R_1 构成。可以把 VT_1 的集电结看成一个二极管，而把发射结看成与前者背靠背的两个二极管。这样，VT_1 的作用和二极管与门的作用完全相同。倒相级由三极管 VT_2 和电阻 R_2、R_3 构成。

图 5-24 所示为三极管开关电路在自动停车的磁力自动控制电路中的应用。开启电源开关 S，玩具车启动，行驶到接近磁铁时，安装在 VT 基极与发射极之间的干簧管 SQ 闭合，将基极偏置电流短路，VT 截止，电动机停止转动，保护了电动机及避免大电流放电。

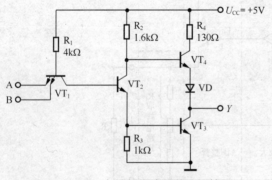

图 5-23　TTL 与非门电路及其逻辑符号

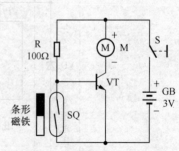

图 5-24　磁力自动控制电路

项目学习评价

一、思考练习题

1. 填空题

① 晶体三极管按制作材料和导电极性不同分为_____、PNP 硅管、NPN 锗管、_____。

② 片式三极管常见的封装属性为 TO-18_____、_____（大功率三极管）、TO-3（大功率达林顿管）。

③ 晶体三极管的主要参数有_____。

④ 三极管主要用途之一是利用它的电流放大作用组成各种放大电路，主要有三极管放大器、_____、差分放大器、小信号调谐放大器、_____等。

2. 选择题

① 在晶体三极管放大电路中，NPN 型晶体三极管最高电位应该是（　　　）。

A. 集电极　　　　　B. 基极　　　　　　C. 发射极

② 如果测得晶体三极管正反向电阻都为零，则说明该晶体三极管（　　　）。

A. 正常　　　　　　B. 内部断路　　　　C. 已被击穿

③ 如果三极管的正反向电阻都很大，说明流晶体管三极管（　　　）。

A. 正常　　　　　　B. 已被击穿　　　　C. 内部开路

④ 用万用表判断晶体三极管时，首先应找出（　　　）。

A. 基极　　　　　　B. 集电极　　　　　C. 发射极

⑤ 晶体三极管上的色点是表示它的电流放大倍数，绿点表示 β 值为（　　　）倍。

A. 20～25　　　　　B. 50～65　　　　　C. 65～85

⑥ 在晶体管放大电路中，PNP 型晶体三极管最高电位应该是（　　　）。

A. 集电极　　　　　B. 基极　　　　　　C. 发射极

⑦ 晶体三极管有（　　　）个 PN 结。

A. 1　　　　　　　　B. 2　　　　　　　　C. 3

⑧ 共射放大器（　　　）放大作用。

A. 只有电流　　　　B. 只有电压　　　　C. 有电流、电压

⑨ NPN、PNP 三极管作放大时，其发射结（　　　）。

A. 均加反向电压　　　　　　　　　　　B. 均加正向电压

C. NPN 管加正向电压，PNP 管加反向电压

⑩ 晶体三极管作放大时，它的两个 PN 结的工作状态为（　　　）。

A. 均处于正偏　　　　　　　　　　　　B. 均处于反偏

C. 发射结正偏，集电结反偏　　　　　　D. 发射结反偏，集电结正偏

⑪ 用万用表 R×1 挡测量三极管电阻时，若黑表笔接一个极，用红表笔分别搭接另两个极，当两次测量阻值都很大时，黑表笔所接的是（　　　），且可判断此管为（　　　）三极管。

A. 集电极   B. 基极
C. 发射极   D. PNP 型   E. NPN 型

⑫ 阻容耦合放大电路能放大（   ）信号。

A. 直流   B. 交流   C. 直流和交流

⑬ 三极管属于（   ）控制型元器件。

A. 电压   B. 电流

⑭ 工作在放大区的某晶体管，当 I_B 从 60μA 增大至 80μA 时，I_C 从 4mA 变为 8mA，则它的 β 值约为（   ）。

A. 200   B. 20   C. 100

⑮ 某晶体管的发射极电流等于 2mA，集电极电流等于 1.8mA，则它的基极电流等于（   ）mA。

A. 0.2   B. 3.8   C. 0.8   D. 0.02

⑯ 如果工作在放大电路中的三极管电流如图 5-25 所示，则此管为（   ）。

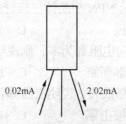

0.02mA   2.02mA

图 5-25 放大电路中的三极管电流

A. PNP 型   B. NPN 型   C. NPN 或 PNP 型

⑰ 测得某放大电路中晶体管的 3 个管脚 1、2、3 的电位分别为 2V、6V 和 2.7V，则该晶体管为（   ）。

A. NPN 型 Si 管   B. NPN 型 Ge 管
C. PNP 型 Si 管   D. PNP 型 Ge 管

⑱ 测得某放大电路中晶体管的 3 个管脚 1、2、3 的电位分别为 12V、12.7V 和 6V，则管脚 1、2、3 对应的 3 个极是（   ）。

A. EBC   B. ECB   C. CBE   D. BEC

⑲ 发射结、集电结均反偏，三极管工作在（   ）区。

A. 放大   B. 饱和   C. 截止

⑳ 当电路中三极管各极电位如图 5-26 所示，三极管工作在（   ）状态。

A. 饱和   B. 放大   C. 截止

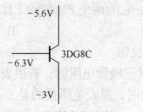

−5.6V

−6.3V   3DG8C

−3V

图 5-26 三极管各极电位

㉑ 用万用表的电阻挡测量，来判断三极管的 3 个脚的方法是（　　　）。

A. 先找 E，再找 C 和 B 及判定类型

B. 先找 C 极并判定类型，再找 B 和 E 极

C. 先找 B 极并判定类型，再找 E 和 C 极

3. 判断题

① 实际工作中，放大三极管与开关三极管不能相互替换。（　　　）

② 在放大电路中，不管是 PNP 管还是 NPN 管，只要基极电位升高，其集电极电位就必定降低。（　　　）

③ 对于晶体三极管来说，无论是 PNP 管，还是 NPN 管，都可看成两只二极管反极性串联而成。（　　　）

④ 共集电极放大电路，输入信号与输出信号相位相同。（　　　）

⑤ 晶体三极管的放大作用是通过改变基极电流表控制集电极电流的大小，其放大实质是以微弱的电流表控制较大的电流。（　　　）

二、自我评价、小组互评及教师评价

评价方面	项目评价内容	分值	自我评价	小组评价	教师评价	得分
理论知识	① 熟悉并能说出三极管工作原理、特点及作用	10				
	② 了解三极管的分类	10				
	③ 理解三极管主要参数及规格	10				
	④ 理解三极管输出、输入特性曲线	10				
实操技能	① 三极管的识别：将所给三极管的名称与型号用胶布盖住并编号，根据三极管实物写出其名称、型号（或标称值）与正负极，并填入表 5-4 中	20				
	② 三极管的检测：用指针式万用表的用×100 挡或 R×1k 挡测量所给三极管管脚间的电阻值并填入表 5-5，发射极和集电极的判别并填入表 5-6 中	20				
	③ 三极管的检测：大功率晶体三极管、普通达林顿管、大功率达林顿管、带阻尼行输出三极管的检测，并填入表 5-7 中	10				
学习态度	① 严肃认真的学习态度	5				
	② 严谨、有条理的工作态度	5				

1. 三极管的识别

将所给三极管的名称与型号用胶布盖住并编号，根据三极管实物写出其名称、型号与管脚极性，并填入表 5-4 中。

表 5-4　　　　　　　　　　　　　　　　三极管识别

内容＼序号	元器件 1	元器件 2	元器件 3	元器件 4	元器件 5
型号					
管脚极性（可在元器件上用记号笔标注或画草图）					

2. 三极管的检测

准备万用表 1 块，PNP 型和 NPN 型晶体三极管各 1 只。

三极管的检测步骤如下。

① 将万用表的黑表笔插入表的 ＿＿＿＿＿ 号插孔；红表笔插入 ＿＿＿＿＿ 号插孔，使用 ΩX ＿＿＿＿＿ 挡测量三极管管脚间的电阻，并填入表 5-5 中。将两个三极管编号为 A 管和 B 管；将两个三极管的 3 个管脚分别编上 1、2、3 号。

表 5-5　　　　　　　　　　　　　　　　三极管管脚间的电阻

序　号	A 管			B 管		
	黑表笔接	红表笔接	阻值	黑表笔接	红表笔接	阻值
1	1	2		1	2	
2	2	1		2	1	
3	2	3		2	3	
4	3	2		3	2	
5	1	3		1	3	
6	3	1		3	1	

② 基极的判断：根据表 5-5 序号为 ＿＿＿＿＿ 的测量结果判定：A 管的基极是 ＿＿＿＿＿ 号电极，B 管的基极是 ＿＿＿＿＿ 号电极。

③ 管型的判别：根据表 5-5 序号为 ＿＿＿＿＿ 的测量结果判定：A 管是 ＿＿＿＿＿ 型三极管，B 管是 ＿＿＿＿＿ 型三极管。

④ 发射极和集电极的判别。

按用万用表判断发射极和集电极的方法，将检测结果填入表 5-6 中。

表 5-6 发射极和集电极的判别

		假设	测量方法	接人体电阻	指针偏转角度	放大能力
A 管	1	_____号为发射极	接_____表笔	（ ）号和		
		_____号为集射极	接_____表笔	（ ）号间	约_____度	
	2	_____号为发射极	接_____表笔	（ ）号和		
		_____号为集射极	接_____表笔	（ ）号间	约_____度	

测量结果：_____号是发射极，_____号是集电极。

		假设	测量方法	接人体电阻	指针偏转角度	放大能力
B 管	1	_____号为发射极	接_____表笔	（ ）号和		
		_____号为集射极	接_____表笔	（ ）号间	约_____度	
	2	_____号为发射极	接_____表笔	（ ）号和		
		_____号为集射极	接_____表笔	（ ）号间	约_____度	

测量结果：_____号是发射极，_____号是集电极。

⑤ 用万用表上的 h_{FE} 测三极管的放大倍数。A 管 β 值_____，B 管 β 值_____。

3. 大功率晶体三极管、普通达林顿管、大功率达林顿管、带阻尼行输出三极管的检测

利用万用表检测中、小功率三极管的极性、管型及性能的各种方法基本上适用。测量极间电阻，并填入表 5-7 中。

表 5-7 三极管的检测

内容　　　　　名称	大功率晶体三极管	普通达林顿管	大功率达林顿管	带阻尼行输出三极管
极间电阻				
判断好坏（根据测量结果填写好或坏）				

三、个人学习总结

成功之处	
不足之处	
改进方法	

项目六 场效应管的识别、检测与应用

项目情境创设

场效应管是根据三极管的原理开发出的新一代放大元器件,具有输入阻抗高、噪声低、热稳定性好、制造工艺简单等特点,在大规模和超大规模集成电路中被应用。此项目将介绍场效应管的识别、检测及应用。

项目学习目标

	学习目标	学习方式	学时
技能目标	① 会从外形上识别场效应管 ② 掌握场效应管的检测 ③ 理解应用场效应管的应用电路 ④ 掌握场效应管的保存方法	对元器件的认识可以采用实物展示,实际电路中识别等方法。对元器件的检测可以采用教师演示,学生分组合作练习的方法	2
知识目标	① 识记场效应管的图形符号 ② 了解场效应管的分类 ③ 理解场效应管的主要参数 ④ 熟悉场效应管的作用	教师讲授,学生合作学习	2

项目基本功

6.1 项目基本技能

任务一 场效应管的认知、识别与检测

一、场效应管的认知

场效应管是场效应晶体管(FET)的简称,因为只有多数载流子参与导电,也称为单极型晶体管。它有 3 个电极:栅极、漏极、源极。场效应管是利用输入电压产生的电场来控制输出电流大小的,是电压控制型半导体元器件,通过改变其栅源电压就可以改变其漏极电流。

场效应管的突出特点是输入电阻高(100~1000MΩ)、噪声小、功耗低、动态范围大、易于集成、没有二次击穿现象、安全工作区域宽、热稳定性好等。场效应管和三极管外形相似,和三极管一样能实现信号的放大和控制,主要应用于信号放大和用作电子开关。场效应管输入阻抗高非常适合作阻抗变换，还可以用作可变电阻，也可以方便地用作恒流源。在某些特殊应用方面，场效应管优于三极管，是三极管无法替代的。场效应管和三极管的区别如表 6-1 所示。常见的几种晶闸管的实物照片特点及特点应用，如表 6-2 所示。

表 6-1　　　　　　　　　　　　　场效应管和三极管的区别

	双极性三极管	单极性场效应管
载流子	自由电子和空穴同时参与导电	电子或空穴一种载流子参与导电
控制方式	电流控制	电压控制
类型	NPN 和 PNP	N 沟道和 P 沟道
放大参数	$\beta=20\sim200$	$g_m=1\sim5mA/V$
输入电阻	$10^2\sim10^4\Omega$较低	$10^7\sim10^{14}\Omega$较高
输出电阻	很高	很高
热稳定性	差	好
对应电极	B—E—C	G—S—D

表 6-2　　　　　　　　　　常见的几种晶闸管的实物照片及特点应用

常见场效应管实物图	特点及应用
 结型场效应管	场效应管是电压控制元器件，具有电压放大作用。在共源极电路中，漏极电流 I_D 受栅源电压 U_{GS} 的控制。下图所示是场效应管放大电路 2SK543 结型（JFET）耗尽型 N 沟道 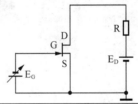
 绝缘栅型场效应管  绝缘栅 P 沟道增强型场效应管	绝缘栅型场效应管是一种栅极与漏源极完全绝缘的场效应管，其输入电阻在 $10^{12}\Omega$ 以上。它也分 N 沟道和 P 沟道两大类，每一类又分增强型和耗尽型两种 K1259 为绝缘栅 P 沟道增强型场效应管。东芝公司生产的 SF16G42 也是绝缘栅 P 沟道增强型场效应管。有高输入阻抗、低噪声、高跨导、温度性能好的优点。产品应用于高频放大、调谐放大、阻抗变换、静噪电路、斩波器

续表

常见场效应管实物图	特点及应用
　　双栅场效应管	双栅场效应管，也叫 MOS 场效应管，是一种绝缘栅型场效应管。它有两个串联的沟道，两个栅极都能控制沟道电流的大小。它具有工作频率高、增益高、噪声小、动态范围宽、抗强信号过载能力、强抗干扰性能好以及 AGC 特性优良等优点。其广泛用于家用电器等各种电器设备的高频电路中，可以用来作高频放大器、混频器、解调器及增益控制放大器
　　VMOS 场效应管	VMOS 场效应管简称 VMOS 管或功率场效应管，其全称为 V 型槽 MOS 场效应管。它是新发展起来的高效、功率开关元器件。它不仅继承了 MOS 场效应管输入阻抗高，驱动电流小等优点，还具有耐压高（最高可耐压 1200 V）、工作电流大（1.5～100 A）、输出功率大（1～250 W）、跨导的线性好、开关速度快等优良特性。正是由于它将电子管与功率晶体管之优点集于一身，因此，在电压放大器（电压放大倍数可达数千倍）、功率放大器、开关电源和逆变器中获得广泛应用

　　表 6-2 中我们只列出了常见的场效应管的实物图和特点，其实场效应管的外形多种多样，有塑封的也有金属封装的，有插焊的、也有贴片的。图 6-1 列出了更多的常见场效应管实物图。

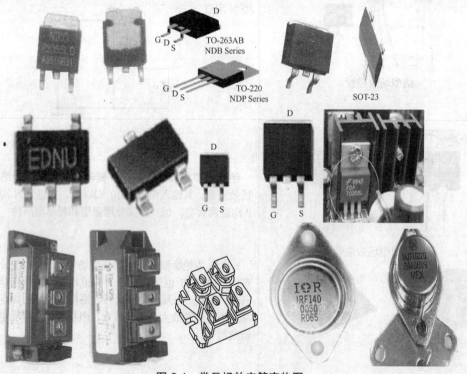

图 6-1　常见场效应管实物图

二、场效应管的管脚识别与测试

1. 结型场效应管的管脚识别

场效应管的栅极相当于晶体管的基极，源极和漏极分别对应于晶体管的发射极和集电极。将万用表置于 R×1k 挡，用两表笔分别测量每两个管脚间的正、反向电阻。当某两个管脚间的正、反向电阻相等，均为数千欧时，则这两个管脚为漏极 D 和源极 S（可互换），制造工艺决定了场效应管的源极和漏极是对称的，可以互换使用，并不影响电路的正常工作，所以不必加以区分。源极与漏极间的电阻约为几千欧。余下的一个管脚即为栅极 G。对于有 4 个管脚的结型场效应管，另外一极是屏蔽极（使用中接地）。

2. 判定沟道类型

用万用表黑表笔碰触管子的一个电极，红表笔分别碰触另外两个电极。若两次测出的阻值都很小，说明均是正向电阻，该管属于 N 沟道场效应管，黑表笔接的也是栅极。反之为 P 沟道。

注意，不能用此法判定绝缘栅型场效应管的栅极。因为这种管子的输入电阻极高，栅源间的极间电容又很小，测量时只要有少量的电荷，就可在极间电容上形成很高的电压，容易将管子损坏。

3. 估测场效应管的放大能力

将万用表拨到 R×100 挡，红表笔接源极 S，黑表笔接漏极 D，相当于给场效应管加上 1.5V 的电源电压。这时表针指示出的是 D-S 极间电阻值，然后用手指捏栅极 G，将人体的感应电压作为输入信号加到栅极上。由于管子的放大作用，U_{DS} 和 I_D 都将发生变化，也相当于 D-S 极间电阻发生变化，可观察到表针有较大幅度的摆动。如果手捏栅极时表针摆动很小，说明管子的放大能力较弱；若表针不动，说明管子已经损坏。

由于人体感应的 50Hz 交流电压较高，而不同的场效应管用电阻挡测量时的工作点可能不同，因此用手捏栅极时表针可能向右摆动，也可能向左摆动。少数的管子 R_{DS} 减小，使表针向右摆动，多数管子的 R_{DS} 增大，表针向左摆动。无论表针的摆动方向如何，只要有明显地摆动，就说明管子具有放大能力。本方法也适用于测 MOS 场效应管。为了保护 MOS 场效应管，必须用手握住螺钉旋具绝缘柄，用金属杆去碰栅极，以防止人体感应电荷直接加到栅极上，将管子损坏。

MOS 管每次测量完毕，G-S 结电容上会充有少量电荷，建立起电压 UGS，再接着测时表针可能不动，此时将 G-S 极间短路一下即可。

4. MOS 场效应管检测方法

（1）准备工作

测量之前，先把人体对地短路后，才能摸触 MOSFET 的管脚。最好在手腕上接一条导线与大地连通，使人体与大地保持等电位，再把管脚分开，然后拆掉导线。

（2）判定电极

将万用表拨于 R×100 挡，首先确定栅极。若某脚与其他脚的电阻都是无穷大，证明此脚就是栅极 G。交换表笔重测量，S-D 之间的电阻值应为几百欧至几千欧，其中阻值较小的那一次，黑表笔接的为 D 极，红表笔接的是 S 极。日本生产的 3SK 系列产品，S 极与管壳接通，据此很容易确定 S 极。

（3）检查放大能力（跨导）

将 G 极悬空，黑表笔接 D 极，红表笔接 S 极，然后用手指触摸 G 极，表针应有较大的偏转。双栅 MOS 场效应管有两个栅极 G_1、G_2。为区分可用手分别触摸 G_1、G_2 极，其中表针向左侧偏转幅度较大的为 G_2 极。目前有的 MOSFET 管在 G-S 极间增加了保护二极管，平时就不用把各管脚短路了。

6.2 项目基本知识

知识点一 场效应管的结构、电路符号和工作原理

1. N 沟道结型场效应管的结构和电路符号

场效应管尽管外形不同，种类有别，但在电路中有统一字母符号，常用字母"V"、"VT"加数字表示，如"V_1"就表示编号为 1 的管子。另外，还有统一的图形符号，如图 6-2 所示。

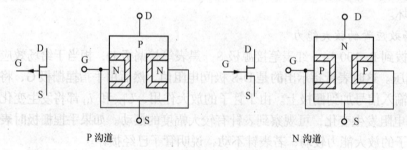

（a）结型场效应管的结构与符号

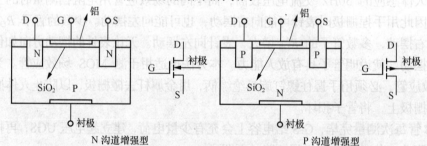

N 沟道增强型   P 沟道增强型

（b）增强型绝缘栅场效应管的结构与符号

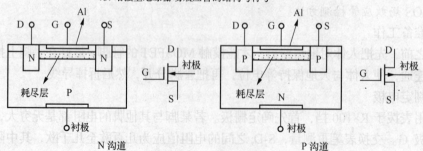

N 沟道   P 沟道

（c）耗尽型绝缘栅场效应管的结构和符号

图 6-2 场效应管的结构和电路符号

从场效应管的图形和符号可以看出，结型和绝缘栅型最大的区别是结型的栅极和沟道不绝缘，而绝缘栅型的栅极和沟道是绝缘的（铝电极下的二氧化硅 SiO_2）。绝缘栅型的场效应管的输入电阻可以更高。

2. N 沟道结型场效应管的工作原理

N 沟道结型场效应管的结构是 N 型半导体，两侧是两个高掺杂的 P 区，形成两个 PN 结，而两个 PN 结中间则是 N 型导电沟道。两侧的 P 区相连接后引出栅极（G），在 N 型半导体两端分别引出的两个电极称为源极（S）和漏极（D）。

工作时，在栅源间加电压 U_{GS}，使内部的两个 PN 结均反偏（称为反向电压 U_{GS}），所以它们之间不导电。而源级和漏极间只有 N 型半导体，当在漏源两级间加正电源电压 V_{DS} 时，N 型半导体就构成导电沟道，是电流流通的路径，如图 6-3（a）所示。因为它的导电沟道是由 N 型半导体构成，所以称为 N 沟道结型场效应管。

在漏源电压 U_{DS} 保持不变的条件下，两个 PN 结的厚度随所加的反向电压 U_{GS} 的升高而变厚，反向电压越高，PN 结就越厚，当 PN 结变厚时，沟道就变窄，通过沟道的电流 I_D 就变小，沟道电阻增大，如图 6-3（a）所示。当反向电压 U_{GS} 增大到一定值时，沟道会被完全耗尽，此时没有电流通过 $I_D=0$，这时对应的栅源电压 U_{GS} 称为夹断电压，用 U_P 表示。从图中我们可以看到 $U_{GS}=0$ 时对应的漏极电流最大，称为饱和漏极电流，用 I_{DSS} 表示。它们的关系曲线如图 6-3（b）、图 6-3（c）所示。

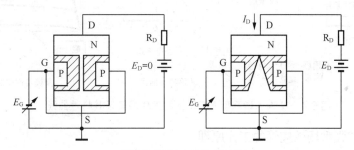

（a）N 沟道结型场效应管的工作原理

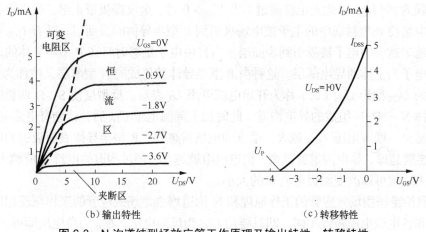

（b）输出特性　　　　　　　　　　　（c）转移特性

图 6-3　N 沟道结型场效应管工作原理及输出特性、转移特性

由此可见，改变反向电压 U_{GS} 的大小就可控制漏极电流 I_D 的大小，故称场效应管为电

压控制型元器件。

一般场效应管把栅极和源极作为输入，而它们之间的 PN 结都反偏，所以输入电阻很大，一般可达 $10^7 \sim 10^8 \Omega$。

P 沟道结型场效应管的工作原理和 N 沟道结型场效应管的工作原理相同，只是电流方向和各电极电压极性不同，既只要使 U_{GS} 为正向电压，U_{DS} 为负电压即可。

3. 绝缘栅场效应管的工作原理

由图 6-4 可见，绝缘栅场效应管的栅极和沟道是绝缘的，它的输入电阻可以更高（$10^9 \Omega$ 以上），目前应用最广的是金属、氧化物—半导体元器件，简称为 MOS 管。它除了输入电阻高外，还具有集成化的优点。MOS 管也有 N 沟道和 P 沟道之分，每种又有增强型和耗尽型之分。这里主要介绍 N 沟道增强型和 N 沟道耗尽型 MOS 管。

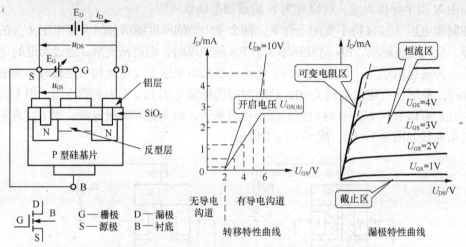

图 6-4　N 沟道增强型 MOS 管的工作原理及其特性曲线

（1）N 沟道增强型场效应管的工作原理

从 NMOS 的结构可以看到，当不加电压时，S、D 为一条由半导体 N—P—N 组成的两个反向串联的 PN 结，因此无电流通过。当 $U_{GS} > 0$ 时，金属栅极带正电，产生垂直于半导体表面的电场使 P 型衬底中的电子被电场吸引到 P 型半导体的表面层，随着 U_{GS} 电压的升高将会有越来越多的电子被吸引到表面层，当自由电子足够时将在 P 型半导体的表面层形成以自由电子为主体的导电薄层。这种由 P 型半导体转化成的 N 型薄层又被称为反型层。此时对应的 U_{GS} 称为 U_{GS}（th）称为开启电压可用 U_T 表示。反型层使 S、D 两极间变为一条由半导体 N—N—N 组成的导电沟道，此时加上漏源电压 U_{DS} 后，就会有电流 i_D 通过。

显而易见，栅源电压 U_{GS} 越大，垂直的电场就越强，P 型半导体表面吸引的电子就越多，反型层就越厚，导电沟道就越宽，沟道电阻就越小，通过沟道的电流 i_D 就越大。因此，通过改变 U_{GS} 就可以改变漏极电流 i_D 的大小。

P 沟道绝缘栅型场效应管的工作原理和 N 沟道增强型场效应管的工作原理相同，只要电流方向和各电极电压极性不同，即只要使 U_{GS} 为反向电压，U_{DS} 为负电压即可。

从图 6-3 和图 6-4 两种场效应管的转移特性曲线可以看出，只有增强型场效应管才有开启电压，同样只有耗尽型场效应管才有夹断电压。从输出特性曲线可以看出，当 U_{GS} 为定值时，i_D不变，对照三极管的输出特性曲线，它也可以分成 3 个工作区。

可变电阻区：这个区类似于三极管的饱和区。当 U_{DS} 较小时，场效应管就工作在这个区域，此时栅源两级间就相当于一个可变电阻，随着 U_{DS} 从零增大，i_D 逐渐增大。而沟道电阻随 U_{GS} 的改变也在变化，因此称为可变电阻区。

夹断区：也叫截止区，相当于三极管的截止区，此时场效应管的沟道被夹断，沟道电阻很大，沟道电流 i_D 几乎为 0。

恒流区：也叫线性放大区，相当于三极管的放大区，此时曲线几乎平行于横轴，i_D 的大小只随 U_{GS} 的变化而变化，与 U_{DS} 无关，表现出场效应管电压控制电流的放大作用。

（2）N 沟道耗尽型场效应管的工作原理

从耗尽型 NMOS 的结构可以看出，耗尽型场效应管和增强型场效应管的区别是，耗尽型场效应管在没有栅源电压时就已经在制造时利用一定工艺形成了导电沟道。因此，耗尽型场效应管的栅源电压可正可负。当 $U_{GS}=0$ 时，由于有沟道在漏源电压 U_{DS} 的作用下产生漏极电流 i_D，此电流仍称为饱和漏电流，用 I_{DSS} 表示；当 $U_{GS}>0$ 时，沟道变宽，漏极电流增大；当 $U_{GS}<0$ 时，沟道变窄，漏极电流变小，随着 U_{GS} 反向电压的增大，沟道越来越窄，当 U_{GS} 降低到一定值时，沟道被完全夹断，此时的 U_{GS} 为夹断电压，用 U_{GS}（off）表示，也可用 U_P 表示。

P 沟道耗尽型场效应管的工作原理和 N 沟道耗尽型场效应管的工作原理相同，只是电流方向和各电极电压极性不同，U_{GS} 仍可正可负，U_{DS} 为负电压即可。N 沟道耗尽型 MOS 场效应管的特性曲线如图 6-5 所示。

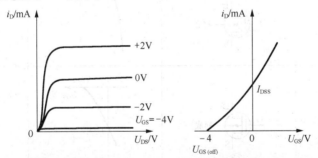

（a）输出特性曲线　　（b）转移特性曲线

图 6-5　N 沟道耗尽型 MOS 场效应管的特性曲线

（3）各种场效应管的转移特性和输出特性

各种场效应管的转移特性和输出特性如表 6-3 所示。

表 6-3　　　　　　　　　　各种场效应管的转移特性和输出特性

种　　类	符　　号	转 移 特 性	输 出 特 性
结型 N 沟道 耗尽型	漏极 D G 栅极 S 源极		

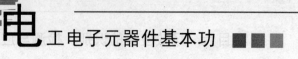

续表

种　类	符　号	转移特性	输出特性
结型 P 沟道 耗尽型	 漏极 D G 栅极 S 源极	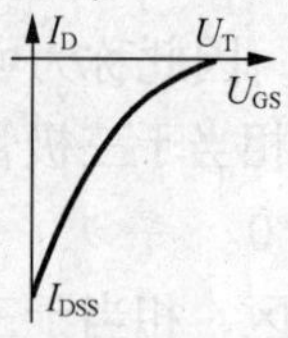 I_D U_T U_{GS} I_{DSS}	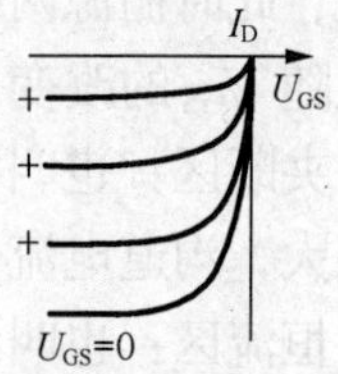 I_D + + + $U_{GS}=0$ U_{GS}
绝缘栅型 N 沟道 增强型	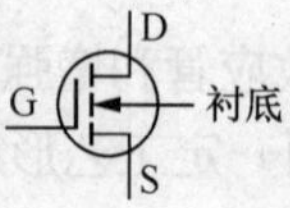 G D 衬底 S	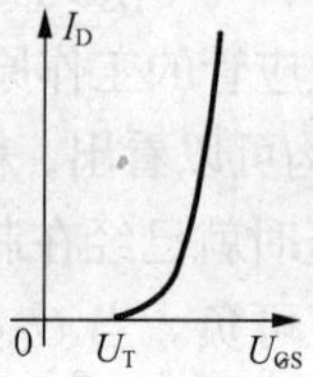 I_D 0 U_T U_{GS}	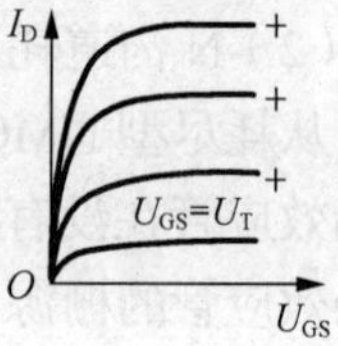 I_D + + + $U_{GS}=U_T$ O U_{GS}
绝缘栅型 N 沟道 耗尽型	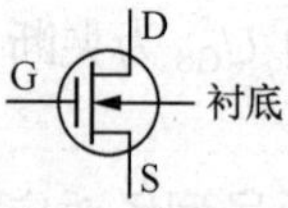 G D 衬底 S	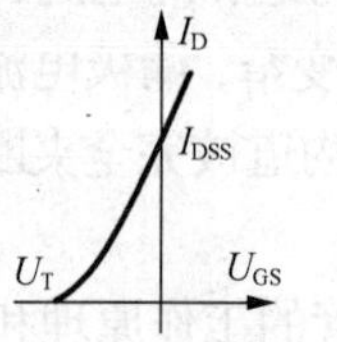 I_D I_{DSS} U_T U_{GS}	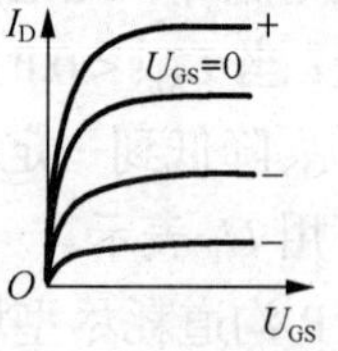 I_D $U_{GS}=0$ − − O U_{GS}
绝缘栅型 P 沟道 增强型	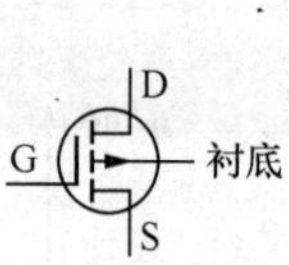 G D 衬底 S	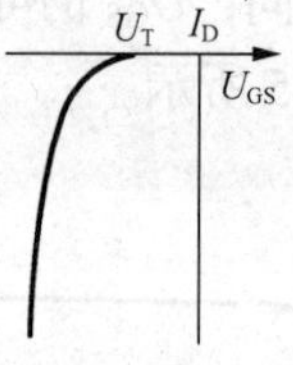 U_T I_D U_{GS}	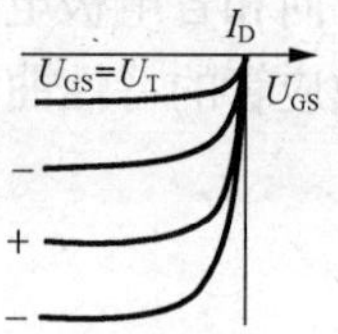 $U_{GS}=U_T$ I_D − + + U_{GS}
绝缘栅型 P 沟道 耗尽型	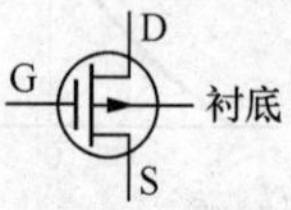 G D 衬底 S	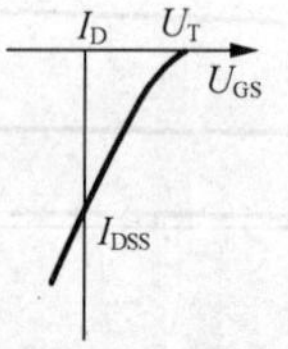 I_D U_T U_{GS} I_{DSS}	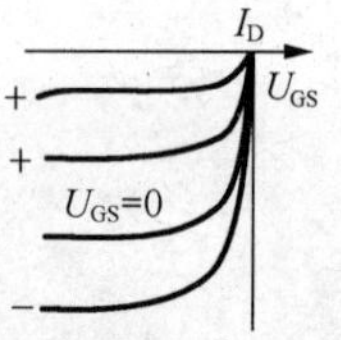 I_D + + $U_{GS}=0$ − U_{GS}

知识点二　场效应管的分类及参数

一、场效应管的分类

场效应管用途广泛，分类方法也有多种，如图 6-6 所示。

场效应管按其结构不同可分为：结型和绝缘栅型两大类。

按沟道材料不同可分为：结型和绝缘栅型各分 N 沟道和 P 沟道两种。

按导电方式不同可分为：耗尽型与增强型，结型场效应管均为耗尽型，绝缘栅型场效应管既有耗尽型的，也有增强型的。

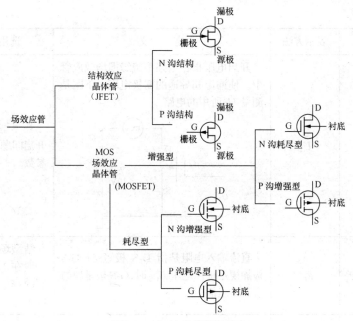

图 6-6 场效应管的分类

二、场效应管的主要参数

场效应管的参数很多，包括直流参数、交流参数和极限参数。场效应管的主要参数如表 6-4 所示。

表 6-4   场效应管的主要参数

技术参数名称	表示方法	定 义	选用思路及说明
饱和漏源电流	I_{DSS}	饱和漏源电流是指耗尽型场效应管 G-S 极短路和 $U_{GS} > U_P$ 时的漏源电流。下图是测量 I_{DSS} 所用的电路	常按饱和漏源电流对场效应管进行分挡，以便在实际中选用
夹断电压	U_P	夹断电压是指在 U_{DS} 一定的条件下，使 I_D 近似为零（小于 10μA）时的 U_{GS} 值。下图是测量 U_P 所用电路	夹断电压 U_P 对场效应管工作点的选择、饱和压降的确定非常重要。一般耗尽型场效应管都有这项参数，增强型场效应管没有这项参数

技术参数名称	表示方法	定　义	选用思路及说明
开启电压	U_T	开启电压指在增强型绝缘栅场效应管中，使漏源间导通的栅极电压。下图是测量 U_T 所用的电路 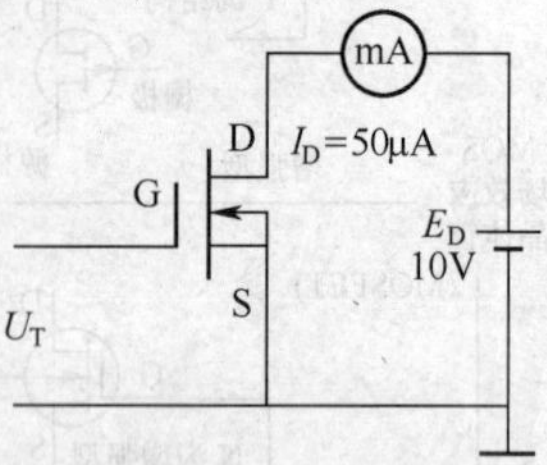 （测量电路图：mA表，$I_D=50\mu A$，D、G、S极，E_D 10V，U_T）	耗尽型场效应管不存在开启问题，故没有 U_T 这项参数
直流输入电阻	R_{GS}	直流输入电阻是指 D-S 极短路，G-S 极加规定极性电压 U_{GS} 时，G-S 极呈现的直流电阻值	结型场效应管的 R_{GS} 值一般在 $10^7\Omega$ 以上，MOS 管的 R_{GS} 值一般在 $10^9\Omega$ 以上
低频跨导	g_m	低频跨导是指在 D-S 极电压 U_{DS} 一定的条件下，D 极电流变化量 ΔI_D 与 G-S 极电压变化量 ΔU_{GS} 之比。下图是测量 g_m 所用电路 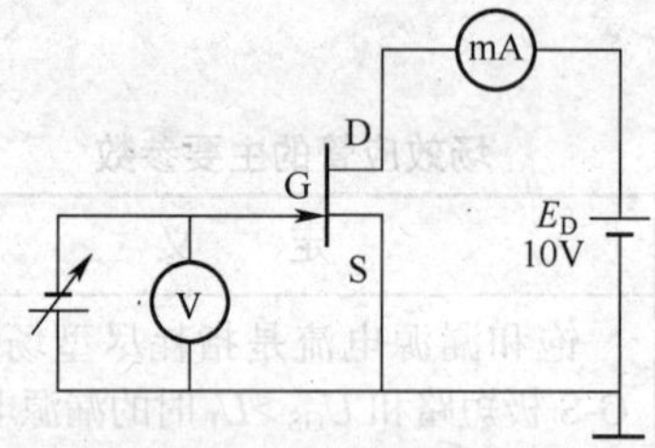 （测量电路图：mA表，D、G、S极，V表，E_D 10V）	g_m 是衡量场效应管放大能力的重要参数
漏-源极击穿电压	BU_{DS}	漏-源极击穿电压是指栅源电压 U_{GS} 一定时，场效应管正常工作所能承受的最大漏源电压	BU_{DS} 是场效应管很重要的一项极限参数，加在场效应管上的工作电压必须小于 BU_{DS}
最大漏源电流	I_{DSM}	最大漏源电流是指场效应管正常工作时，漏源间所允许通过的最大电流	场效应管的工作电流不应超过 I_{DSM}
最大耗散功率	P_{DSM}	最大耗散功率是指场效应管性能不变坏时所允许的最大漏源耗散功率	使用时，场效应管实际功耗应小于 P_{DSM} 并留有一定余量

以上参数中介绍了增强型场效应管和耗尽型场效应管所特有的参数，不同类型的场效应管都有自己特有的参数，如表 6-5 所示。

表 6-5　　　　　　　　　　　　　　　　场效应管特有参数表

电压　　管型	U_P	U_T
结型 N	$U_P < 0$ $U_{GS} > U_P$ 时工作	
结型 P	$U_P > 0$ $U_{GS} < U_P$ 时工作	
NMOS 增强		$U_T > 0$ $U_{GS} > U_T$ 时工作
NMOS 耗尽	U_{GS} 可正可负 $U_{GS} > U_P$ 时工作	
PMOS 增强		$U_T < 0$ $U_{GS} < U_T$ 时工作
PMOS 耗尽	U_{GS} 可正可负 $U_{GS} < U_P$ 时工作	

知识点三 场效应三极管的型号命名方法

目前，场效应管的型号命名方法有两种。

第一种命名方法与双极型三极管相同。第三位字母 J 代表结型场效应管，O 代表绝缘栅场效应管；第二位字母代表材料，D 是 P 型硅，反型层是 N 沟道，C 是 N 型硅 P 沟道。

例如，3DJ6D 是结型 N 沟道场效应三极管，3DO6C 是绝缘栅型 N 沟道场效应三极管。

第二种命名方法是 CS××#，CS 代表场效应管，××以数字代表型号的序号，#用字母代表同一型号中的不同规格。例如 CS14A、CS45G 等。

知识点四 场效应管在电工和电子中的应用

一、场效应管在电子线路中的应用

1. 场效应管放大电路

由于场效应管放大器的输入阻抗很高，因此，耦合电容容量可以较小，不必使用电解电容器。场效应管的放大电路主要有共源极放大、共漏极放大（源极输出器）、共栅极放大。场效应管放大电路如图 6-7～图 6-10 所示。

2. 场效应管作阻抗变换

场效应管很高的输入阻抗非常适合作阻抗变换。它常用于多级放大器的输入级作阻抗变换。同理，场效应管可以用作可变电阻。

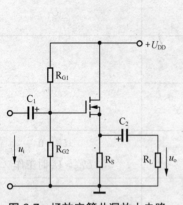

图6-7 场效应管共漏放大电路

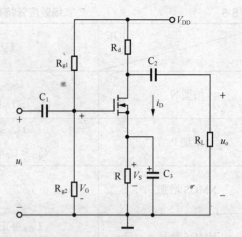

图6-8 场效应管分压偏置放大电路

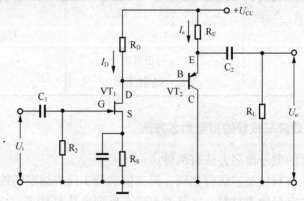

图6-9 源极接地放大器与射极跟随器的组合

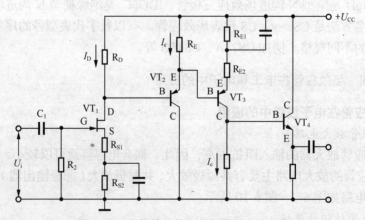

图6-10 源极接地放大器与共射电路组合

图6-11所示是电唱机与扩音机的配接电路。晶体唱头或压电陶瓷唱头的输出阻抗很高，而一般扩音机的输入阻抗较低，不能直接配接。利用场效应管组成的源极输出器的输入阻抗为1MΩ，而其输出阻抗仅有十几千欧，起到了阻抗变换电路的隔离作用。

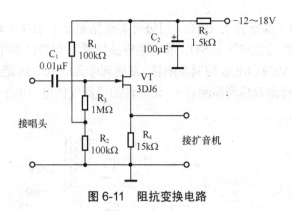

图 6-11　阻抗变换电路

3. 场效应管可以方便地用作恒流源

图 6-12 所示的是采用功率场效应管组成的简易稳压电源、电路。稳压二极管 VD_1 及 RP_1 组成一可调恒压源，向 VT_3 提供参考电压，VT_2、VT_3 组成比较放大器，VT_1 为调整管。该电路的输出电压可在 1.5～15V 范围内连续调节，输出电流可达 1A。

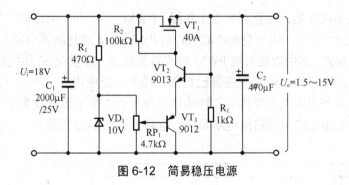

图 6-12　简易稳压电源

4. 场效应管可以用作电子开关

感应试电笔电路如图 6-13 所示。它利用结型场效应管 VT_1 高输入阻抗对电网火线所产生的电磁场进行感应，然后经 VT_2 放大进而驱动发光二极管发光指示。调节 RP_1 可改变感应灵敏度。用这种感应试电笔可准确测出绝缘导线内部的断线位置。

二、场效应管在电力电子技术中的应用

功率场效应管在中小功率的逆变器、变频器、高性能开关电源和斩波器中得到了越来越广泛的应用。

1. 逆变电源

由功率场效应管组成的逆变电源如图 6-14 所示。与非门 1、2 组成 50 Hz 多谐振荡器，其互为反相的信号分别驱动功率场效应管 VT_1、VT_2 交替工作，经变压器 T_1 升压成为 220 V 方波输出，可带动小型日光灯一类的负载。

2. 变频器

变频技术是应交流电动机无级调速的需要而诞生的。20 世纪 60 年代后半期开始，电力电子元器件从 SCR（晶闸管）、GTO（门极可关断晶闸管）、BJT（双极型功率晶体管）、MOSFET（金属氧化物场效应管）、SIT（静电感应晶体管）、SITH（静电感应晶闸管）、MGT（MOS 控制晶体管）、MCT（MOS 控制品闸管）发展到今天的 IGBT（绝缘栅双极型晶体管）、HVIGBT（耐高压绝缘栅双极型晶闸管），元器件的更新促使电力电子技术的不断发展。

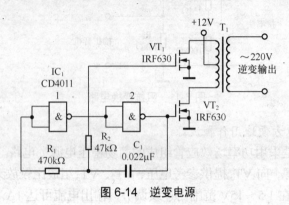

图 6-14　逆变电源

20 世纪 70 年代开始，脉宽调制变压变频（PWM—VVVF）调速研究引起了人们的高度重视。20 世纪 80 年代，作为变频技术核心的 PWM 模式优化问题引发人们的浓厚兴趣，并得出诸多优化模式，其中以鞍形波 PWM 模式效果最佳。20 世纪 80 年代后半期开始，美、日、德、英等发达国家的 VVVE 变频器已投入市场并广泛应用。

变频器一般是利用电力半导体元器件的通断作用将工频电源变换为另一频率的电能控制装置。变频器的主电路包括整流电路和逆变电路，如图 6-15 所示。

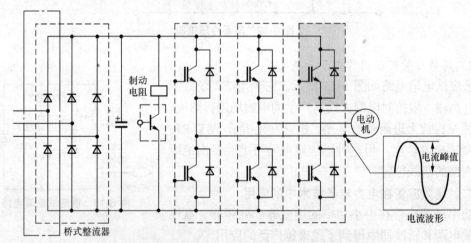

图 6-15　VVVF 型变频器整流及功率主电路

3. 串联谐振式全桥 IGBT 逆变电源

根据功率调节量的不同，感应加热电源有多种调整功率方式，调频是通过改变逆变器工作频率从而改变负载输出阻抗以达到调节输出功率的目的。这种调功方式控制比较简单，可以对电路的工作频率进行直接控制，能对功率连续调整。

感应加热电源为串联谐振式全桥 IGBT 逆变电源，其逆变主电路结构如图 6-16 所示。

输入采用三相 AC/DC 不控整流，输出采用负载串联谐振式全桥 DC/AC 逆变电路。整流输出的电压经高压大电容 C_1 滤波，逆变器主开关元器件 VT_1、VT_2、VT_3、VT_4 为 IGBT，VD_1、VD_2、VD_3、VD_4 为反并联二极管。

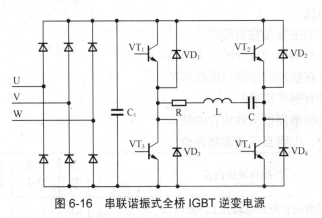

图 6-16 串联谐振式全桥 IGBT 逆变电源

注意：IGBT（Insulated Gate Bipolar Transistor），绝缘栅双极型功率管，是由 BJT（双极型三极管）和 MOS（绝缘栅型场效应管）组成的复合全控型电压驱动式电力半导体元器件。

4. 场效应管的使用注意事项

① 为了安全使用场效应管，在线路的设计中不能超过管的耗散功率、最大漏源电压、最大栅源电压和最大电流等参数的极限值。

② 各类型场效应管在使用时，都要严格按要求的偏置接入电路中，要遵守场效应管偏置的极性。如结型场效应管栅源漏之间是 PN 结，N 沟道管栅极不能加正偏压；P 沟道管栅极不能加负偏压等。

③ MOS 场效应管由于输入阻抗极高，所以在运输、储藏中必须将引出脚短路，要用金属屏蔽包装，以防止外来感应电势将栅极击穿。尤其要注意，不能将 MOS 场效应管放入塑料盒子内，保存时最好放在金属盒内，同时也要注意防潮。

④ 为了防止场效应管栅极感应击穿，要求一切测试仪器、工作台、电烙铁、线路本身都必须良好的接地；管脚在焊接时，先焊源极；在连入电路之前，管的全部引线端保持互相短接状态，焊接完后才把短接材料去掉；从元器件架上取下管时，应以适当的方式确保人体接地，如采用接地环等；当然，如果能采用先进的气热型电烙铁焊接场效应管是比较方便的，并且确保安全；在未关断电源时，绝对不可以把管插入电路或从电路中拔出。以上安全措施在使用场效应管时必须注意。

⑤ 在安装场效应管时，注意安装的位置要尽量避免靠近发热元器件；为了防管件振动，有必要将管壳体紧固起来；管脚引线在弯曲时，应当大于根部尺寸 5mm 处进行，以防止弯断管脚和引起漏气等。

对于功率型场效应管，要有良好的散热条件。因为功率型场效应管在高负荷条件下运用，必须设计足够的散热器，确保壳体温度不超过额定值，使元器件长期稳定可靠地工作。

项目学习评价

一、思考练习题

（1）场效应管的主要参数有哪些？

（2）如何测量结型场效应管的 3 个电极？

（3）场效应管在使用时应注意哪些事项？

（4）场效应管有哪些用途？

（5）简述绝缘栅增强型场效应管的结构。

二、自我评价、小组互评及教师评价

评价方面	项目评价内容	分值	自我评价	小组评价	教师评价	得分
理论知识	① 理解场效应管应用电路的工作原理	10				
	② 了解场效应管的分类	10				
	③ 理解场效应管的主要参数	10				
	④ 理解并掌握场效应管的工作条件	10				
实操技能	① 熟悉并能写出场效应管的图形符号	20				
	② 能准确判断场效应管的电极并能检测其性能	10				
	③ 在实际电路中会正确使用场效应管	20				
学习态度	① 严肃认真的学习态度	5				
	② 严谨、有条理的工作态度	5				

三、个人学习总结

成功之处	
不足之处	
改进方法	

项目七　晶闸管的识别与检测

项目情境创设

在电子元器件中，有一种半导体元器件外形和三极管相似，也有 3 个电极，但工作效率却可以更高，工作电流也可以更大，使用更方便。它的出现使半导体元器件的使用由弱电扩展到强电，它就是晶闸管。下面将介绍晶闸管的识别和检测。

项目学习目标

	学习目标	学习方式	学时
技能目标	① 认识晶闸管实物 ② 掌握晶闸管的检测方法 ③ 理解晶闸管应用电路原理 ④ 在实际电路中会正确使用晶闸管	对元器件的认识可以采用实物展示，实际电路中识别等方法。对元器件的检测可以采用教师演示，学生分组合作练习的方法	2
知识目标	① 识记晶闸管的图形符号 ② 了解晶闸管的分类 ③ 理解晶闸管的主要参数	教师讲授，学生合作学习	2

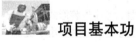
项目基本功

7.1　项目基本技能

任务一　晶闸管的识别与检测

一、晶闸管的识别

晶闸管是晶体闸流管的简称，俗称可控硅。其内部结构是一个由 4 层半导体（PNPN）叠加在一起，形成 3 个 PN 结，引出 3 个电极（A、G、K）的半导体元器件。

晶闸管具有硅整流元器件的特性，不仅能在高电压、大电流条件下工作，且其工作过程可以控制，被广泛应用于可控整流、交流调压、无触点电子开关、逆变及变频等电子电路中。常见的晶闸管的外形、特点及电路图形符号如表 7-1 所示。

表 7-1   常见的晶闸管的外形、特点及电路图形符号

常见晶闸管外形	特点及应用
 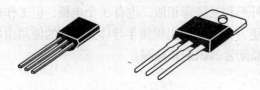 2P4M/5M/6M 系列，CS30 系列单向晶闸管 TS820 系列单向晶闸管	单向晶闸管（全称为反向阻断三极晶体闸流管）像二极管一样，只能正向导通电流，但和二极管的根本区别是，它的导通是可以控制的，或者说是有条件的 　　2P4M/5M/6M（对应型号 2P4M/C106）系列单向可控硅，可用于摩托车电子点火器、彩灯控制器等 　　CS 系列的如 CS30 系列的单向可控硅，可用于交流电开关、交直流电源的变换 　　TS 系列的 TS820 系列单向可控硅，可用于摩托车、农用车的电压调节电路及温度控制、电机调速等
 KP5-20A 螺栓型  KS30-200A 螺栓式双向晶闸管	左图为螺栓型晶闸管符号，对于单向晶闸管，螺栓型封装通常螺栓是其阳极 A，能与散热器连接且安装方便，另一端为阴极 K，细管脚端为控制极 　　对于双向晶闸管来说，螺栓型的螺栓是其主电极 T_2，另一极为主电极 T_1，细管脚端为控制极 G 　　螺栓型 KP 系列的为单向普通晶闸管 KP5-20A，通态平均电流为 5～5000A，正反向重复压为 100～5000V，主要用途有直流电动机控制、直流电源控制、交流开关及温度控制、同步电动机励磁 　　KS 系列的双向晶闸管，螺栓封装形式有冷封金属螺栓型、金属螺栓陶瓷型，主要用于交流开关、自动售货、舞台灯光调光等
 KS（KA）平板式（凹型） ZT 平板型（凸型） KK800A KS200-1000A 双向晶闸管 KK 系列快速晶闸管	平板型封装的晶闸管可由两个散热器将其夹在中间，细引线端为控制极 K，离引线远的端面为阳极 A，离引线近的一端为阴极 K。Z 系列、K 系列等均有平板型，如 KS200-1000A 属于双向晶闸管，它属于全密封平板凹型，主要用于交流开关、自动售货、舞台调光 　　ZT 平板型（凸型）属于普通晶闸管主要用于直流电源、电动机励磁、电镀、电解、充电电路中 　　KK 系列、KT 系列平板式（凸型）晶闸管属于快速晶闸管，主要特点有高速开通、高速关断，主要用于中频电源、快速开关电路、逆变器等

续表

常见晶闸管外形	特点及应用
 MTC90AB MTC250Ab	左图为晶闸管模块，其典型应用主要有直流电机调速，交流电动机软启动，工业加热控制，调光，无触点开关，各种可控整流电源，静止无功补偿，电焊机，变频器，UPS电源，电池充放电 常见的MT系列晶闸管模块有MTC系列的双晶闸管模块、MTX系列的晶闸管模块、MTK系列晶闸管模块、MTA系列晶闸管模块等
双向晶闸管	双向三极晶闸管简称双向晶闸管，其正、反向都能导通电流，它的主电极 A_1、A_2 无论加正向电压还是加反向电压，其控制极 G 的触发电压无论是正向还是反向，它都能被触发导通。双向晶闸管广泛应用于变频、调压电路、调温、调光、调速电路、电扇、洗衣机、空调控制电路和其他控制电路 常见的双向晶闸管有 KS 系列、BTA41 系列、131 系列，可用于电风扇调速控制器、空调等家用电器的控制电路
贴片晶闸管	MCR100-6 单向贴片可控硅专用于圣诞灯（彩灯）控制器、臭氧发生器控制器、微形负离子发生器，广泛应用于各种万能开关、小型马达控制器、漏电保护器、灯具继电器激励器、逻辑集成电路驱动、大功率可控硅门极驱动、摩托车点火器等线路功率控制

晶闸管的种类很多，有单向晶闸管、双向晶闸管之分。在晶闸管整流技术中主要用的是单向晶闸管，它的 3 个电极分别是阳极 A、阴极 K、控制极（门极）G。它的结构和工作原理是分析其他晶闸管的基础。双向晶闸管的 3 个电极不再有阳极、阴极之分，其中一个为控制极（门极）G，另外两个统称为主电极 T_1、主电极 T_2。

对于单向晶闸管，螺栓型封装通常螺栓是其阳极 A，能与散热器连接且安装方便，另一端为阴极 K，细管脚端为控制极。平板型封装的晶闸管可由两个散热器将其夹在中间，细引线端为控制极 K，离引线远的端面为阳极 A，离引线近的一端为阴极 K。

对于双向晶闸管来说，螺栓型的螺栓是其主电极 T_2，另一极为主电极 T_1，细管脚端为控制极 G，如图 7-1 所示。

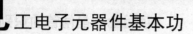
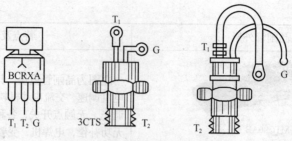

图 7-1 双向晶闸管的管脚排列

当然，对于不同公司生产的不同型号的晶闸管，其管脚排列也不太一样，这就要借助万用表对其管脚进行检测和判别。

二、用指针式万用表检测晶闸管

1. 单向晶闸管的检测

晶闸管用途广泛，这就要求我们能准确判定晶闸管的 3 个管脚，其次进行质量好坏的鉴别。对于判断管脚，可以利用测电阻法判断晶闸管的 3 个电极。从单向晶闸管的结构可以看到，只有控制极和阴极间是一个 PN 结，且控制极接 P 端，阴极接 K 端。因此，可以通过测电阻法判断出控制极和阴极。

单向晶闸管的检测步骤、测试方法和说明，如表 7-2 所示。

表 7-2   单向晶闸管的检测步骤、测试方法和说明

检测步骤	测 试 方 法	说 明
确定单向晶闸管的 3 个电极：阳极 A、阴极 K、控制极 G	测阳极阴极间阻值 测阳极控制极间阻值 测控制极阴极间反向阻值 测控制极阴极间正向阻值	① 选择指针式万用表的 R×1k 挡或者 R×100 挡 ② 红黑表笔短接调零 ③ 用万用表的红黑表笔分别与晶闸管的 3 个管脚两两相接，共有 6 种情况：A、G 间正反向阻值，A、K 间正反向阻值，G、K 间正反向阻值。因为只有 G、K 间有一个 PN 结，且 G 接 PN 结的 P 端，K 接 PN 结的负极，因此，6 种情况只有一次是 PN 结的正偏电阻，即只有一次阻值较小，其他阻值均大。故阻值小的那次黑表笔接的为控制极 G、红表笔接的为阴极 K，剩下的一个电极为阳极 A

续表

检测步骤	测 试 方 法	说 明
检测导通特性	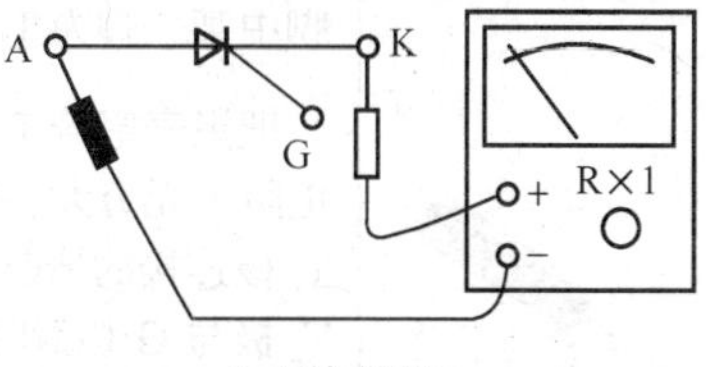 未加触发信号 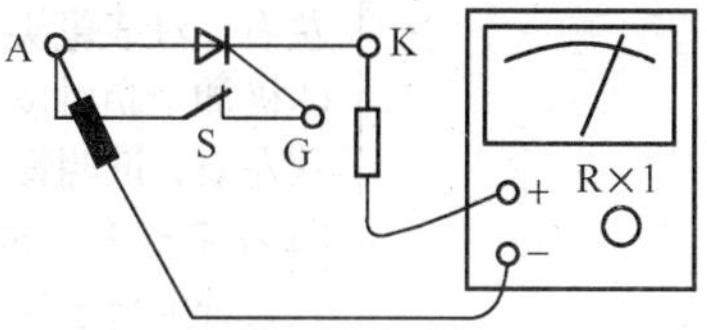 加触发信号	① 选择指针式万用表的 R×1 挡或者 R×10 挡，红黑表笔短接调零 ② 黑表笔接阳极，红表笔接阴极，控制极悬空，则万用表的读值接近无穷，此时表明晶闸管处于截止状态 ③ 接着将控制极与阳极短路（开关闭合）同时接黑表笔，此时万用表的读值应为 60～200Ω，表明晶闸管被触发导通 ④ 导通后断开控制极，指针不回到无穷，表明晶闸管是正常的。如果在控制极没有和阳极短接接触黑表笔时，阻值很小，或者在控制极与阳极短接接触黑表笔时，阻值仍为无穷，表明晶闸管质量很差或者晶闸管已击穿、断极

2. 双向晶闸管的管脚判断

双向三极晶闸管简称双向晶闸管，其正、反向都能导通电流，它的主电极 A_1、A_2 无论加正向电压还是加反向电压，其控制极 G 的触发电压无论是正向还是反向，它都能被触发导通。双向晶闸管广泛应用于变频、调压电路、调温、调光、调速电路、电扇、洗衣机、空调控制电路和其他控制电路。

从双向晶闸管的等效电路我们可以看出它有两个反向并联的单向晶闸管组成的。电流从两个方向都可以通过，所以双向晶闸管可以双向导通。

对于 1～6A 双向可控硅，选择指针式万用表的 R×1 挡或者 R×10 挡，红笔接 T_1 极，黑笔同时接 G、T_2 极，在保证黑笔不脱离 T_2 极的前提下断开 G 极，指针应指示为几十至一百多欧（视可控硅电流大小、厂家不同而异）。然后将两笔对调，重复上述步骤测一次，指针指示还要比上一次稍大十几至几十欧，则表明可控硅良好，且触发电压（或电流）小。双向可控硅的检测如表 7-3 所示。

表 7-3　　　　　　　　　　　　　双向可控硅的检测

检测步骤	测 试 方 法	说 明
确定 T_2 极	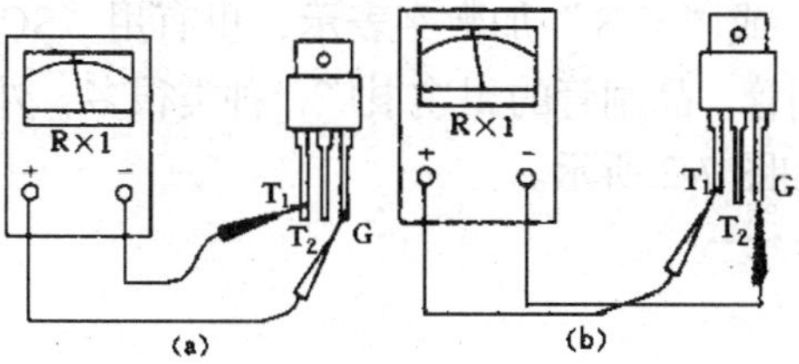 (a)　　　　(b)	用万用表 R×1 挡，按左图所示的测量方法，G～T_1 之间的正、反向电阻都很小呈现低阻，仅几十欧。而 T_2～G、T_2～T_1 之间的正、反向电阻均为无穷大。这表明，如果测出某脚和其他两脚都不通，就肯定是 T_2 极。另外，采用 TO-220 封装的双向晶闸管，T_2 极通常与小散热板连通，据此亦可确定 T_2 极

续表

检测步骤	测 试 方 法	说 明
判别 T_1 极和 G 极	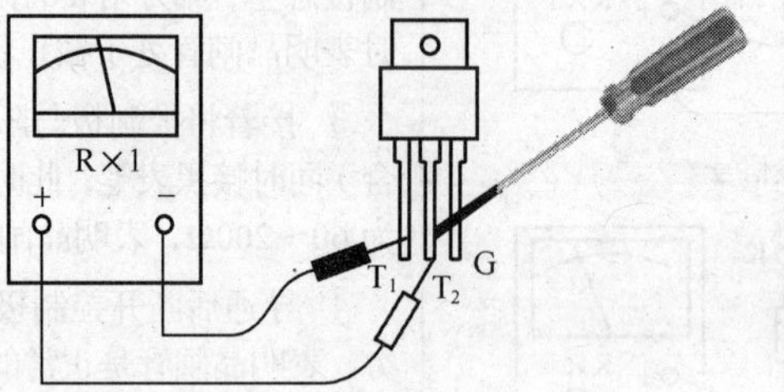	找出 T_2 极之后，首先假定剩下两脚中某一脚为 T_1 极，另一脚为 G 极 把黑表笔接 T_1 极，红表笔接 T_2 极，电阻为无穷大。并在红表笔不断开与 T_2 极连接的情况下，接着用螺丝刀把 T_2 极与 G 极瞬时短接一下（给 G 极加上负触发信号），电阻值如为 10Ω 左右，红表笔尖把 T_2 与 G 短路；给 G 极加上负触发信号，电阻值应为十欧左右，证明管子已经导通，导通方向为 $T_1 \sim T_2$。再将螺丝刀与 G 极脱开，若电阻值保持不变，证明管子在触发之后能维持导通状态
检测导通特性	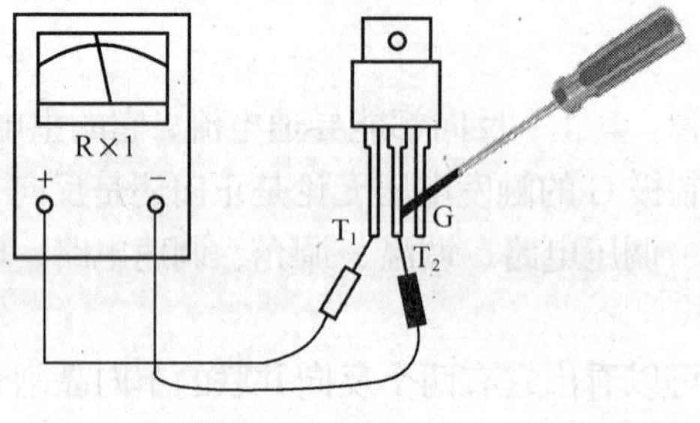 对于 1A 的管子，亦可用 R×10 挡检测，对于 3A 及 3A 以上的管子，应选 R×1 挡，否则难以维持导通状态	把红表笔接 T_1 极，黑表笔接 T_2 极，然后使 T_2 与 G 短路，给 G 极加上正触发信号，电阻值仍为十欧左右，与 G 极脱开后若阻值不变，则说明管子经触发后，在 $T_2 \sim T_1$ 方向上也能维持导通状态，因此具有双向触发性质。由此证明上述假定正确。否则需再作出假定，重复以上测量。可见，在识别 G、T_1 的过程中，也就检查了双向晶闸管的触发能力。如果按哪种假定去测量，都不能使双向晶闸管触发导通，证明管子已损坏

7.2 项目基本知识

✏️ 知识点一　晶闸管的电路符号和结构

一、晶闸管的符号、结构

晶闸管在电路中常用字母"V"或"VS"加数字表示，也有用"SCR"加数字表示的，如"V_1"就表示编号为 1 的晶闸管。晶闸管的用途很广，种类很多，外型也各不一样，但在电路中都有统一的图形符号，如图 7-2 所示。

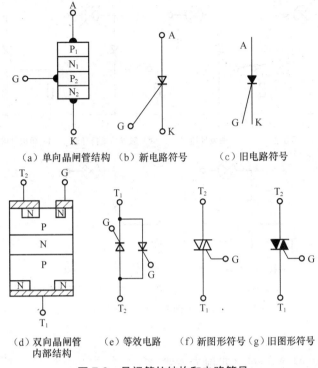

（a）单向晶闸管结构　　（b）新电路符号　　　（c）旧电路符号

（d）双向晶闸管　　　（e）等效电路　　（f）新图形符号（g）旧图形符号
　内部结构

图 7-2　晶闸管的结构和电路符号

一些特殊晶闸管的符号如图 7-3 所示。

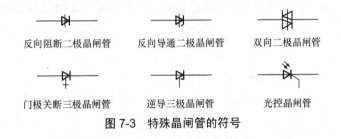

图 7-3　特殊晶闸管的符号

1. 单向晶闸管的工作条件

从图 7-2 单向晶闸管的结构可以看到,单向晶闸管由 4 层半导体结构,形成 3 个 PN 结,也正是它的这种结构为晶闸管发挥"以小控大"的特性奠定了基础。在应用晶闸管时只要在控制极加很小的电压或电流就能控制很大的阳极电压或电流。

由图 7-4 可知,单向晶闸管有导通和关断两个状态,要使单向晶闸管导通必须具备两个条件:①阳极与阴极加正极性电压;②控制极与阴极间加适当的正极性触发电压。即单向晶闸管阳极 A 端接电源正极,阴极 K 端接电源负极,同时控制极 G 端加合适的正触发信号,晶闸管导通,灯亮。

晶闸管导通后即使断开控制极 G,只要阳极和阴极间仍保持正向电压,晶闸管将维持导通,控制极将失去作用。只有将阳极正向电压降到一定值使流过晶闸管的电流小于维持电流,或切断阳极电压,晶闸管才从导通变为截止。

133

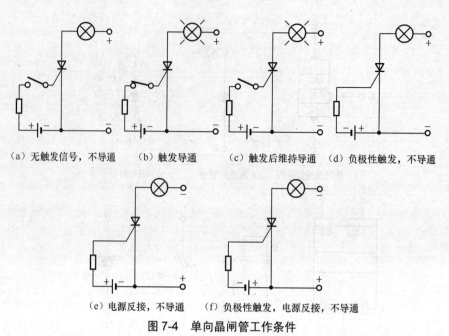

（a）无触发信号，不导通　（b）触发导通　（c）触发后维持导通　（d）负极性触发，不导通

（e）电源反接，不导通　　　（f）负极性触发，电源反接，不导通

图 7-4　单向晶闸管工作条件

2. 双向晶闸管导通条件

图 7-5 所示为双向晶闸管的 4 种触发方式。

由图 7-5 可知双向晶闸管的导通条件也有两个：①在主电极间加电压（正负均可）；②控制极加正负均可的触发电压。即无论两个主电极间所加电压是正向还是反向，只要控制极和主电极 T_1（或 T_2）间加合适的触发电压，正负均可，晶闸管就能触发导通。

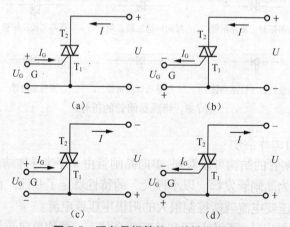

图 7-5　双向晶闸管的 4 种触发方式

双向晶闸管导通后，断开控制极电压，晶闸管能维持导通。只有当两个主电极间电压降到一定值使流过晶闸管的电流小于维持电流，或断开两个主电极间电压，双向晶闸管才从导通变为截止。

知识点二　晶闸管的分类

晶闸管用途广泛，分类方法也有多种，型号也各不相同。

一、按关断导通控制方式分类

1. 普通晶闸管

普通晶闸管也是单向晶闸管，国产晶闸管 KP 系列都是普通晶闸管。

2. 双向晶闸管

双向晶闸管是在单向晶闸管的基础上发展来的，是比较理想的交流开关元器件。国产晶闸管 KS 系列都是双向晶闸管。此外，典型双向晶闸管的型号还有 BCMlAM（1A/600V）、BCM3AM（3A/600V）、2N6075（4A/600V），MAC218-10（8A/800V）。

3. 逆导晶闸管

逆导晶闸管 RCT（Reverse-Conducting Thyristir）也称反向导通晶闸管。其特点是在晶闸管的阳极与阴极之间反向并联一只二极管，使阳极与阴极的发射结均呈短路状态。由于这种特殊的电路结构，使之具有耐高压、耐高温、关断时间短、通态电压低等优良性能。例如，逆导晶闸管的关断时间仅几微秒，工作频率达几十千赫，优于快速晶闸管（FSCR）。该元器件适用于开关电源、UPS 不间断电源。一只 RCT 即可代替晶闸管和续流二极管各一只，不仅使用方便，而且能简化电路设计。逆导晶闸管的典型产品有美国无线电公司（RCA）生产的 S3900MF。

4. 可关断晶闸管

可关断晶闸管 GTO（Gate Turn-Off Thyristor）也称栅控晶闸管，又称门极关断晶闸管。它具备开关功能的元器件，即不仅能导通，而且当在门极有反向电流流过时，就能将其关断。与一般晶闸管相比，其优点是可不必为关断而设置换流电路。其主要特点是当栅极加负向触发信号时晶闸管能自行关断。用 GTO 晶闸管作为逆变元器件取得了较为满意的结果，但其关断控制较易失败，仍较复杂，工作频率也不够高。它既保留了普通晶闸管耐压高、电流大等优点，也具有自关断能力，使用方便，是理想的高压、大电流开关元器件。GTO 的容量及使用寿命均超过巨型晶体管（GTR），只是工作频率比 GTR 低。目前，GTO 已达到 4500A、6000V 的容量。大功率可关断晶闸管已广泛用于斩波调速、变频调速、逆变电源等领域，显示出强大的生命力。

5. BTG 晶闸管

BTG 晶闸管也称程控单结晶体管 PUT，是由 PNPN 四层半导体材料构成的三端逆阻型晶闸管。BTG 晶闸管的参数可调，改变其外部偏置电阻的阻值，即可改变 BTG 晶闸管门极电压和工作电流。它还具有触发灵敏度高、脉冲上升时间短、漏电流小、输出功率大等优点，被广泛应用于可编程脉冲电路、锯齿波发生器、过电压保护器、延时器及大功率晶体管的触发电路中，既可作为小功率晶闸管使用，还可作为单结晶体管［双基极二极管（UJT）］使用。

6. 温控晶闸管

温控晶闸管是一种新型温度敏感开关元器件，它将温度传感器与控制电路结合为一体，输出驱动电流大，可直接驱动继电器等执行部件或直接带动小功率负荷。

温控晶闸管的结构与普通晶闸管的结构相似（电路图形符号也与普通晶闸管相同），也是由 PNPN 半导体材料制成的三端元器件；但在制作时，温控晶闸管中间的 PN 结中注入了对温度极为敏感的成分（如氩离子），因此，改变环境温度，即可改变其特性曲线。

在温控晶闸管的阳极 A 接上正电压，在阴极 K 接上负电压，在门极 G 和阳极 A 之间接入分流电阻，就可以使它在一定温度范围内（通常为-40～+130℃）起开关作用。温控晶闸管由断态到通态的转折电压随温度变化而改变，温度越高，转折电压值就越低。

7. 光控晶闸管

光控晶闸管也称 GK 型光开关管，是一种光敏元器件。光控晶闸管由于其控制信号来自光的照射，没有必要再引出控制极，所以只有两个电极（阳极 A 和阴极 C）。但它的结构与普通可控硅一样，是由 4 层 PNPN 元器件构成。从外形上看，光控晶闸管也有受光窗口，还有两条管脚和壳体，酷似光电二极管。

光控晶闸管与普通晶闸管一样，一经触发，即成通导状态。只要有足够强度的光源照射一下管子的受光窗口，它就立即成为通导状态，而后即使撤离光源也能维持导通，除非加在阳极和阴极之间的电压为零或反相，才能关闭。

光控晶闸管对光源的波长有一定的要求，即有选择性。波长在 0.8～0.9μm 的红外线及波长在 1μm 左右的激光，都是光控晶闸管较为理想的光源。

二、按引脚和极性分类

晶闸管按其引脚和极性可分为二极晶闸管。光控晶闸管就属于二极晶闸管；三极晶闸管，一般都有 3 个电极；KS300 就是一种双向四极晶闸管。

三、按封装形式分类

晶闸管按其封装形式可分为金属封装晶闸管、塑封晶闸管和陶瓷封装晶闸管 3 种类型。其中，金属封装晶闸管又分为螺栓形、平板形、圆壳形等多种；塑封晶闸管又分为带散热片型和不带散热片型两种。

四、按电流容量分类

晶闸管按电流容量可分为大功率晶闸管（SCR）、中功率晶闸管和小功率晶闸管 3 种。通常，大功率晶闸管多采用金属壳封装，而中、小功率晶闸管则多采用塑封或陶瓷封装。一般把 5A 以下的晶闸管叫小功率管，50A 以上的晶闸管叫大功率管。

五、按关断速度分类

晶闸管按其关断速度可分为普通晶闸管和高频（快速）晶闸管。高频（快速）晶闸管是可以在 400Hz 以上频率工作的晶闸管。视电流容量大小，其开通时间为 4～8μs，关断时间为 10～60μs，主要用于较高频率的整流、斩波、逆变和变频电路。

知识点三 晶闸管的参数与型号命名

半导体元器件手册中，晶闸管的工作参数较多，主要电参数有正向转折电压 V_{BO}、正向平均漏电流 I_{FL}、反向漏电流 I_{RL}、断态重复峰值电压 V_{DRM}、反向重复峰值电压 V_{RRM}、正向平均压降 V_F、通态平均电流 I_T、门极触发电压 V_G、门极触发电流 I_G、门极反向电压和维持电流 I_H 等。

一、晶闸管的工作参数

1. 晶闸管通态平均电流 I_T

通态平均电流 I_T 是指在规定环境温度和标准散热条件下，晶闸管正常工作时 A、K（或 T_1、T_2）极间所允许通过电流的平均值。使用时，应按实际电流小于等于通态平均电流有效值的原则来选取晶闸管，通态平均电流 I_T 应留一定的余量，一般应为其正常实际工作电流平均值的 1.5～2.0 倍。常用通态平均电流 I_T 有 1A、5A、10A、20A、30A、50A、100A、200A、300A、400A、500A、600A、800A、1000A 这 14 种规格。

2. 晶闸管断态重复峰值电压 V_{DRM}

断态重复峰值电压 V_{DRM} 是指晶闸管在正向阻断时，允许加在 A、K（或 T_1、T_2）极间最大的峰值电压。此电压约为正向转折电压减去 100V 后的电压值。这是我们选择晶闸管时的一个重要参数。普通晶闸管的 V_{DRM} 为 100～3000V。如晶闸管在变流器（如电力机车）中工作时，必须能够以电源频率重复地经受一定的过电压而不影响其工作，所以正、反向峰值电压参数 V_{DRM}、V_{RRM} 应保证在正常使用电压峰值的 2～3 倍以上，考虑到一些可能会出现的浪涌电压因素，在选择代用参数的时候，只能向高一挡的参数选取。

3. 晶闸管正向转折电压 V_{BO}

晶闸管的正向转折电压 V_{BO} 是指在额定结温为 100℃且门极（G）开路的条件下，在其阳极（A）与阴极（K）之间加正弦半波正向电压、使其由关断状态转变为导通状态时所对应的峰值电压。不过这种导通是非正常导通，会减短元器件的寿命。

4. 反向击穿电压 V_{BR}

反向击穿电压 V_{BR} 是指在额定结温下，晶闸管阳极与阴极之间施加正弦半波反向电压，当其反向漏电电流急剧增加时所对应的峰值电压。当加大反向电压达到一定值 V_{BR} 时，可控硅的反向从阻断突然转变为导通状态，此时是反向击穿，元器件会被损坏。

5. 晶闸管反向重复峰值电压 V_{RRM}

反向重复峰值电压 V_{RRM} 是指晶闸管在门极 G 断路时，允许加在 A、K 极间的最大反向峰值电压。此电压约为反向击穿电压减去 100V 后的峰值电压。V_{RRM} 应保证在正常使用电压峰值的 2～3 倍以上，考虑到一些可能会出现的浪涌电压因素，在选择代用参数的时候，只能向高一挡的参数选取。

6. 晶闸管正向平均电压降 V_F

正向平均电压降 V_F 也称通态平均电压或通态压降 V_T，是指在规定环境温度和标准散热条件下，当通过晶闸管的电流为额定电流时，其阳极 A 与阴极 K 之间电压降的平均值，通常为 0.4～1.2V。

7. 晶闸管门极触发电压 V_{GT}

门极触发电压 V_{GT} 是指在规定的环境温度和晶闸管阳极与阴极之间为一定值正向电压的条件下，使晶闸管从阻断状态转变为导通状态所需要的最小门极直流电压。小功率晶闸管触发电压约为 1V 左右，触发电流零点几到几毫安。中功率以上的晶闸管触发电压也只有几伏到十几伏，电流几十到几百毫安。

8. 晶闸管门极触发电流 I_{GT}

门极触发电流 I_{GT} 是指在规定环境温度和晶闸管阳极与阴极之间为一定值电压的条件下，使晶闸管从阻断状态转变为导通状态所需要的最小门极直流电流。

9. 晶闸管门极反向电压

门极反向电压是指晶闸管门极上所加的额定电压，一般不超过 10V。

10. 晶闸管维持电流 I_H

维持电流 I_H 是指维持晶闸管导通的最小电流。当正向电流小于 I_H 时，导通的晶闸管会自动关断。

在选用可控硅时，特别是在有串并联使用时，应尽量选择门极触发特征接近的可控硅用在同一设备上，特别是用在同一臂的串或并联位置上。这样可以提高设备运行的可靠性和使用寿命。如果触发特性相差太大的可控硅在串联运行时，将引起正向电压无法平均分配，使 t_{gt}（晶闸管开通时间）较长的可控硅管受损，并联运行时 t_{gt} 较短的可控硅管将分配更大的电流而受损，这对可控硅元器件是不利的。所以同一臂上串或并联的可控硅触发电压、触发电流要尽量一致，也就是配对使用。

在不允许可控硅有受干扰而误导通的设备中（如电动机调速等），可选择门极触发电压、电流稍大一些的管子（如可触发电压 $V_{GT}>2V$，可触发电流 $I_{GT}>150mA$）以保证不出现误导通，在触发脉冲功率强的电路中也可选择触发电压、电流稍大一点的管。在磁选矿设备中，特别是旧的窄脉冲触发电路中，可选择一些 V_G、I_G 低一些的管子，如 $V_{GT}<1.5\ V$、$I_{GT}\leqslant100mA$ 以下，可减少触发不通而出现缺相运行。

11. 晶闸管断态重复峰值电流 I_{DR}

断态重复峰值电流 I_{DR} 是指晶闸管在断态下的正向最大平均漏电电流值，一般小于 $100\mu A$，这个值越小越好。

12. 晶闸管反向重复峰值电流 I_{RRM}

反向重复峰值电流 I_{RRM} 是指晶闸管在关断状态下的反向最大漏电电流值，一般小于 $100\mu A$，这个值越小越好。

13. 控制极开通时间（t_{gt}）

当控制极加上足够的触发信号后，晶闸管并不立即导通，而是要延迟一小段时间。这延迟的一小段时间称为开通时间 t_{gt}。具体规定是控制极触发脉冲前沿的 10% 到阳极电压下降至 10% 的时间为 t_{gt}。

14. 电路换向关断时间（t_q）

从通态电流降至零这一瞬间起，到管子开始能承受规定的断态电压瞬间为止的时间间隔称为电路换向关断时间 t_q。

开通时间 t_{gt} 和关断时间 t_q 决定管子的工作频率，工作频率较高的电路要选用 t_q 小的管子（t_q 小，t_{gt} 会更小）。这一参数是普通晶闸管和快速晶闸管的主要区别。

15. 浪涌电流

浪涌电流是指在规定条件下，晶闸管通以额定电流，稳定后，在工频正弦波半周期间内管子能承受的最大过载电流。同时，紧接浪涌后的半周期间应能承受规定的反向电压。浪涌电流用峰值表示，是不重复的额定值；在管子的寿命期内，浪涌次数有一定的限制。

16. 断态电压临界上升率（d_v/d_t）

在额定结温和控制极断路条件下，使管子从截止转入导通的最低电压上升率称为断态电压临界上升率，用 d_v/d_t 表示，这个数值越大越好。$50\sim100A$ 晶闸管的 d_v/d_t 大于等于 $25V/\mu s$，$200A$ 以上管子的 d_v/d_t 大于等于 $50V/\mu s$。

17. 通态电流临界上升率（d_i/d_t）

在规定条件下，管子在控制极开通时能承受而不导致损坏的通态电流的最大上升率称为通态电流临界上升率，用 d_i/d_t 表示。管子在开通瞬间产生很大的功率损耗，而且这种损耗由于导通扩展速度有限，总是集中在控制极附近的阴极区域，如果管子的 d_i/d_t 耐力不够，就容易引起过热点，导致控制权永久性破坏，对大电流的管子，这个问题更为突出。

二、晶闸管参数选择注意事项

在选择晶闸管元器件参数的时候应根据不同的场合，线路和负载的状态而对一些特定的参数多给予选择的考虑，方可使设备运行更良好，更可靠和寿命更长。

（1）当选购晶闸管元器件时，应着重选择的参数如下。

① 正向峰值电压 V_{DRM}（V）

② 反向阻断峰值电压 V_{RRM}（V），一个合格的管子，此两项是相同的。

③ 额定正向平均电流 I_T（A）

上述 3 项（实质是两项）符合电路要求，且有一定的余量。

（2）对一些要求特殊的场合还要考虑下面几个参数。

① 维持电流 I_H，同容量的管子，I_H 小些较好。

② 管子的正向压降越小越好，在低电压，大电流的电路中尤其要小。

③ 控制极触发电压 V_{GT}。

④ 控制极触发电流 I_{GT}。

后两项不宜过小，过小容易造成误触发。

三、国产晶闸管的型号命名

国产晶闸管的型号命名（JB1144-75 部颁发标准）主要由 4 部分组成。

第一部分用字母"K"表示主称为晶闸管。

第二部分用字母表示晶闸管的类别。

第三部分用数字表示晶闸管的额定通态电流值。

第四部分用数字表示重复峰值电压级数。

各部分的含义如表 7-4 所示。

表 7-4　　　　　　　　　　各部分的含义

第一部分：主称		第二部分：类别		第三部分：额定通态电流		第四部分：重复峰值电压级数	
字母	含义	字母	含义	数字	含义	数字	含义
K	晶闸管（可控硅）	P	普通反向阻断型	1	1 A	1	100 V
				5	5 A	2	200 V
				10	10 A	3	300 V
				20	20 A	4	400 V
		K	快速反向阻断型	30	30 A	5	500 V
				50	50 A	6	600 V
				100	100 A	7	700 V
				200	200 A	8	800 V
		S	双向型	300	300 A	9	900 V
				400	400 A	10	1000 V
				500	500 A	12	1200 V
						14	1400 V

KP1-2 和 KS5-4 的含义如表 7-5 所示。

表 7-5　　　　　　　　　　　　KP1-2 和 KS5-4 的含义

KP1-2（1A 200V 普通反向阻断型晶闸管）	KS5-4（5A 400V 双向晶闸管）
K——晶闸管	K——晶闸管
P——普通反向阻断型	S——双向管
1——通态电流 1 A	5——通态电流 5 A
2——重复峰值电压 200 V	4——重复峰值电压 400 V

四、各种国产晶闸管参数表

1. 参数符号说明（如表 7-6 所示）

表 7-6　　　　　　　　　　　　参数符号说明

额定值	$I_{T(AV)}$ 通态平均电流（晶闸管）		$I_{F(AV)}$ 正向平均电流（整流管）		d_i/d_t 通态电流临界上升率
	$I_{T(RMS)}$ 通态方均根电流（双向晶闸管）		V_{DRM} 断态重复峰值电压		T_j 工作结温
	$I_{F(AV)}$ 高频（20kHz）电流（高频晶闸管）		V_{RRM} 反向重复峰值电压		
特性值	V_{TM}	通态峰值电压	I_{GT}	门极触发电流	t_{rr} 反向恢复时间
	V_{FM}	正向峰值电压	V_{GT}	门极触发电压	d_v/d_t 断态电压临界上升率
	I_{DRM}	断态重复峰值电流	t_q	电路换向关断时间	$(d_v/d_t)c$ 换向电压临界上升率
	I_{RRM}	反向重复峰值电流	t_{gt}	门极控制开通时间	

2. 高频晶闸管参数符号说明（如表 7-7 所示）

表 7-7　　　　　　　　　　　　高频晶闸管参数符号说明

参数 型号	$I_{T(AV)}$	V_{DRM} V_{RRM}	I_{DRM} I_{RRM}	V_{TM}	V_{GT}	I_{GT}	d_i/d_t	d_v/d_t	t_{gt}	t_q	外形
	A	V	mA	V	V	mA	A/μs	V/μs	μs	μs	
KG30	30		≤10								M12
KG50	50		≤15			≤150			2.0	≤10	M12
KG100	100	≥500	≤20	≤3.2	≤3.0		≥200	>500			T1 A1
KG200	200		≤25							(≤10)	T3 A3
KG500	500		≤45			≥200			3.0	≤20	T5 A5
KG1000	1000		≤50								T7

3. 快速晶闸管参数符号说明（如表7-8所示）

表7-8　　　　　快速晶闸管参数符号说明

参数 型号	$I_{T(AV)}$	V_{TM}	V_{DRM} V_{RRM}	I_{DRM} I_{RRM}	I_{GT}	V_{gt}	t_q	d_i/d_t	d_v/d_t	外形
	A	V	V	MA	MA	V	μs	A/μs	V/μs	
KK100	100			≤20						M20
KK200	200			≤25			≤30	≥100		T2 A2
KK300	300	≤3.0		≤30	≤150					T3 A3
KK500	500		≥500	≤45		≤3.0			>500	T4 A4
KK1000	1000			≤80			≤50			T7 A6
KK1500	1500	≤3.2		≤100	≤200			≥200		T8
KK2000	2000			≤120			≤60			T9
KK3000	3000			≤150						T9

4. 双向晶闸管参数符号说明（如表7-9所示）

表7-9　　　　　双向晶闸管参数符号说明

参数 型号	$I_{T(AV)}$	V_{TM}	V_{DRM} V_{RRM}	I_{DRM} I_{RRM}	I_{GT}	V_{GT}	d_v/d_t	$(d_v/d_t)/c$	外形
	A	V	V	mA	mA	V	V/μs	V/μs	
KS200	200			≤25					T1 A1
KS300	300	≤2.6	≥500	≤30	≤350	3.5	>100	>5	T2 A2
KS500	500			≤45					T3 A3
KS1000	1000			≤60					T5

5. 普通晶闸管参数符号说明（如表7-10所示）

表7-10　　　　　普通晶闸管参数符号说明

参数 型号	$I_{T(AV)}$	V_{TM}	V_{DRM} V_{RRM}	I_{DRM} I_{RRM}	I_{GT}	V_{GT}	d_v/d_t	外形
	A	V	V	mA	mA	V	V/μs	
KP100	100			≤20				M20
KP200	200			≤25	≤200			T2 A2
KP300	300			≤30				T3 A3
KP500	500			≤45				T4 A4
KP1000	1000	≤2.6	≥500	≤80		≤3.0	>500	T7 A6
KP1500	1500			≤100				T8
KP2000	2000			≤120	≤300			T9
KP3000	3000			≤150				T10
KP4000	4000			≤180				T10

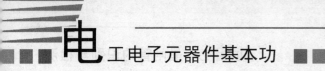

6. 电焊机用晶闸管参数符号说明（如表 7-11 所示）

表 7-11　　　　　　　　　电焊机用晶闸管参数符号说明

参数 型号	$I_{\text{T (AV)}}$ A	V_{DRM} V_{RRM} V	I_{DRM} I_{RRM} mA	V_{TM} V	I_{GT} mA	V_{GT} V	t_q μs	d_i/d_t A/μs	d_v/d_t V/μs
KE200	200		≤30						
KE300	300	≥1000	≤40	≤2.5	≤150	≤3.0	≤20	≥200	>500
KE500	500		≤50		≤250				

知识点四　晶闸管在电工和电子中的应用

一、应用范围

晶闸管的用途广泛，归结起来有以下几方面。

1. 可控整流

如同二极管整流一样，可以把交流整流为直流，并且在交流电压不变的情况下，方便地控制直流输出电压的大小，即可控整流，实现交流→可变直流。

2. 交流调压

利用晶闸管的开关特性代替老式的接触调压器、感应调压器和饱和电抗器调压。为了消除晶闸管交流调压产生的高次谐波，出现了一种过零触发，实现负载交流功率的无级调节即晶闸管调功器。交流转换为可变交流。

3. 逆变与变频

直流输电：将三相高压交流整流为高压直流，由高压直流远距离输送以减少损耗，增加电力网的稳定，然后由逆变器将直流高压逆变为 50Hz 三相交流。即直流→交流的逆变系统中频加热和交流电动机的变频调速、串激调速等变频，即交流→频率可变交流的变频系统。

4. 斩波调压（脉冲调压）

斩波调压是直流—可变直流之间的变换，用在城市电车、电气机车、电瓶搬运车、铲车（叉车）、电气汽车等，高频电源用于电火花加工。

5. 无触点功率静态开关（固态开关）

晶闸管作为功率开关元器件，代替接触器、继电器用于开关频率很高的场合。

晶闸管在实际应用中电路花样最多的是其控制极触发回路，概括起来有直流触发电路、交流触发电路、相位触发电路等。在此主要介绍了利用单向晶闸管的调光电路和利用双向晶闸管的调压、音乐彩灯控制电路等。

二、具体的应用

1. 采用双向触发二极管的单向晶闸管调光灯电路

图 7-6 所示是一个适合灯台使用的单向晶闸管调光灯电路，220V 交流电经 $VD_1 \sim VD_4$ 桥式整流成为脉动直流电，再经灯泡 E 加到晶闸管 VT 的阳极与阴极间。同时，在电源的

每个半周期内，通过 RP、R_1 向电容 C 充电，当 C 两端充电电压达到双向触发二极管 VDH 的折转电压（26～40V）时，VDH 导通，C 向 R_2 放电，在 R_2 两端即形成尖脉冲加到 VT 的控制极，使 VT 开通，E 通电发光。VT 开通后，其阳—阴极间电压降为 1V 左右，当交流电过零时，VT 关断，待下一周期，电容 C 又充电，重复上述过程。所以调节电位器 RP 可改变电容 C 充电时间的快慢，从而可控制灯泡 E 上电压的平均值，使亮度可调。

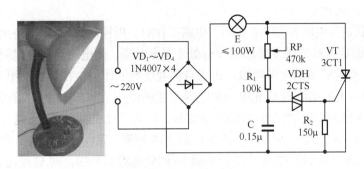

图 7-6　单向晶闸管调光灯实物图和电路原理图

2. 调压、音乐彩灯两用控制器的电路

调压、音乐彩灯两用控制器的电路如图 7-7 所示。X_P 为控制器电源插头，X_{S1} 为被控制电器或彩灯电源插座。双向晶闸管 VS 作为无触点交流开关，它通过功能选择开关，可与其左边所示的电路组成典型交流电无级调压器，与其右边所示的电路组成简易线控式音乐彩灯控制器。

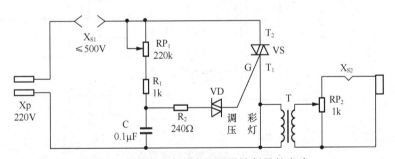

图 7-7　调压、音乐彩灯两用控制器的电路

当功能选择开关拨至"调压"位置时，电位器 RP_1、限流电阻器 R_1 和 R_2、电容器 C、双向触发二极管 VD 与双向晶闸管 VS 等组成了交流电无级调压器。其中，RP_1、R_1 和 C 为交流电移相电路。接通电源，220V 交流市电就会经 RP_1、R_1 向 C 充电。当 C 两端电压升到大于 VD 管的转折电压值时，VD 和 VS 相继导通，接在插座 X_{S1} 内的用电器通电工作；随后，VS 在交流电压过零反向时自行关断，C 又开始反向充电，并重复上述过程。可见，在交流电压的每一周期内，VS 在正、负半周均对称导通一次。调节 RP_1 的阻值大小，可改变 C 的充电速率，从而使 VS 的导通角也随之改变，使得 X_{S1} 两端输出的平均电压在 0～220V（忽略 VS 的通态电压降）间连续可调，实现了对被控用电器的调光或调速、调温目的。

当功能选择开关拨至"彩灯"位置时，VS 与升压兼隔离变压器 T、分压电位器 RP₂（作灵敏度调节）等组成线控式音乐彩灯控制器。取自音箱或收录机扬声器两端的部分音乐（或歌曲）电信号，经插孔 X_{S2}、RP₂ 和 T 后，加至 VS 的控制极 G 与第一阳极 T_1 之间，作为 VS 的触发信号。由于音乐电信号的频率和电压是不断变化的，VS 的导通角也就随之改变，故接在插座 X_{S1} 内的彩灯组便会随着音乐（歌曲）节奏及信号强弱而闪闪发光。

3. 晶闸管并联逆变电路

晶闸管并联逆变电路如图 7-8 所示。电路工作时，用控制信号 U_g 交替地触发两个晶闸管 VS₁、VS₂。假定 VS₁ 被触发导通而 VS₂ 处于关断状态，则电流从直流电源正极经变压器 T 初级绕组 N₁ 和 VS₁ 回到电源负极。由于自耦变压器的作用，在初级绕组 N₂ 上产生感应电压 E，N₁ 和 N₂ 上的电压对 C 充电，使电容 C 上的电压 U_c=2E。由于 VS₂ 处于关断状态，其正向阳极电压也为 2E。当 VS₂ 被触发导通时，电容 C 上的电压 U_c 通过 VS₂ 加到 VS₁ 的 A-K 极之间并向 VS₁ 放电，使 VS₁ 电流反向而迅速关断，完成一次换向。当电容 C 放电结束后，电流从电源的正极经变压器初级绕组 N₂ 回到电源的负端，同 C 反向充电到 2E，为下一步关断 VS₂ 做好准备。VS₁ 和 VS₂ 就这样在控制信号的作用下反复地导通与关断。由于电容和等效负载并联，所以输出电压波形 U_o，与 U_c 一样。输出电压的频率决定于触发信号的频率，其幅值为 $U_c \cdot N_3/(N_1+N_2)$。

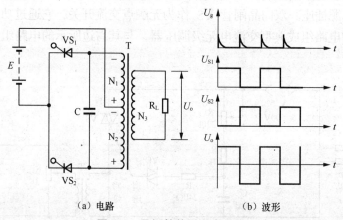

（a）电路　　　　　　　　（b）波形

图 7-8　晶闸管并联逆变电路

4. 晶闸管的选用经验

晶闸管有多种类型，应根据应用电路的具体要求合理选用。

若用于交直流电压控制、可控整流、交流调压、逆变电源、开关电源保护电路等，可选用普通晶闸管。

若用于交流开关、交流调压、交流电动机线性调速、灯具线性调光及固态继电器、固态接触器等电路中，应选用双向晶闸管。

若用于交流电动机变频调速、斩波器、逆变电源及各种电子开关电路等，可选用门极关断晶闸管。

若用于锯齿波生发器、长时间延时器、过电压保护器及大功率晶体管触发电路等，可选用 BTG 晶闸管。

若用于电磁灶、电子镇流器、超声波电路、超导磁能储存系统及开关电源等电路，可选用逆导晶闸管。

若用于光电耦合器、光探测器、光报警器、光计数器、光电逻辑电路及自动生产线的运行监控电路，可选用光控晶闸管。

5. 晶闸管的使用注意事项

选用可控硅的额定电压时，应参考实际工作条件下的峰值电压的大小，并留出一定的余量。

① 选用可控硅的额定电流时，除了考虑通过元器件的平均电流外，还应注意正常工作时导通角的大小、散热通风条件等因素。在工作中还应注意管壳温度不超过相应电流下的允许值。

② 使用可控硅之前，应该用万用表检查可控硅是否良好。发现有短路或断路现象时，应立即更换。

③ 严禁用兆欧表（即摇表）检查元器件的绝缘情况。

④ 电流为5A以上的可控硅要装散热器，并且保证所规定的冷却条件。为保证散热器与可控硅管芯接触良好，它们之间应涂上一薄层有机硅油或硅脂，以助于良好的散热。

⑤ 按规定对主电路中的可控硅采用过压及过流保护装置。

⑥ 要防止可控硅控制极的正向过载和反向击穿。

 项目学习评价

一、思考练习

（1）晶闸管分为哪两大类？它们的符号各是什么？它们之间有什么区别？

（2）晶闸管的导通要具备哪些条件？晶闸管的关断又需要哪些条件？

（3）如何判断晶闸管的电极及其质量的好坏？

（4）晶闸管的参数选择有哪些注意事项？

（5）国产晶闸管型号中的4部分分别表示什么意义？

二、自我评价、小组互评及教师评价

评价方面	项目评价内容	分值	自我评价	小组评价	教师评价	得分
理论知识	① 熟悉并能写出晶闸管的图形符号	10				
	② 了解晶闸管的分类	10				
	③ 理解晶闸管的主要参数	10				
	④ 理解并掌握晶闸管的工作条件	10				
实操技能	① 能准确判断晶闸管的电极并能检测其性能	20				
	② 理解晶闸管应用电路的工作原理	10				

续表

评价方面	项目评价内容	分值	自我评价	小组评价	教师评价	得分
学习态度	③ 在实际电路中会正确使用晶闸管	20				
	① 严肃认真的学习态度	5				
	② 严谨、有条理的工作态度	5				

三、个人学习总结

成功之处	
不足之处	
改进方法	

项目八　开关与接插件的识别、检测与应用

项目情境创设

在我国的电子电力行业管理中，把接插件、开关与键盘等统称为电接插元器件，而电接插元器件与继电器则统称机电组件。机电组件在电子设备、电力系统当中的应用非常广泛，能否合理地选择、使用机电组件直接影响产品或设备的稳定性以及使用者的人身安全，因此，本项目结合常见的开关和接插件进行详细地介绍。

项目学习目标

	学习目标	学习方式	学时
技能目标	① 认识开关与接插件实物 ② 掌握开关与接插件的检测方法 ③ 理解开关与接插件的应用电路原理 ④ 在实际电路中会正确使用开关与接插件	对元器件的认识可以采用实物展示、实际电路中识别等方法。对元器件的检测可以采用教师演示，学生分组合作练习的方法	2
知识目标	① 识记开关与接插件图形符号 ② 了解开关与接插件的分类 ③ 理解开关与接插件的主要参数	教师讲授，学生合作学习	2

项目基本功

8.1　项目基本技能

 任务一　开关的识别与检测

一、开关的识别

开关是一种在电路中起控制、选择和连接等作用的元器件，大量应用于电子、电力设备中。手动式机械开关因结构简单、操作简便而被广泛采用。近年来随着自动化技术快速普及，许多特殊开关也应用得越来越广泛，如声光控开关、汞开关、接近开关等。总之，新型开关不胜枚举。在电子设备的应用中常用的有电源开关、功能状态的切换开关等。

常见开关的实物如下。

1. 按钮开关类（如图 8-1 所示）

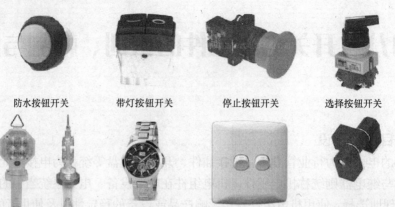

防水按钮开关　　带灯按钮开关　　停止按钮开关　　选择按钮开关

外置电源按钮开关　三折式按钮开关　单极姆指按钮开关　机械连锁按钮开关

图 8-1　按钮开关类

2. 拨动开关类（如图 8-2 所示）

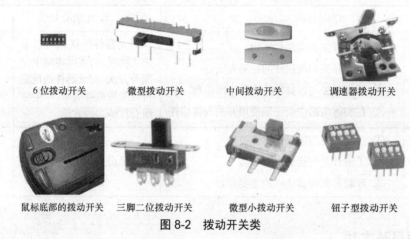

6 位拨动开关　　微型拨动开关　　中间拨动开关　　调速器拨动开关

鼠标底部的拨动开关　三脚二位拨动开关　微型小拨动开关　钮子型拨动开关

图 8-2　拨动开关类

3. 旋转开关类（如图 8-3 所示）

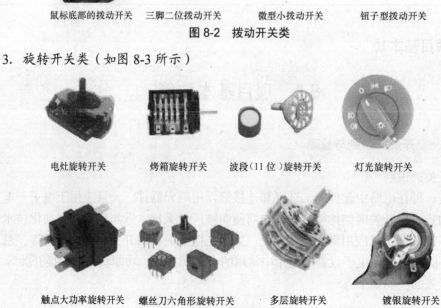

电灶旋转开关　　烤箱旋转开关　　波段（11 位）旋转开关　　灯光旋转开关

触点大功率旋转开关　螺丝刀六角形旋转开关　多层旋转开关　镀银旋转开关

图 8-3　旋转开关类

4. 波段开关类（如图 8-4 所示）

超小型波段开关　　　陶瓷波段开关　　　　各种波段开关

数字式波段开关　　　塑封波段开关　　　椭圆形波段开关　　　数字编码式波段开关

图 8-4　波段开关类

5. 按键开关类（如图 8-5 所示）

薄膜按键开关　　　　轻触按键开关　　　带锁按键开关　　　直键按键开关

图 8-5　按键开关类

6. 钮子开关类（如图 8-6 所示）

防油钮子开关　　　防水钮子开关　　　中型钮子开关　　　　电子锁

翘板钮子开关　　　三脚铁柄钮子开关　　　电焊机钮子开关

图 8-6　钮子开关类

7. 行程开关类（如图 8-7 所示）

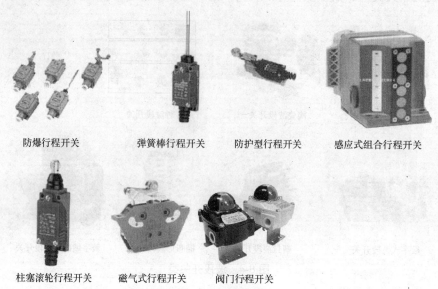

防爆行程开关　　　　弹簧棒行程开关　　　　防护型行程开关　　　感应式组合行程开关

柱塞滚轮行程开关　　磁气式行程开关　　　阀门行程开关

图 8-7　行程开关类

8. 薄膜开关类（如图 8-8 所示）

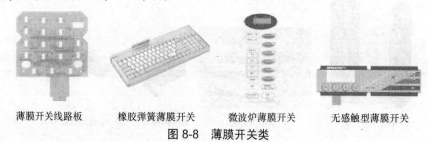

薄膜开关线路板　　橡胶弹簧薄膜开关　　微波炉薄膜开关　　无感触型薄膜开关

图 8-8　薄膜开关类

9. 水银开关类（如图 8-9 所示）

矿用水银开关　　　大功率水银开关　　　防爆限位水银开关　　水银开关做接点零件

图 8-9　水银开关类

10. 声光开关、接近开关及特殊开关类（如图 8-10 所示）

电感式圆柱形接近开关　比尔动力接近开关　　磁感式接近开关　　　超声波接近开关

图 8-10　声光开关、接近开关及特殊开关类

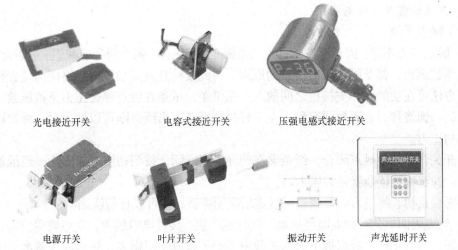

光电接近开关   电容式接近开关   压强电感式接近开关

电源开关   叶片开关   振动开关   声光延时开关

图 8-10 声光开关、接近开关及特殊开关类（续）

二、常见开关的结构和检测

1. 家庭常用开关的结构

家庭常用开关分为家庭开关箱中安装的总开关、分路开关和房间控制灯具及其他电器的各种小型开关。常见的品种有开关箱中安装的 C45 型、DPN 型、NHB 型、TIB 型等。控制灯具及电器的小型开关有明装的扳把式、拉线式、床头式和暗装的板式、按钮式等。

家庭常用的开关还有单开、双开、三开等。

两种家庭常用的五孔插座及双开和单开开关的外观、内部结构，如图 8-11、图 8-12 所示。

外观   内部结构

图 8-11 五孔插座及双开外观内部结构

外观

内部结构一   内部结构二

图 8-12 五孔插座及单开外观内部结构

2. 开关的常见故障与维修

（1）触点系统

① 触点压力不足。因长期使用，触点弹簧变形、氧化，张力消失或减退，因触点过热，使触点弹簧退火，都是触点压力不足的原因，对此要检查触点初压力和终压力是否符合要求。其方法可在动触点和支持板之间放入一张纸条，纸条在触点弹簧压力下被压紧，在动触点上装一弹簧秤，右手拉弹簧秤，左手轻轻拉纸条，当纸条刚可以抽出时，弹簧称上读数即为初压力。

将开关合上，使触点闭合，纸条夹在动静触点之间，按测初压力的方法，当纸条刚可抽出时，弹簧称上读数就是终压力。

根据触点初、终压力的数值，可以重新配制弹簧，也可以自行绕制。

② 触点表面氧化。触点温度越高，氧化越严重，接触电阻越大，发热就更厉害，造成触点损坏。将氧化严重触点拆下放入硫酸中用刷子将氧化层刷去，然后放入碱水里中和，再用自来水冲干净。在应急的情况下，可用砂纸将氧化膜砂掉，触点上的油垢用四氯化或汽油清洗。

③ 触点容量不够大。电流超过了额定值，引起触点发热。触点磨损过多，压力减小，也引起触点过热，此时必须更换触点。

④ 触点烧坏。一种是因开关分断时，电弧在触点之间燃烧，使触点熔化；另一种是开关闭合时烧毛。触点轻微的烧毛是一种正常现象，如果烧毛的触点造成接触不良，应细心把触点表面锉平，并要保持触点表面的形状和原来一样，切勿锉得太多，否则就不能使用。

⑤ 触点熔焊。一方面是触点弹簧损坏，初压力太小；另一方面可能是开关太小。当电动机在频繁启动时也可能造成熔焊的现象，在这种情况下，应选用性能更好的开关。

⑥ 触点磨损。主要由于电弧的高温使金属气化蒸发，触点厚度变得越来越薄，这种磨损是正常现象。但不正常的磨损则是一种故障，必须排除。故障性磨损的原因，一是触点弹簧的损坏，初压力不足；二是电源电压太低，电磁吸力不足，触点闭合后发生跳动；三是电源电压高于吸引线圈的额定电压，开关闭合时触点动能加剧，磨损也增加。磨损的触点，如果"超程"减少了一半，就需要更换新的。

⑦ 触点状态的调整。修复后的触点一般应进行调整，调整的原则：预接触点应在主触点前接通；灭弧触点应在主触点后断开；动静触点应当对齐；非正常情况的接触，即宽度在 5mm 之内的小面积接触，应调整成面接触，即不小于全部接触面积的 2/3，且宽度应大于 5mm。检查触点接触情况的方法：在触点接触面上垫一层复写纸和一张白纸，由于接触压力使复写纸在白纸上印有痕迹，以此判断接触情况。

⑧ 消除触点的跳动。触点跳动是开关最常见的毛病，也是最难排除的故障。经过长期的实践，得到后面的经验：将经常跳动的开关触点拆下，按原样用弹性弱的材料（如紫铜等），比原触点重量增加 10%～15%（最好在试验中得出合适值），重新制作，但触桥应平直，不准有拱形。

（2）灭弧系统

开关分断，触点间产生电弧。在正常情况下，电弧很快进入灭弧装置中，迅速熄灭，从电弧开始燃烧到熄灭，只有 0.01～0.02s。如果灭弧系统发生故障，灭弧时间就延长了，甚至不熄灭。用下述现象判断灭弧时间：正常情况电弧喷出灭弧罩的范围很小，常听到一声清脆有力的声音；如果电弧喷射范围很大，听到一种软弱无力的卟卟声，并且伴随触点严重烧毛，灭弧罩烧焦，这是灭弧时间延长了，其后果会把开关烧坏，甚至引起爆炸事故。其原因有如下几个方面。

① 灭弧罩受潮。如果灭弧罩是用石棉水泥制成，它会在空气中吸潮。另外，在使用时被雨水淋潮，故它的绝缘性能就降低，还会因潮气在电弧的高温作用下，弧罩内水分气化，罩内上部压力增加，电弧不能进入灭弧罩，所以电弧不能熄灭。对此应当立即烘干排除之。

② 磁吹线圈匝间短路。在磁吹灭弧装置中，静触点附近都装有磁吹线圈，这种线圈是靠空气绝缘，在使用中如不小心，受到冲击或碰撞会造成匝间短路，有效匝数减小，磁场减弱，磁吹能力不足，电弧不能迅速进入灭弧罩，灭弧时间延长。这种故障只要用螺丝刀将短路匝拨正消除即可。

③ 灭弧罩碳化。在长期使用中，弧罩的电弧高温作用下，表面被焦化，形成一种碳质导电层，这对灭弧很不利，应及时消除。如果是石棉水泥灭弧罩可用细锉把烧焦的部分锉掉，或用小刀刮掉，但必须保证表面光洁度，因为毛糙的表面，会增大电弧运动的阻力，不利于灭弧。修好的灭弧罩，应吹刷干净，不能留有金属微粒或其他导电杂质。

④ 弧罩打破。没有弧罩的开关绝对不能使用，否则会造成相间飞弧，引起短路，应迅速配制。应急使用时，可用手工雕刻一个石棉水泥罩，但尺寸外形应和原来一样，无石棉水泥板用大理石也行。

⑤ 弧角脱落。有些开关在动静触点上装有弧角，弧角的作用是引导电弧吹进灭弧罩，加速电弧熄灭。如弧角脱落，会使灭弧时间增长，必须将弧角装上。如已遗失可用紫铜做一个与原样相同的弧角来代替。

⑥ 灭弧栅片脱落。灭弧罩上装有很多栅片，用来加强近极效应，促进电弧熄灭。如果栅片损坏或遗失，应当补上。从外面看，栅片是铜片做的，而实质上是铁片镀了一层铜，故栅片应当用铁片来制作。因为铜片是不能把电弧吸进灭弧室的，这样电弧不能熄灭，换栅片时应当注意。

任务二 接插件的识别与检测

一、接插件的识别

插接件是电子系统和设备中不可或缺的基础元器件，广泛应用于航天、航空、交通、计算机、通信等领域，是用途最广泛和最受关注的元器件之一。

电子接插件是电子产品中各组成部分之间的电气活动连接元器件（固定连接件为接头或焊点，另一种活动连接元器件为开关），广泛用于电子设备中。

常见的接插件实物图如图 8-13 所示。

二、接插件的基本结构

接插件一般由接触件、绝缘体、壳体和附件组成。

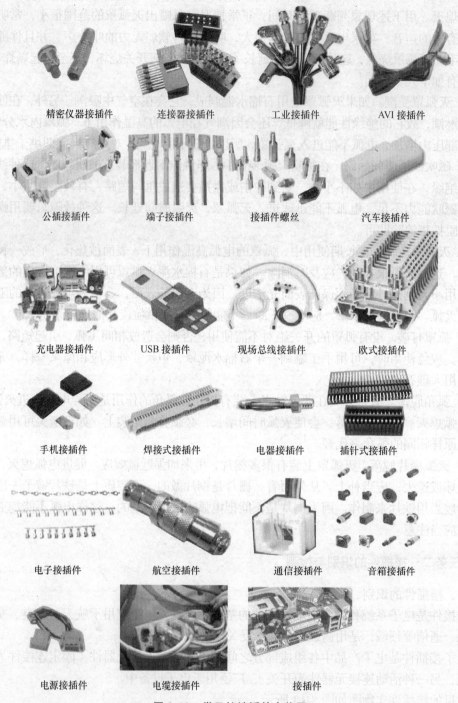

精密仪器接插件　　连接器接插件　　工业接插件　　AVI 接插件

公插接插件　　端子接插件　　接插件螺丝　　汽车接插件

充电器接插件　　USB 接插件　　现场总线接插件　　欧式接插件

手机接插件　　焊接式接插件　　电器接插件　　插针式接插件

电子接插件　　航空接插件　　通信接插件　　音箱接插件

电源接插件　　电缆接插件　　接插件

图 8-13　常见的接插件实物图

1. 接触件

它是接插件完成电连接功能的核心零件，一般由阳性接触件和阴性接触件组成接触对，通过阴、阳接触件的插合完成电连接。

阳性接触件为刚性零件，其形状为圆柱形（圆插针）、方柱形（方插针）或扁平形（插片）。阳性接触件一般由黄铜、磷青铜制成。

阴性接触件即插孔，它是接触对的关键零件，依靠弹性结构在与插针插合时发生弹性变形而产生弹性力与阳性接触件形成紧密接触，完成连接。插孔的结构种类很多，有圆筒型（劈槽、缩口）、音叉型、悬臂梁型（纵向开槽）、折叠型（纵向开槽，"9"形）、盒形（方插孔）以及双曲面线簧插孔等。

2. 绝缘体

绝缘体也常称为基座或安装板。它的作用是使接触件按所需要的位置和间距排列，并保证接触件之间和接触件与外壳之间的绝缘性能。良好的绝缘电阻、耐电压性能以及易加工性是选择绝缘材料加工成绝缘体的基本要求。

3. 壳体

壳体也称外壳（视品种而定），是接插件的外罩，它为内装的绝缘安装板和插针提供机械保护，并提供插头和插座插合时的对准，进而将接插件固定到设备上。

4. 附件

附件分结构附件和安装附件。结构附件如卡圈、定位键、定位销、导向销、连接环、电缆夹、密封圈及密封垫等。安装附件如螺钉、螺母、螺杆及弹簧圈等。附件大都有标准件和通用件。

三、接插件的检测

接插件从使用角度讲，应该达到的功能是：接触部位该导通的地方必须导通，接触可靠；绝缘部位不该导通的地方必须绝缘可靠。

接插件的主要故障是接触对之间的接触不良，而造成的断开故障。另外，就是插头的引线断路故障。

接插件的主要检测方法是直观检查和万用表检查。

① 直观检查是指查看断线和引线是否有相碰故障。此种方法适用于插头外壳可以旋开进行检查的接插件，通过视觉查看是否有引线相碰或断路故障等。

② 用万用表检查是指通过万用表的欧姆挡查看接触对的断开电阻和接触电阻。接触对的断开电阻值均应该是∞，若断开电阻值为零，说明有短路处，应检查是何处相碰。

接触对的接触电阻值均应该小于 0.5Ω，若大于 0.5Ω 说明存在接触不良故障。当接插件出现接触不良故障时，对于非密封型插接件可用砂纸打磨触点，也可用尖嘴钳修整插座的簧片弧度，使其接触良好。对于密封型的插头、插座一般无法进行修理，只能采用更换的方法。

8.2 项目基本知识

知识点一 开关与接插件的电路图形符号和实物图

一、开关的电路图形符号和实物图

常用开关的电路图形符号及实物图，如表 8-1 所示。

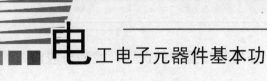
表 8-1　　　　　　　　　　　常用开关的电路图形符号及实物图

开关名称与实物图	电路图形符号	特点及应用
按钮开关	E-﹁﹁ E-﹁﹁	按钮有单极双位开关或双极双位开关，按功能与用途又可分为启动按钮、复位按钮、检查按钮、控制按钮和限位按钮等多种。微型按钮用导电橡胶或金属片等作导体，可作为状态选择开关，用于小型半导体收音机、遥控器和验钞器等产品中
拨动开关		拨动开关是通过拨动开关柄来带动滑块或滑片的滑动，从而控制开关触点的接通与断开 拨动开关分为单极双位和双极双位两种结构形式，主要用于电源电路的控制及工作状态电路的切换
旋转开关	﹁﹁＼S	旋转开关靠旋转开关手柄来控制开关触点的接通与断开。它分为单极单位和多极多位两种结构形式 单极单位旋转开关通常与转轴式电位器制作为一体，合成带开关式音量控制电位器 多极多位旋转开关主要用于工作状态电路的切换
波段开关	‖‖‖S	波段开关主要用于电路状态的切换，一般有单刀多位和多刀多位两种。常见有指针式万用表的挡位切换等
按键开关		按键开关一般由手柄、滑板、活动触片、固定端子、压簧和外壳等构成，它是通过按动开关手柄来控制活动触点与固定端子触点的接通与关断 按键开关有单键式和多键组合式两种类型 单键式按键开关一般用于电子设备中作电源开关，它又分为自锁自复位式（这种开关按一下即接通自锁，再按一下则断开复位）和无锁式（不能锁定，按下时接通，松手后复位）两种结构 多键组合式按键开关分为自锁、互锁和无锁等结构类型。八键式或十二键式开关早期用于电视机中作节目预选开关，四键式按键开关早期于波轮式洗衣机中作洗涤状态选择开关
钮子开关		钮子开关是电子设备中常用的一种电源开关，触点有单刀、双刀和三刀等多种，接通状态有单掷和双掷两种

续表

开关名称与实物图	电路图形符号	特点及应用
 行程开关	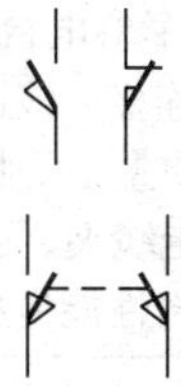	行程开关的结构较复杂，属于单极多位多列开关，有一个动触点和多组静触点，主要用于机械传动系统中作状态检测用 它是一个机动控制开关元器件，当机械运动达到一定位置时，行程开关被执行，将常闭触点断开，常开触点闭合，从而控制电路执行机械运动的停止或返回
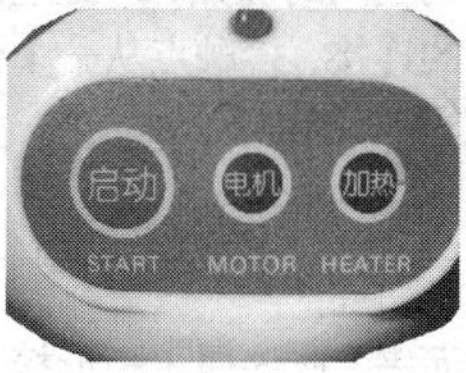 薄膜开关		薄膜开关是一种低电压、低电流型微动开关，由上部电极电路、下部电极电路、面板、中间隔层等构成，具有防尘、防水、外形美观等特点，在中高档家用电气产品到各类仪器仪表设备，及各种高科技产品上薄膜开关都是理想的选择
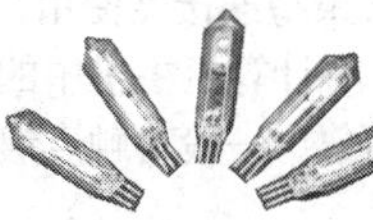 汞开关	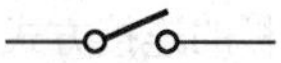	汞开关（俗称水银开关）是利用汞作导体，它采用玻璃外壳或金属外壳封装，主要用在报警器等产品中。汞开关可分为单向型和万向型
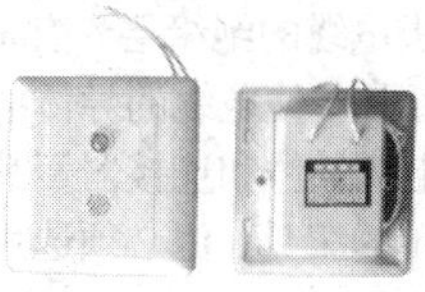 声光控开关	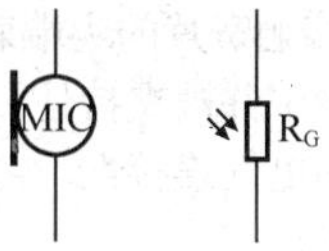	声光控开关是利用感光元器件与电子元器件结合制作而成的一种电子开关，主要应用于路灯、工厂、公园和港口等对于自动开启时间要求不是很严格的场所（参见图8-14）
 接近开关	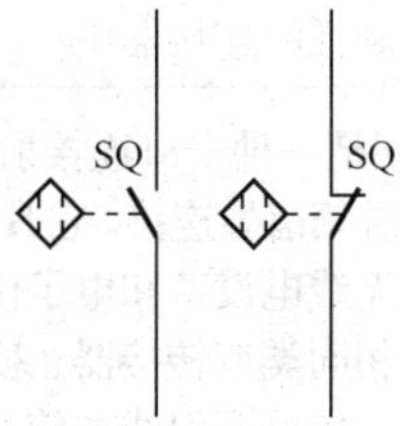	接近开关又称无触点接近开关，是理想的电子开关量传感器，可分为电感式和光电式两种类型。当金属检测体接近开关的感应区域时，开关就能无接触、无压力、无火花、迅速地发出电气指令，准确反应出运动机构的位置和行程。其定位精度、操作频率、使用寿命、安装调整的方便性和对恶劣环境的适用能力，是一般机械式开关所不能相比的

二、接插件的实物图及特点应用

常见的接插件实物图及特点应用如表8-2所示。

表 8-2　　　　　　　　　　　　　常见的接插件实物图及特点应用

接插件名称和实物图	特点及应用
低频圆形连接器	圆形连接器：又称作航空插头插座，工作频率小于 3MHz，广泛应用于各种军事电台及各种电气设备或车载电气设备与电缆之间的电路连接。该连接器具有快速插拔、耐环境、密封性好、体积小和质量小等特点。连接部位有螺旋锁紧机构、密封圈、密封垫、电缆夹、连接环、定位销及定位键等附件，连接可靠，抗振密封性能良好
矩形连接器	矩形连接器：与圆形插座相比有节约空间的优点，广泛应用于线路板间，线路板与元器件等之间的连接，接触点从一个到几十个不等，接触点有针式和簧片式两种结构
印制板连接器	印制板连接器：从矩形接插件过渡而来，应该属于矩形接插件的范畴，但是，一般把它单独列出来作为一种新的接插件。其接触点从一个到几十个不等，可以配合条型连接器使用，或者直接配合线路板插接，广泛应用的场合有计算机主机中的各种板卡与主机板的连接方式。为了连接可靠，一般对触点镀金加强其可靠性，俗称金手指
带状电缆连接器	带状电缆连接器：连接时不需要剥去电缆的绝缘层，依靠连接器的 U 形接触簧片的尖端刺入绝缘层中，使电缆的导体滑进接触簧片的槽中并被夹持住，从而使电缆导体和连接器簧片之间形成紧密的电气连接性。它仅需简单的工具，但必须选用规定线规的电缆 　　这种电缆连接器是由美国在 20 世纪 60 年代发明的一种新技术，具有可靠性高、成本低和使用方便等特点，目前已广泛应用于各种印制板的连接器中
射频连接器	BNC 系列是一种卡口连接射频同轴连接器，多用于频率低于 4GHz 的射频信号连接。它具有连接迅速、接触可靠等特点，广泛应用于无线电设备和电子仪器领域连接射频同轴电缆。此型号适合于相同类型转接器、教学仪器，常用于示波器探头与示波器接口，信号源引线与信号源之间的连接等
光纤连接器	光纤连接器是光纤与光纤之间进行可拆卸（活动）连接的元器件，它是把光纤的两个端面精密对接起来，以使发射光纤输出的光能量能最大限度地耦合到接收光纤中去，并使由于其介入光链路而对系统造成的影响减到最小，这是光纤连接器的基本要求 　　根据光纤连接器按传输媒介的不同可分为常见的硅基光纤的单模、多模连接器，还有其他媒介如塑胶等为传输媒介的光纤连接器

接插件名称和实物图	特点及应用
集成电路插座	集成电路（IC）使用插座主要是出于技术的考虑。技术上的好处是 IC 不必永久性固定在印制电路板上，而是将插座永久焊接在电路板上，便于一些特殊场合的频繁插拔，例如存储器、计算机 CPU 同时兼有散热的功能

知识点二　开关与接插件的分类

一、开关的分类

开关可以根据其结构特点、极数、位数、用途等进行分类。

开关按照不同的分类方法可以分为不同的类。下面就多种分类依据进行分类。

（1）按可能的连接方式分类有：单极开关、双极开关、三极开关、三极加分合中线的开关、双控开关、带公共进线的双路开关、有一个断开位置的双控开关、双控双极开关、双控换向开关（或中间开关）。

（2）按触头断开情况分类有：正常间隙结构开关、小间隙结构开关、间隙结构开关、无触头间隙开关（半导体开关装置）。

（3）按防有害进水保护等级分类有 IPX0：没有防有害进水保护的开关； IPX4：防溅开关；IPX5：防喷开关。

（4）按开关的启动方法分类：旋转开关、倒扳开关、跷板开关、按钮开关、拉线开关。

（5）按开关的安装方法分类：明装式开关、暗装式开关、暗装式开关、面板安装式开关、框缘安装式开关。

（6）按端子类型分类：带螺纹型端子的开关、带仅适于连接硬导线的无螺纹型端子的开关、带适于连接硬导线和软导线的无螺纹端子的开关。

（7）开关按结构特点可分为按钮开关、拨动开关、旋转开关、波段开关、按键开关、钮子开关、行程开关、薄膜开关、汞（水银）开关、声光开关和接近开关等。

开关用途非常广泛，所以分类也很多。

二、接插件的分类

从技术上看，接插件产品类别只有两种基本的划分办法：按外形结构可分为圆形和矩形（横截面）；按工作频率分低频和高频（以 3MHz 为界）。

按照上述划分，同轴接插件属于圆形，印制电路接插件属于矩形（从历史上看，印制电路接插件确实是从矩形接插件中分离出来自成一类的），而目前流行的矩形接插件其截面为梯形，近似于矩形。以 3MHz 为界划分低频和高频，与无线电波的频率划分也基本一样。

知识点三　开关与接插件的参数

一、开关的主要参数

开关的主要参数有额定电压、额定电流、接触电阻、绝缘电阻及寿命等。

① 额定电压：是指开关在正常工作时所允许施加的最高电压。

② 额定电流：是指开关在正常工作时所允许通过的最大电流。

③ 接触电阻：是指开关接通后，两连接触点之间的接触电阻值，该值越小越好。

④ 绝缘电阻：是指不相接触的开关导体之间的电阻值或开关导体与金属外壳之间的电阻值。

⑤ 寿命：是指开关在正常工作条件下的有效工作次数。

表 8-3 给出了某微动开关的主要技术参数，可供读者参考。

表 8-3　　　　　　　　　　　　某微动开关的主要技术参数

电 压 值	额定绝缘电压	60V，AC/DC
	最高绝缘电压	AC1000V/50Hz，1min（接头和接地之间）
开关额定电流	—	AC72V/DC50V 时 100mA
电阻值	接触电阻	≤15mΩ
	绝缘电阻	≥50MΩ
寿命	机械	100 万次
	电气	5 万次以上
操作行程	—	3mm

二、接插件的主要参数

接插件的基本性能可分为 3 大类，即机械性能、电气性能和环境性能。

1. 机械性能

就连接功能而言，插拔力是重要的机械性能。插拔力分为插入力和拔出力（拔出力亦称分离力），两者的要求是不同的。

另一个重要的机械性能是接插件的机械寿命。机械寿命实际上是一种耐久性指标，在国标 GB5095 中把它叫做机械操作。它是以一次插入和一次拔出为一个循环，以在规定的插拔循环后接插件能否正常完成其连接功能（如接触电阻值）作为评判依据。

接插件的插拔力和机械寿命与接触件结构（正压力大小）、接触部位镀层质量（滑动摩擦因数）以及接触件排列尺寸精度（对准度）有关。

2. 电气性能

接插件的主要电气性能包括接触电阻、绝缘电阻和抗电强度。

① 接触电阻。高质量的电接插件应当具有低而稳定的接触电阻。接插件的接触电阻从几毫欧到数十毫欧不等。

② 绝缘电阻。衡量电接插件接触件之间和接触件与外壳之间绝缘性能的指标，其数量级为数百兆欧至数千兆欧不等。

③ 抗电强度。抗电强度也称耐电压、介质耐压，是表征接插件接触件之间或接触件与外壳之间耐受额定试验电压的能力。

④ 其他电气性能。电磁干扰泄漏衰减是评价接插件的电磁干扰屏蔽效果，电磁干扰泄漏衰减是评价接插件的电磁干扰屏蔽效果，一般在 100 MHz～10 GHz 频率范围内测试。

对射频同轴接插件而言，还有特性阻抗、插入损耗、反射系数和电压驻波比等电气指标。由于数字技术的发展，为了连接和传输高速数字脉冲信号，出现了一类新型的接插件即高速信号接插件。相应地，在电气性能方面，除特性阻抗外，还出现了一些新的电气指标，如串扰、传输延迟和时滞等。

3. 环境性能

常见的环境性能包括耐温、耐湿、耐盐雾、耐振动和冲击等。

① 耐温。目前接插件的最高工作温度为 200℃（少数高温特种接插件除外），最低温度为-65℃。由于接插件工作时，电流在接触点处产生热量，导致温升，因此一般认为工作温度应等于环境温度与接点温升之和。在某些规范中，明确规定了接插件在额定工作电流下允许的最高温升。

② 耐湿。潮气的侵入会影响连接器绝缘性能，并锈蚀金属零件。恒定湿热试验条件为相对湿度在 90%～95%（依据产品规范，可达 98%）、温度为+40±20℃，试验时间按产品规定最少为 96h。交变湿热试验则更严苛。

③ 耐盐雾。接插件在含有潮气和盐分的环境中工作时，其金属结构件、接触件表面处理层有可能产生电化腐蚀，影响接插件的物理和电气性能。为了评价电接插件耐受这种环境的能力，规定了盐雾试验。它是将接插件悬挂在温度受控的试验箱内，用规定浓度的氯化钠溶液用压缩空气喷出，形成盐雾大气，其暴露时间由产品规范规定，至少为 48h。

④ 耐振动和冲击。耐振动和冲击是电接插件的重要性能，在特殊的应用环境中如航空和航天、铁路和公路运输中尤为重要。它是检验电接插件机械结构的坚固性和电接触可靠性的重要指标。在有关的试验方法中都有明确的规定。冲击试验中应规定峰值加速度、持续时间和冲击脉冲波形以及电气连续性中断的时间。

⑤ 其他环境性能。根据使用要求，电接插件的其他环境性能还有密封性（空气泄漏、液体压力）、液体浸渍（对特定液体的耐腐蚀能力）和低气压等。

知识点四 开关与接插件在电工和电子中的应用

一、开关在电子和电力设备中的应用

1. 开关在电子设备中的应用

开关在电子设备中主要作电源开关、功能状态的切换，具体如下。

大电流（电源开关兼作功能状态的切换）。可以通过较大的电流，用于驱动较大的负载。例如：钮子开关用于电子设备的电源开关；按键开关，尤其是具有互锁功能的多键组合式按键开关，通常又叫琴键开关，常用于机械式波轮洗衣机的功能转换以及老式彩电的频道切换（属于小电流信号状态的切换）。

小电流（电源开关兼作功能状态的切换）。通过的电流比较小，一般用于信号的输入或切换。例如：按钮开关用于验钞器；波段开关用于指针式万用表挡位的转换；行程开关用于影碟机进、出仓的行程控制；薄膜开关用于手机按键、复印机按键；拨动开关用于多波段收音机的波段转换等。

新型的半导体开关（电源开关兼作功能状态的切换）。随着新型电气自动化程度的提高和普及，新型的半导体开关也应用非常广泛。

（1）声光控开关

声光控开关广泛用于楼道灯的控制，公园灯光的控制，车站码头的路灯（仅有光控），其照明原理如图 8-14 所示。

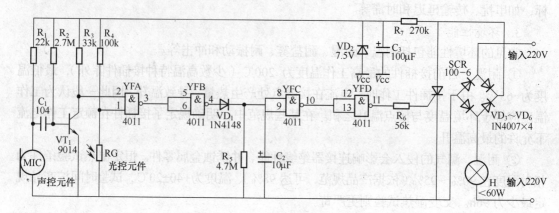

图 8-14　声光控开关照明原理图

工作原理：电路如图 8-14 所示，220V 市电通过灯泡 H、$VD_3 \sim VD_6$ 降压整流后，经过 R_7 限流，VD_2、C_3 稳压滤波为电路提供稳定的工作电压。R_4、光敏电阻 RG 组成分压电路，白天由于光照 RG 阻值变小，YFA（与非门 A）①脚电位被拉低，由与非门的逻辑关系可知此时 YFA（与非门 A）③脚输出为高电平，经过 YFB（与非门 B）反相变为低电平，VD_1 截止后级电路不动作；晚上光线暗 RG 阻值变大，YFA（与非门 A）①脚电位升高，如果此时有声音被 MIC 接收，经 C_1 耦合 VT_1 放大，在 R_3 上形成音频电压，此电压如高于 1/2 电源电压，则 YFA（与非门 A）③脚输出低电平，经 YFB（与非门 B）反相，④脚输出的高电平经 VD_1 向 C_2 瞬间充电，使 YFC（与非门 C）输入端接近电源电压，⑩脚输出低电平，由 YFD（与非门 D）反相缓冲后经 R_6 触发晶闸管导通，电灯正常点亮（此时则由 C_3 向电路供电）。如此后无声被 MIC 接收，则 YFA（与非门 A）输出恢复为高电平，C_2 通过 R_5 缓慢放电，当 C_2 电压下降到低于 1/2 电源电压时（按图中参数约 1min）YFC（与非门 C）反转，YFD（与非门 D）反转，晶闸管（SCR）截止电灯关闭，等待下次触发。

（2）无触点开关电路

该电路由高频振荡器及开关电路两部分组成，其工作原理如图 8-15 所示。此电路在机械行业得到广泛应用。

金属不靠近探头时，高频振荡器工作，振荡信号经 VD_1、VD_2 整流，得到一直流电压使 VT_2 导通，VT_3 截止，后续电路不工作。当有金属靠近探头时，由于涡流损耗，高频振荡器停振，VT_2 截止，VT_3 得电导通，光电耦合器 4N25 内藏发光二极管发光，光敏三极管导通接通电路，起开关作用。

（3）磁敏开关

磁敏开关分为干簧管型和霍尔（HALL）型，如图 8-16 和图 8-17 所示。

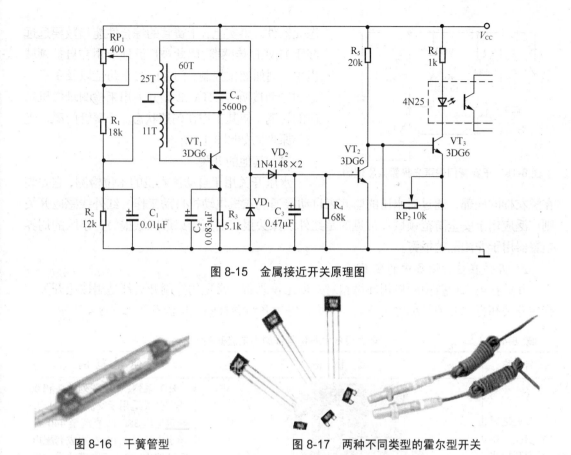

图 8-15　金属接近开关原理图

图 8-16　干簧管型　　　　　图 8-17　两种不同类型的霍尔型开关

干簧管是一种无源电子元器件，被广泛地应用于各种通信设备中，是利用磁场信号来控制的一种线路开关元器件，又叫磁控管。干簧管的外壳一般是一根密封的玻璃管，在玻璃管中装有两个铁质的弹性簧片电极，玻璃管中还灌有一种叫金属铑的惰性气体。在平时，玻璃管中的两个簧片是分开的，当有磁性物质靠近玻璃管时，在磁场磁力线的作用下，管内的两个簧片被磁化而互相吸引接触，使两个引脚所接的电路连通。外界磁力消失后，两个簧片由于本身的弹性而分开，线路也就断开，在实际运用中，通常使用永久磁铁来控制这两根簧片的接通。

相对于干簧管来说，HALL 型开关更高级一些。但其作用和干簧管一样，工作原理也非常相似，都是在磁场作用下直接产生通与断的作用。HALL 型开关是一种电子元器件，其外型封装和三极管（又称晶体管）非常相似。它是由 HALL 元器件、放大器、施密特电路以及集电极开路输出三极管组成，当磁场作用于 HALL 元器件时产生一个微小的 HALL 电压，经放大器放大和施密特电路后使三极管导通输出低电平，而没有磁场作用的时候三极管截止输出为高电平。与干簧管相比 HALL 传感器寿命更长，不容易损坏，而且对振动、加速度不太敏感，作用时开关时间也比较快，通常为 0.1～2 ms，比干簧管的 1～3 ms 快得多。

但是由于 HALL 的工作条件相对于干簧管来说更为苛刻，例如，对环境的湿度、温度、电路的电压的要求都比干簧管要高得多，所能承受的电压、电流以及工作频率的范围又远不如干簧管，所以应用成本比较高。一般来说，人们对于固态元器件的信任度要高于非固

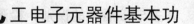
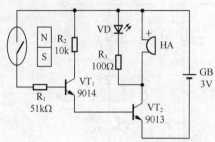

图 8-18　干簧管门磁声光报警器原理图

态元器件。事实上，干簧管的综合性能指数要远远高于 HALL 传感器，因此被广泛地应用在自控领域当中。例如液位控制，门窗的安全防范以及手机翻盖的自动接听等。HALL 型开关用来检测录像机磁鼓的转速，使其工作在匀速状态。干簧管门磁声光报警原理图如图 8-18 所示。

（4）其他的开关

水压开关用于自动洗衣机的水位检测，它安装在洗衣桶的底部，通过对水压的监测来自动接通洗衣机电动机自动工作。红外线感应开关则广泛应用于安全防范领域，常见的是红外线探头报警器用于扇形区域报警，小区的周界报警器用于非法翻越报警。

2. 开关在电力设备中的应用

开关在电力设备中的应用环境相对来说比较恶劣，常见的控制开关都是用按钮开关、旋转开关和行程开关等小电流开关。电力设备中各种各样的大电流开关如表 8-4 所示。

表 8-4　　　　　　　　　　　电力设备中各种各样的大电流开关

名　称	实　物　图	使　用　范　围
带灭弧罩的 HD、HS 系列开启式刀开关		HD 系列、HS 系列单头和双头刀开关适用于交流（50 Hz），额定电压 380 V，直流至 440 V，额定电流至 1500 A 的成套配电箱装置中，作为不频繁的手动接通和分断交直流电路或隔离开关用。电流等级：100 A、200 A、300 A
不带灭弧罩的 HD、HS 系列开启式刀开关		HD 系列、HS 系列单头和双头刀开关适用于交流（50 Hz），额定电压 380 V，直流至 440 V，额定电流至 1500 A 的成套配电箱装置中，作为不频繁的手动接通和分断交直流电路或隔离开关用
倒顺开关		倒顺开关适用于交流 50 Hz，额定电压至 380 V 的电路中，可直接通断单台异步电动机，使其启动，运转，停止及反向开关技术性能符合 GB14048.5—2002 标准

续表

名　　称	实　物　图	使用范围
空气开关	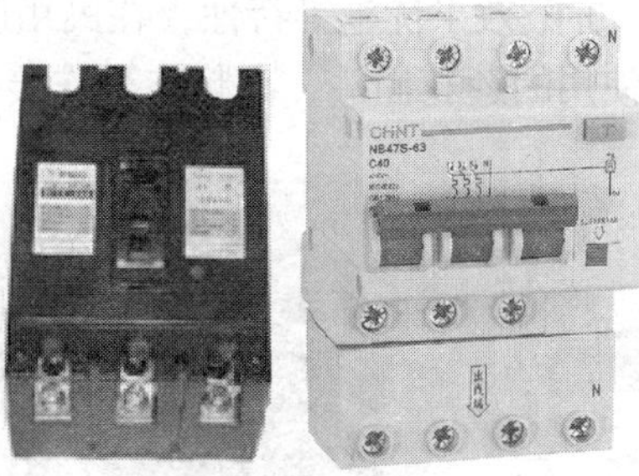	空气开关就是使用空气灭弧的开关，所以叫做空气开关。它是塑料外壳式断路器，主要适用于不频繁操作的交流50 Hz、额定工作电压至 380 V，额定电流至 600 A 配电网的电路中作接通和分断电路之用。断路器具有过载及短路保护装置，以保护电缆和线路等设备不因过载而损毁
JDW 系列低压户外刀开关		低压户外刀开关适用于交流50Hz、额定电压 500V 及以下的配电线路，作为变压器低压侧的短路保护与过负荷保护，在一定条件下可以通断空载变压器、空载线路及额定工作电流
少油断路器		少油断路器是以密封的绝缘油作为开断故障的灭弧介质的一种开关设备，有多油断路器和少油断路器两种形式。它较早应用于电力系统中，技术已经十分成熟，价格比较便宜，广泛应用于各个电压等级的电网中。少油断路器是用来切断和接通电源，并在短路时能迅速可靠地切断电流的一种高压开关设备
隔离开关		隔离开关是高压开关电器中使用最多的一种电器，它本身的工作原理及结构比较简单，但是由于使用量大，工作可靠性要求高，对变电所、电厂的设计、建立和安全运行的影响均较大。刀闸的主要特点是无灭弧能力，只能在没有负荷电流的情况下分、合电路

二、接插件的应用

1. 圆形连接器及射频连接器

由于圆形连接器广泛应用于航天设备的连接中，所以又叫航空插头，具有通过的电流大，接触牢靠，密封性能、连接性能、屏蔽效果优越等特性，在民用产品方面应用也比较广泛。图 8-19 所示为常见的影碟机所使用的莲花插头、高频信号连接插头等。

图 8-19　影碟机所使用的莲花插头和高频信号连接插头

2. 矩形连接器

相对于圆形连接器来说，矩形连接器空间利用率比较高，在电子设备中有着广泛的应用。图 8-20 所示为矩形连接器在计算机的主板与板卡之间的连接应用。

图 8-20　矩形连接器在计算机设备之间的连接应用

3. 印制板连接器

印制板连接器在计算机线路板中的应用如图 8-21 所示。

图 8-21　印制板连接器在计算机线路板中的应用

项目学习评价

一、思考练习题

（1）开关的常见故障有哪几种?

（2）开关按结构特点可以分为哪几类? 它们的符号各是什么? 各有什么特点?

（3）开关的主要参数有几项?

（4）接插件的基本性能可分为哪3大类?

（5）接插件的常见故障有哪几种? 检测的方法是什么?

（6）接插件由哪几部分组成?

二、自我评价、小组互评及教师评价

评价方面	项目评价内容	分值	自我评价	小组评价	教师评价	得分
理论知识	① 熟悉并能辨别常用开关的电路图形符号	10				
	② 了解开关和接插件的分类	10				
	③ 理解开关和接插件的主要参数	10				
	④ 理解并掌握开关和接插件在实际中的应用	10				
实操技能	① 能准确判断开关和接插件的常见故障	20				
	② 了解开关和接插件在实际电路中的连接方法	10				
	③ 在实际电路中会正确使用开关和接插件	20				
学习态度	① 严肃认真的学习态度	5				
	② 严谨、有条理的工作态度	5				

三、个人学习总结

成功之处	
不足之处	
改进方法	

项目九 半导体集成电路的识别、检测与应用

 项目情境创设

在电工电子元器件基本功教学过程中，我们要熟练掌握电阻器、电容器、感性元器件的认识与检测；要深刻理解和掌握半导体（晶体管）元器件、集成电路、接插件和其他电子元器件的基础知识与基本技能，才能更好掌握电子技术的应用。半导体集成电路在电子产品中的应用，如图 9-1 所示。

图 9-1 半导体集成电路在电子产品中的应用

 项目学习目标

	学习目标	学习方式	学时
技能目标	① 熟悉各类集成块外形 ② 了解结构特点 ③ 了解触摸台灯电路	对元器件的认识可以采用实物展示，实际电路中识别等方法。对元器件的检测可以教师演示，学生分组合作练习的方法	2
知识目标	① 掌握半导体集成电路的基本符号、元器件参数 ② 了解功率电子元器件 ③ 了解 555 集成电路的引脚功能及实际使用接线方法	教师讲授，学生合作学习	4

项目基本功

9.1 项目基本技能

任务一 半导体集成电路的识别与检测

由于集成电路的型号很多，根据型号去记忆它的各引脚位置是非常困难的，可借助于集成电路的引脚分布规律，来识别形形色色集成电路引脚位置。

一、集成电路的引脚识别

表 9-1 所示为常用集成电路的引脚分布规律和识别方法。

表 9-1 常用集成电路的引脚分布规律和识别方法

类 别	实物图（示意图）	说 明
单列直插集成电路引脚分布规律	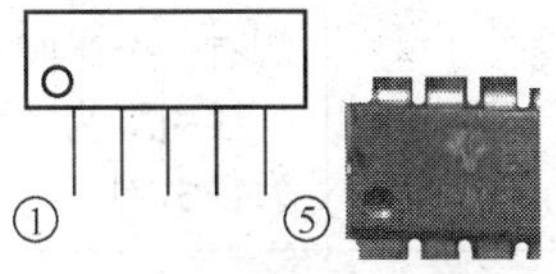	左图中，左侧端处有一个小圆坑，或其他什么标记，它是用来指示第一根引脚位置的，说明左侧端的引脚为第一根引脚，然后依次从左向右为各引脚，见图中所示
		在左图所示集成电路中，在集成电路的左侧上方一个缺角，说明左侧端第一根引脚为 1 脚，依次从左向右为各引脚
	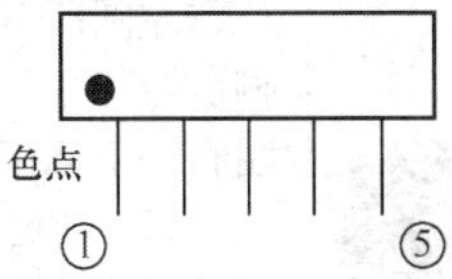	在左图所示集成电路中，用色点表示第一根引脚的位置，也是从左向右依次为各引脚
	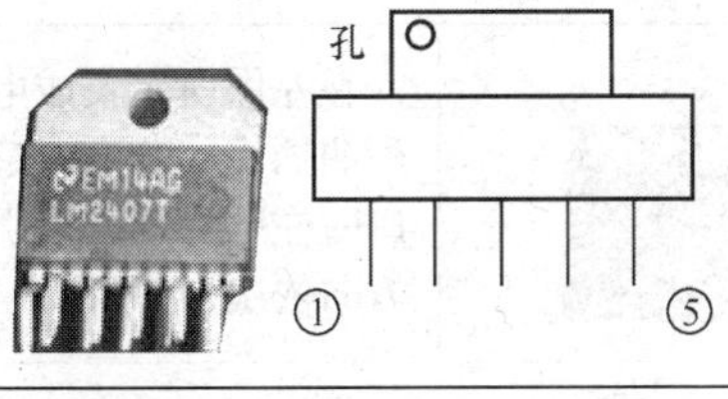	在左图所示集成电路中，在散热片左侧有一个小孔，说明左侧端第一根引脚为①脚，依次从左向右为各引脚
	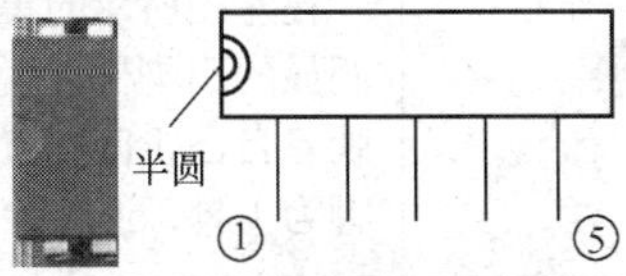	在左图所示集成电路中，左侧有一个半圆缺口，说明左侧端第一根引脚为①脚，依次从左向右为各引脚
	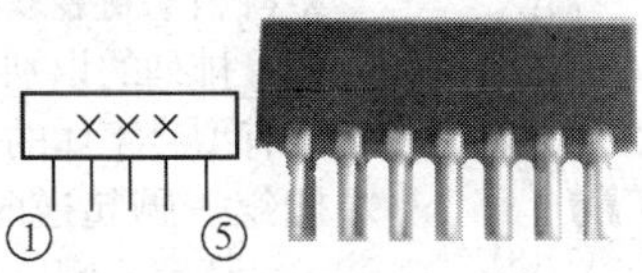	在左图所示集成电路中，在外形上无任何第一根引脚的标记，此时将印有型号的一面朝着自己，且将引脚朝下，最左端为第一根引脚，依次为各引脚

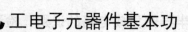

续表

类　别	实物图（示意图）	说　明
单列直插集成电路引脚分布规律	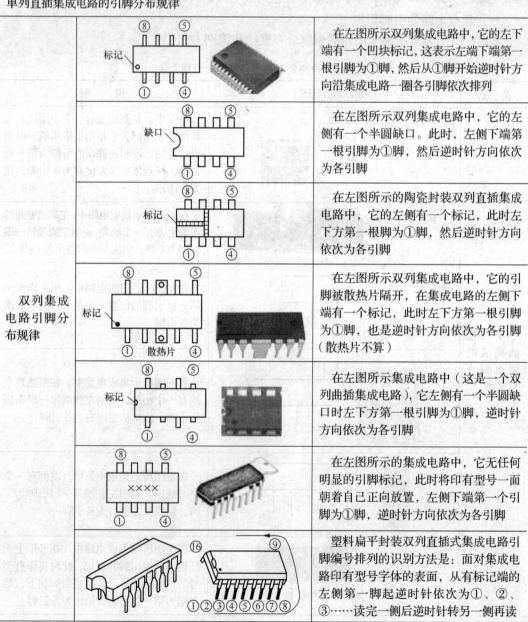	在左图所示集成电路中，左右侧各有一个半圆缺口，说明左侧端第一根引脚为①脚，依次从左向右为各引脚

注意：从上述几种单列直插集成电路引脚分布规律来看，除最后一个图所示集成电路很少见，其他集成电路都有一个较为明显的标记来指示第一根引脚的位置，而且都是自左向右依次为各引脚，这是单列直插集成电路的引脚分布规律

双列集成电路引脚分布规律		在左图所示双列集成电路中，它的左下端有一个凹块标记，这表示左端下端第一根引脚为①脚，然后从①脚开始逆时针方向沿集成电路一圈各引脚依次排列
		在左图所示双列集成电路中，它的左侧有一个半圆缺口。此时，左侧下端第一根引脚为①脚，然后从逆时针方向依次为各引脚
		在左图所示的陶瓷封装双列直插集成电路中，它的左侧有一个标记，此时左下方第一根脚为①脚，然后逆时针方向依次为各引脚
		在左图所示双列集成电路中，它的引脚被散热片隔开，在集成电路的左侧下端有一个标记，此时左下方第一根引脚为①脚，也是逆时针方向依次为各引脚（散热片不算）
		在左图所示集成电路中（这是一个双列曲插集成电路），它左侧有一个半圆缺口时左下方第一根引脚为①脚，逆时针方向依次为各引脚
		在左图所示的集成电路中，它无任何明显的引脚标记，此时将印有型号一面朝着自己正向放置，左侧下端第一个引脚为①脚，逆时针方向依次为各引脚
		塑料扁平封装双列直插式集成电路引脚编号排列的识别方法是：面对集成电路印有型号字体的表面，从有标记端的左侧第一脚起逆时针依次为①、②、③……读完一侧后逆时针转另一侧再读

续表

类 别	实物图（示意图）	说 明
单列曲插集成电路引脚分布规律	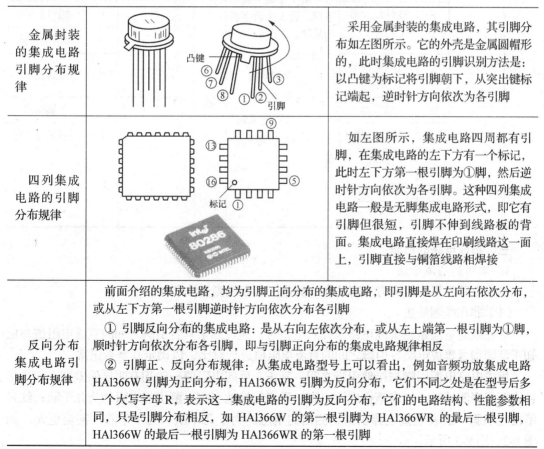	在左图所示的曲插集成电路中，它的左侧顶端上有一个半圆口，表示左侧端第一根引脚为①脚，然后自左向右依次为各引脚。从图中可以看出，①、③、⑤引脚在一侧，②、④、⑥引脚在另一侧
		在左图所示的曲插集成电路中，它的左侧顶端有一个缺口，此时最左端引脚为①脚，自左向右依次为各引脚

注意：单列曲插的集成电路的外形远不止上述两种，但它们都有一个标记来指示第一根引脚的位置，然后依次从左向右为各引脚，这是单列曲插集成电路的引脚分布规律

金属封装的集成电路引脚分布规律		采用金属封装的集成电路，其引脚分布如左图所示。它的外壳是金属圆帽形的，此时集成电路的引脚识别方法是：以凸键为标记将引脚朝下，从突出键标记端起，逆时针方向依次为各引脚
四列集成电路的引脚分布规律		如左图所示，集成电路四周都有引脚，在集成电路的左下方有一个标记，此时左下方第一根引脚为①脚，然后逆时针方向依次为各引脚。这种四列集成电路一般是无脚集成电路形式，即它有引脚但很短，引脚不伸到线路板的背面。集成电路直接焊在印刷线路这一面上，引脚直接与铜箔线路相焊接

前面介绍的集成电路，均为引脚正向分布的集成电路；即引脚是从左向右依次分布，或从左下方第一根引脚逆时针方向依次分布各引脚

反向分布集成电路引脚分布规律

① 引脚反向分布的集成电路：是从右向左依次分布，或从左上端第一根引脚为①脚，顺时针方向依次分布各引脚，即与引脚正向分布的集成电路规律相反

② 引脚正、反向分布规律：从集成电路型号上可以看出，例如音频功放集成电路HA1366W 引脚为正向分布，HA1366WR 引脚为反向分布，它们不同之处是在型号后多一个大写字母 R，表示这一集成电路的引脚为反向分布，它们的电路结构、性能参数相同，只是引脚分布相反，如 HA1366W 的第一根引脚为 HA1366WR 的最后一根引脚，HA1366W 的最后一根引脚为 HA1366WR 的第一根引脚

二、集成电路型号的命名

通过集成电路的型号可以了解生产厂家、元器件类型、产品序号、工作温度和封装形式等基本内容，因此，了解集成电路的型号命名方法是非常必要的。关于集成电路型号的命名，目前国际上尚无统一标准，国内外各制造商都有自己的一套命名方法，使用者可参阅有关文献。

半导体集成电路型号由 5 部分组成，其各部分的符号及代表的意义如表 9-2 所示。

表 9-2　　　　　　　　　　我国半导体集成电路型号命名规定

第 一 部 分		第 二 部 分		第 三 部 分	第 四 部 分		第 五 部 分	
用字母表示元器件符合国家标准		用字母表示元器件类型		用数字表示元器件系列和品种代号	用字母表示元器件工作温度范围		用字母表示元器件封装	
符号	意义	符号	意义		符号	意　义	符号	意　义
C	中国制造	T	TTL	双极型数字集成电路通常用 4 位数字代号。第 1 个数字表示系列，后 3 个数字表示品种。 如 1020， 1——中速系列 2——高速系列 3——肖特基系列 4——低功耗肖特基	C	0℃～70℃	W	陶瓷扁平
		H	HTL		E	−40℃～85℃	B	塑料扁平
		E	ECL		R	−55℃～85℃	F	全密封扁平
		C	CMOS		M	−55℃～125℃	D	陶瓷直插
		F	线性放大器				P	塑料直插
		B	非线性电路				J	黑陶瓷直插
		D	音响电视电路				K	金属菱形
		W	稳压器				T	金属圆形
		J	接口电路				E	塑料芯片载体
		M	存储器					
		μ	微型机电路				⋮	
		⋮	⋮					

三、集成电路的检测

1. 常用的检测方法

集成电路常用的检测方法有非在线测量法、在线测量法和代换法。

（1）非在线测量法

非在线测量法是在集成电路未焊入电路时，通过测量其各引脚之间的直流电阻值与已知正常同型号集成电路各引脚之间的直流电阻值进行对比，以确定其是否正常。

集成电路电源引脚与接地引脚之间，其正、反向电阻值一般均有明显的差别。使用指针式万用表测量时，红表笔接电源引脚、黑表笔接地引脚，测出的电阻约为几千欧；红表笔接地引脚、黑表笔接电源引脚，测出的电阻约为十几千欧、几十千欧，甚至更大，如图 9-2、图 9-3 所示。

图 9-2　红表笔接电源引脚、黑表笔接地引脚　　　图 9-3　红表笔接地引脚、黑表笔接电源引脚

（2）在线测量法

在线测量法是利用电压测量法、电阻测量法及电流测量法等，通过在电路上测量集成电路的各引脚电压值、电阻值和电流值是否正常，来判断该集成电路是否损坏，如图 9-4 所示。

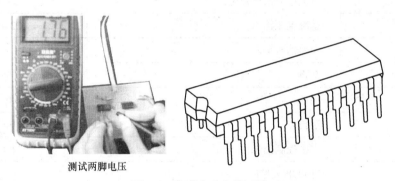

测试两脚电压

图 9-4　集成电路在线测量

（3）代换法

代换法是用已知完好的同型号、同规格集成电路来代换被测集成电路，可以判断出该集成电路是否损坏。

2. 常用集成电路的检测

（1）微处理器集成电路的检测

微处理器集成电路的关键测试引脚是 V_{CC} 电源端、RESET 复位端、XIN 晶振信号输入端、XOUT 晶振信号输出端及其他各线输入、输出端。在路测量这些关键脚对地的电阻值和电压值，看是否与正常值（可从产品电路图或有关维修资料中查出）相同。不同型号微处理器的 RESET 复位电压也不相同，有的是低电平复位，即在开机瞬间为低电平，复位后维持高电平；有的是高电平复位，即在开关瞬间为高电平，复位后维持低电平。

（2）开关电源集成电路的检测

在检测前查找有关资料和数据，例如飞利浦 15B2322E 彩色电视机开关电源集成电路

TEA1504 在线检测电压值，如表 9-3 所示。根据此表检测开关电源集成电路的关键脚电压是电源端（V_{CC}）、激励脉冲输出端、电压检测输入端、电流检测输入端。测量各引脚对地的电压值，若与正常值相差较大，在其外围元器件正常的情况下，可以确定是该集成电路已损坏。

内置大功率开关管的厚膜集成电路，还可通过测量开关管 C、B、E 极之间的正、反向电阻值，来判断开关管是否正常。

表 9-3　飞利浦 15B2322E 彩色电视机开关电源集成电路 TEA1504 在线检测电压值

引　脚	功　能	电压（V）
1	启动电流输入	305.2
2	高压隔离区	0
3	空脚	0
4	开关管激励脉冲输出	1.3
5	开关电源初级电流检测	0.2
6	供电及供电异常检测保护	11.3
7	开关管驱动电路电源	13.5
8	基准电压输入	2.5
9	误差信号输入	3
10	空脚	0
11	接地	0
12	空脚	0
13	去磁控制信号输入	1.1
14	电源开/关控制	6.2

注：对地电压在飞利浦 15B2322E 彩色电视机上测得

（3）音频功放集成电路的检测

在检测前查找有关资料和数据，例如 HY511X400B 为 20 脚双列直插式陶瓷封装，在爱华 ES 系列 CD 机上的正常工作电压典型检测数据如表 9-4 所示，用 MF47 型三用表测得（DC 挡）。

表 9-4　　　　　HY511X400B 在爱华 ES 系列 CD 机上的检测数据

引　脚	1	2	3	4	5	6	7	8	9	10
工作电压/V	0	0	3.1	3.1	0	0	0	0	0	3.1
引　脚	11	12	13	14	15	16	17	18	19	20
工作电压/V	0	0	0	0	0	0	3.1	0	0	0

　　检查音频功放集成电路时，应先检测其电源端（正电源端和负电源端）、音频输入端、音频输出端及反馈端对地的电压值。若测得各引脚的数据值与正常值相差较大，当外围元器件检测正常时，则是该集成电路内部损坏。对引起无声故障的音频功放集成电路，测量其电源电压正常时，可用信号干扰法来检查。测量时，万用表应置于 R×1 挡，将红表笔接地，用黑表笔点触音频输入端，正常时扬声器中应有较强的"喀喀"声。

　　（4）运算放大器集成电路的检测

　　用万用表直流电压挡，测量运算放大器输出端与负电源端之间的电压值（在静态时电压值较高）。手持金属镊子依次点触运算放大器的两个输入端（加入干扰信号），若万用表表针有较大幅度的摆动，则说明该运算放大器完好；若万用表表针不动，则说明运算放大器已损坏。

　　（5）时基集成电路的检测

　　时基集成电路内含数字电路和模拟电路，用万用表很难直接测出其好坏。此时，可以用如图 9-4 所示的测试电路来检测时基集成电路的好坏。测试电路由阻容元器件、发光二极管 LED、6V 直流电源、电源开关 S 和 8 脚 IC 插座组成。将时基集成电路（例如 NE555）插入 IC 插座后，按下电源开关 S，若被测时基集成电路正常，则发光二极管 LED 将闪烁发光；若 LED 不亮或一直亮，则说明被测时基集成电路性能不良。

　　① 静态功耗的测试。555 时基电路简称 555，是一个用途甚广的电路。下面介绍用万用表对 555 时基电路的测试方法。

　　图 9-5 所示为万用表对 555 静态功耗的测试电路。所谓静态功耗，就是指电路无负载时的功耗。在这里，用万用表的直流电压 50V 挡测出⑧脚 U_{CC} 值（按厂家测试条件 U_{CC}=15 V），再用万用表的直流电流 10mA 挡串入电源与 555 的⑧脚之间，测得的数值即为静态电流。用静态电流乘以电源电压即为静态功耗。通常，静态电流小于 8mA 为合格。

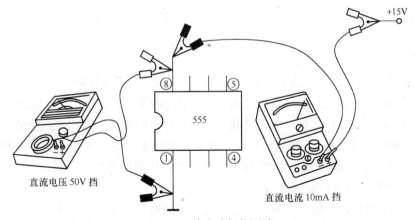

图 9-5　静态功耗的测试

　　② 输出电平的测试。其测试方法如图 9-6 所示。

　　在 555 的输出端接万用表（将量程开关拨至直流电压 50V 挡）。断开开关 S 时，555 的③脚输出高电平，万用表测得其值大于 14V；闭合 S 时，555 的③脚输出低电平（0V）。

　　③ 输出电流的测试。其测试电路如图 9-7 所示。

在 555 的②脚加一个低于 $1/3U_{CC}$（即 $1/3 \times 15$ V=5 V）的低电位，也可用一只阻值为 100 kΩ 的电阻器将 555 的②脚与①脚碰一下，这时万用表显示的即为输出电流；然后还用这只电阻器，将 555 的⑥脚与⑧脚碰一下，若此时万用表的显示为零，则表明 555 时基电路可靠截止。进行以上操作时，将万用表的量程开关拨至电流 1000 mA 挡。

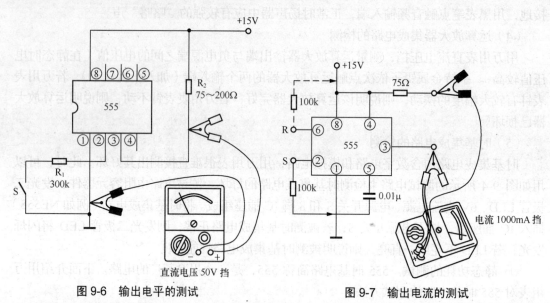

图 9-6　输出电平的测试　　　　　图 9-7　输出电流的测试

四、集成电路代换技巧

1. 直接代换

直接代换是指用其他 IC 不经任何改动而直接取代原来的 IC，代换后不影响机器的主要性能与指标。

其代换原则是：代换 IC 的功能、性能指标、封装形式、引脚用途、引脚序号和间隔等几方面均相同。其中，IC 的功能相同不仅指功能相同，还应注意逻辑极性相同，即输出输入电平极性、电压、电流幅度必须相同。

例如，彩色电视机图像中放 IC，TA7607 与 TA7611，前者为反向高放 AGC，后者为正向高放 AGC，故不能直接代换。除此之外还有输出不同极性 AFT 电压，输出不同极性的同步脉冲等 IC 都不能直接代换，即使是同一公司或厂家的产品，都应注意区分。性能指标是指 IC 的主要电参数（或主要特性曲线）、最大耗散功率、最高工作电压、频率范围及各信号输入、输出阻抗等参数要与原 IC 相近。功率小的代用件要加大散热片。

（1）同一型号 IC 的代换

同一型号 IC 的代换一般是可靠的，安装集成电路时，要注意方向不要搞错，否则，通电时集成电路很可能被烧毁。有的单列直插式功放 IC，虽型号、功能、特性相同，但引脚排列顺序的方向是有所不同的。

例如，双声道功放 IC LA4507，其引脚有"正"、"反"之分，其起始脚标注（色点或凹坑）方向不同；没有后缀与后缀为 R 的 IC 等，例如 M5115P 与 M5115RP。

（2）不同型号 IC 的代换

① 型号前缀字母相同、数字不同 IC 的代换。这种代换只要相互间的引脚功能完全相同，其内部电路和电参数稍有差异，也可相互直接代换。如：彩色电视机伴音中放 ICLA1363 和 LA1365，后者比前者在 IC 第⑤脚内部增加了一个稳压二极管，其他完全一样。

② 型号前缀字母不同、数字相同 IC 的代换。一般情况下，前缀字母是表示生产厂家及电路的类别，前缀字母后面的数字相同，大多数可以直接代换。但也有少数，虽数字相同，但功能却完全不同。例如，彩色电视机 HA1364 是伴音 IC，而 uPC1364 是色解码 IC；4558，8 脚的是运算放大器 NJM4558，14 脚的是 CD4558 数字电路；故两者完全不能代换。

③ 型号前缀字母和数字都不同 IC 的代换。有的厂家引进未封装的 IC 芯片，然后加工成按本厂命名的产品，还有为了提高某些参数指标而改进产品。这些产品常用不同型号进行命名或用型号后缀加以区别。例如，AN380 与 uPC1380 可以直接代换；AN5620、TEA5620、DG5620 等可以直接代换。

2. 非直接代换

非直接代换是指不能进行直接代换的 IC 稍加修改外围电路，改变原引脚的排列或增减个别元器件等，使之成为可代换的 IC 的方法。

代换原则：代换所用的 IC 可与原来的 IC 引脚功能不同、外形不同，但功能要相同，特性要相近；代换后不应影响原机性能。

① 电源电压要与代换后的 IC 相符，如果原电路中电源电压高，应设法降压；电压低，要看代换 IC 能否工作。

② 代换以后要测量 IC 的静态工作电流，如电流远大于正常值，则说明电路可能产生自激，这时须进行去耦、调整。若增益与原来有所差别，可调整反馈电阻阻值。

③ 代换后 IC 的输入、输出阻抗要与原电路相匹配；检查其驱动能力。

④ 在改动时要充分利用原电路板上的脚孔和引线，外接引线要求整齐，避免前后交叉，以便检查和防止电路自激，特别是防止高频自激。

⑤ 在通电前电源 V_{CC} 回路里最好再串接一直流电流表，降压电阻阻值由大到小，观察集成电路总电流的变化是否正常。

9.2　项目基本知识

知识点一　半导体集成电路的基本知识和实物图

集成电路（Integrated Circuit，IC）。它把大量的元器件，如电阻、二极管、三极管等，包括它们之间的连线全部集中制作在一小块半导体硅片上。在 $1mm^2$ 的硅片上，可以容纳几十个到几十万个元器件，组成功能强大的电路系统。半导体技术日臻完善，20 世纪 60 年代出现的集成电路，标志着电子技术的发展进入到一个新的阶段。

集成电路不仅体积小、质量小、成本低、耗能小，而且电路工作的可靠性很高，组装和调试也很方便，已被广泛应用于电子计算机、电子设备和家用电器等各种领域。在此需要说明的是，半导体集成电路有很多种类，其中大量应用的是运算放大器和数字集成块。

在模拟电子和数字电子课程中都会有大量的介绍。本项目则主要介绍在电子技术领域中应用非常广泛的功率集成电路和 555 时基电路。

常见的半导体集成电路如图 9-8 所示。

音乐片（12 首歌）　音乐片（4 种报警声）　　　　音乐片（闪光片）　　　贴片集成电路

贴片三极管　　　　　贴片集成电路（计算机主板）　　　　单片机

各种集成电路

图 9-8　常见的半导体集成电路

知识点二　半导体集成电路的分类

集成电路的一般分类如表 9-5 所示。

表 9-5　　　　　　　　　　　　　　集成电路的一般分类

按制作工艺分类	半导体集成	双极型电路		在半导体底片上，制作三极管、电阻、电容以及连线等。参加导电的有电子和空穴两种载流子
		MOS	NMOS	在硅片上，以 N 型沟道型 MOS 元器件构成。参加导电的是电子
			PMOS	在硅片上，以 P 型沟道型 MOS 元器件构成。参加导电的是空穴
			CMOS	将 N 型沟道型 MOS 场效应管和 P 型沟道型场效应管并联使用，连接成互补形式
	膜混合集成	薄膜集成电路		电路中的二极管、晶体管、电阻、电容以及连线等，均由约 1μm 厚的金属、半导体及金属化膜采用真空蒸发技术制成
		厚膜集成电路		在陶瓷基片上网印金属厚膜，加热处理制成电阻、电容、导线，再贴上各种元器件，多用在收音机及电视机上
		混合集成电路		以制造半导体集成电路的平面工艺制作晶体管、二极管，以薄膜工艺制作电阻、电容，然后两者混合而成

续表

按集成度分类		小规模电路（SSI）	集成度少于 100 个元器件或少于 10 个门电路
		中规模电路（MSI）	集成度在 10～100 个门电路或元器件数为 100～1000 个
		大规模电路（LSI）	集成度在 100 个门电路或 1000 个元器件以上
		超大规模电路（VLSI）	集成度在 1 万个门电路或 10 万个元器件以上

知识点三　半导体集成电路的参数

一、主要参数

1. 最大输出功率

最大输出功率是指有功率输出要求的集成电路，当信号失真度为一定值时，集成电路输出脚输出的电信号功率。

2. 静态工作电流

静态工作电流是指在没有给集成电路输入信号的情况下电源引脚回路中电流的大小。这个参数对于判断集成电路的好坏有一定的作用。

3. 增益

增益是指集成电路放大器的放大能力的大小（通常为闭环增益）。

二、极限参数

极限参数是生产厂家规定的不能超过的值，在使用中如有超过极限值中的任何一个，集成电路电源都可能损坏，或性能下降、寿命缩短。

1. 电源电压

电源电压是指加给集成电路电源引脚的工作电压值。

2. 功耗

功耗指集成电路所能承受的最大耗散功率。

3. 工作环境温度

工作环境温度指集成电路在工作时，不能超过的最高温度和所需的最低温度。

知识点四　常用集成电路

一、模拟集成电路

所谓模拟集成电路就是用于处理模拟信号的集成电路，模拟信号是一种变化的信号。模拟集成电路被广泛地应用在各种视听设备中。收录机、电视机、音响设备等，即使冠上了"数码设备"的好名声，却也离不开模拟集成电路。

近年来，模拟集成电路在扩大品种和提高性能方面取得了明显的进步。除了以运算放大器为代表的模拟集成电路外，各种集成稳压器、功率放大器、模拟乘法器、特种放大器，以及种类繁多的模拟数字混合集成电路和专用集成电路都有大量的产品问世。就运算放大器本身而言，就出现了许多新品种，如大功率运算放大器、电流模集成运算放大器、程控运算放大器、休眠运算放大器等，常规运算放大器的技术指标也有了一定的提高。

1. 集成运算放大器

集成运算放大器的作用和电路图形符号。集成运算放大器简称集成运放，就是说这种放大器可以进行同相比例、反相比例、加法、减法、积分、微分的运算。它是一种高增益的直流放大器，电路上一般采用双端输入、单端输出的结构形式。双端输入中的同相输入端用"+"或"IN+"表示，反相输入端用"−"或"IN−"表示，OUT 为输出端，V+为正电源输入端，V−为负电源输入端。集成运算放大器的种类很多，主要分为通用型集成运放、高精度集成运放、低功耗集成运放、高速集成运放、高输入阻抗集成运放、宽带集成运放、高压集成运放和功率集成运放 8 种。在电路中，集成运算放大器电路图形符号和实物图，如图 9-9 所示。

2. 集成音频功率放大器

集成音频功率放大器的作用和管脚排列如下。

① 作用：音频功率放大器 LM386，用它可做调幅收音机、助听器、振荡器、音频感应器、放大器、有源音箱等电子产品中的功放。

② 管脚排列：LM386 的封装形式有塑封 8 引线双列直插式和贴片式，其管脚排列如图 9-10 所示。

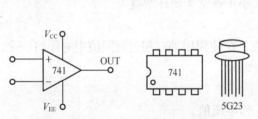

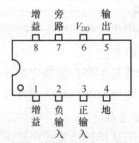

图 9-9　集成运放电路图形符号和实物图　　图 9-10　LM386 音频功率放大器管脚排列

3. 电源类（稳压）集成电路

电源类集成电路与适当的外围元器件组合后，可向电子产品的电路提供稳定不变的供电电源，主要分 3 类。第一类是单片集成稳压块，如 78×× 系列，79×× 系列及最近发表的低压差的新产品，无需外接其他有源元器件，就可完成稳压功能。第二类是电源调整专用集成电路，配合少量外接电路，构成普通调整管式稳压电源或开关式稳压电源，比用分立元器件组成的电路来得简单，性能也更优越，如调整管方式的 LM723，开关电源方式的 TL494 等。第三类是各类基准源，输出各级稳定的电压，允许最大输出电流较小，而时间、温度稳定度很好，一般仅用来做各类 A/D、D/A 转换器和比较器的参考电源。

（1）固定式三端稳压器

固定式三端稳压器指输出电压是固定的，三端 IC 是指这种稳压用的集成电路只有 3 条引脚，分别是输入端、接地端和输出端。它的封装，有塑料封装 TO-220 的标准封装（像普通的三极管样子），也有 TO-92 封装的（像 9013 的样子）。通用的产品有 W7800（正电压输出）和 W7900（负电压输出）系列，输出电压分 5 V、6 V、9 V、12 V、15 V、18 V 和 24 V 等多种。型号的后两位数字表示稳压器的输出电压的数值，例如，W7805 表示输出电压为 5 V；W7915 则表示输出电压为−15 V。有时在数字 W78 或 W79 后面还有一个 M 或 L，如 78M12 或 79L24，用来区别输出电流，其中，78L 系列的最大输出电流为 100 mA，78M 系列最大输出电流为 1 A，78 系列最大输出电流为 1.5 A。

W7800 系列集成稳压器为三端元器件：1 脚为输入端，2 脚为接地端，3 脚为输出端，使用十分方便。W7900 系列除了输出电压为负，引出脚排列 W7800 不同以外，命名方法、外形等均与 W7800 系列的相同。三端稳压器的外形和电路符号如图 9-11 所示。

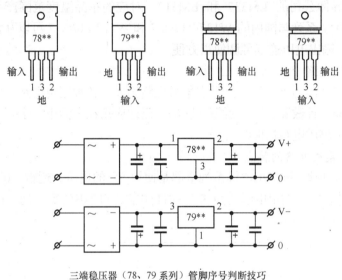

三端稳压器（78、79 系列）管脚序号判断技巧

图 9-11　三端稳压器的外形和电路符号

注意，三端集成稳压电路的输入、输出和接地端绝不能接错，否则容易烧坏。在实际应用中，应在三端集成稳压电路上安装足够大的散热器（当然小功率的条件下不用）。当稳压管温度过高时，稳压性能将变差，甚至损坏。

当制作中需要一个能输出 1.5 A 以上电流的稳压电源，通常采用几块三端稳压电路并联起来，使其最大输出电流为 N 个 1.5 A。但应用时需注意：并联使用的集成稳压电路应采用同一厂家、同一批号的产品，以保证参数的一致。另外，在输出电流上留有一定的余量，以避免个别集成稳压电路失效时导致其他电路的连锁烧毁。

此外，还应注意，散热片总是和最低电位的第 3 脚相连。这样在 7800 系列中，散热片和地相连，而在 7900 系列中，散热片却和输入端相连。

（2）可调试三端稳压器

可调试三端稳压器是在固定式的基本上发展起来的，有 W117/217/317 系列和 W137/237/337 系列，前者为正电压输出，后者为负电压输出。其特点是输出电压连续调节，调节范围较宽，且电压调节率、负载调整率指标均优于固定式三端稳压器。可调试三端稳压器的电路符号和外形如图 9-12 所示。

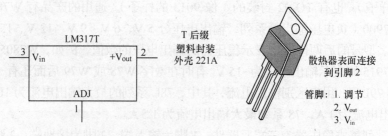

（a）可调试三端稳压器的电路符号　　　　（b）可调试三端稳压器的外形

图9-12　可调试三端稳压器的电路符号和外形

美国国家半导体公司的 LM337 和 LM317，对应的军品温度范围产品为 LM117 和 LM317。LM337/317 系列与国内的 W137/237/337 和 W117/217/317 可以互换，并且特性稍好于 78/79 系列，输出电压连续可调使用方便。

二、数字集成电路

数字集成电路产品的种类很多。数字集成电路构成了各种逻辑电路，如各种门电路、编译码器、触发器、计数器、寄存器等。它们广泛地应用在生活中，小至电子表，大至计算机，都是由数字集成电路构成的。

1. TTL 数字集成电路的特点

最常见的 TTL 电路 74LS/HC 等系列全部是使用 5V 的电压，逻辑"0"输出电压为小于等于 0.2V，逻辑"1"输出电压约为 3V。TTL 电路 74LS/HC 等系列。接线图如图 9-13 所示（注意图中的文字提示）。

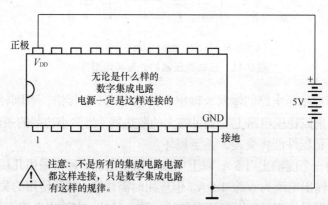

图 9-13　TTL 电路 74LS/HC 等系列接线图

2. CMOS 数字集成电路的特点

① 工作电压范围宽。

② 静态功耗低，所消耗的驱动功率几乎可以不计。同时，CMOS 集成电路的耗电也非常省。

③ 抗干扰能力强（抗干扰能力也较强，即行话所说的噪声容限较大，且电源电压越高，抗干扰能力越强）。

④ 它们的供电引脚，如 16 脚的集成电路，其第 8 脚是电源负极，16 脚是电源正极；

14 脚的，它的第 7 脚是电源的正极。

⑤ 输入阻抗高。

⑥ 通常 CMOS 集成电路工作电压范围为 3～18 V，所以不必像 TTL 集成电路那样，要用刚好为 5 V 的电压。

⑦ CMOS 集成电路的输出电流小：大概为 10 mA 左右。但是在一般的电子制作中，驱动一个 LED 发光二极管是没有问题的。

⑧ 容易被静电击穿，因此，需要妥善保存，一般要放在防静电原包装条中，或用锡箔纸包好。另外，焊接的时候，要用接地良好的电烙铁焊，或者索性拔掉插头，利用余热焊接。

3. 数字集成电路的分类

数字集成电路可分成 TTL 型双极型和 CMOS 型场效应的两大系列。对数字信号的传送、控制、运算、计数、寄存、显示以及数字信号本身的产生、整形、变换都由数字电路来完成和实现。由于数字电路能完成的运算不仅仅是数值的运算，还包括逻辑状态的判断及运算，因此，数字电路又称为数字逻辑电路。数字电路包含的种类很多，TTL 与 CMOS 系列集成电路的子系列、名称、国际型号和参数如表 9-6 所示。

表 9-6 TTL 与 CMOS 系列集成电路的子系列、名称、国际型号和参数

系列	子系列	名 称	国 际 型 号	速度－功耗
TTL 系列	TTL	标准 TTL 系列	CT54/74－－－系列	10ns～10mW
	HTTL	高速 TTL 系列	CT54H/74H－－－系列	6～22
	LTTL	低功耗 TTL 系列	CT54L/74L－－－系列	33～1
	STTL	肖特基 TTL 系列	CT54S/74S－－－系列	3～19
	LSTTL	低功耗肖特基 TTL 系列	CT54LS/74LS－－－系列	9.5～2
	ALSTTL	先进低功耗肖特基 TTL 系列	CT54ALS/74ALS－－系列	3.5～1
	ASTTL	先进肖特基 TTL 系列	CTAS54/74AS－－－系列	3～8
	FTTL	快速 TTL 系列	CT54CF/74CF－－－系列	3.4～4
CMOS 系列	PMOS	P 沟道场效应管系列	CC4/ CD－－－系列 CC14/ CD－－－系列 CC54/CD－－－－系列 CC54/CD－－－－系列	
	NMOS	N 沟道场效应管系列		
	CMOS	互补场效应管系列		125ns～1.25μW
	HCMOS	高速 CMOS 系列		8～2.5
	HCT	与 TTL 兼容的 HCMOS 系列		8～2.5
	AC	先进的 CMOS 系列		5.5～2
	ACT	与 TTL 兼容的 AC 系列		4.75～2

常用的数字集成电路有 XX4001、XX4011、XX4013、XX4017、XX4040、XX4052、XX4060、XX4066 等型号。数字集成电路进口的较多，产品型号的前缀代表生产公司，常见的有 MC1XXXX（摩托罗拉）、CDXXXX（美国无线电 RCA）、HEFXXXX（飞利浦）、TCXXXX（东芝）、HCXXXX（日立）等。一般来说，只要型号相同，不同公司的产品可以互换。

4. 数模混合集成电路

功能强大的 555 集成电路就是典型数模混合集成电路。它成本低，性能可靠，只需要外接几个电阻、电容，就可以实现多谐振荡器、单稳态触发器及施密特触发器等脉冲产生与变换电路。它也常作为定时器广泛应用于仪器仪表、家用电器、电子测量及自动控制等方面。

知识点五　半导体集成电路在电工和电子中的应用

随着集成技术工艺的不断完善，目前功率放大电路已大量采用集成电路，形成系列的集成功率放大元器件。例如，音响设备和家用电器中的集成功率放大元器件。

集成功率放大器是由输入级、中间放大级和 OTL 输出级构成，如图 9-14 所示。它具有体积小、质量小、工作可靠、调试组装方便等优点，得到越来越广泛地应用。使用集成功率放大器的关键是弄清引脚功能、接线图和各外部元器件的作用。

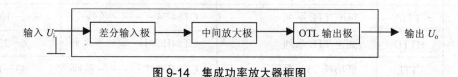

输入 U_i → 差分输入极 → 中间放大极 → OTL 输出极 → 输出 U_o

图 9-14　集成功率放大器框图

输入级由差分放大器组成，该电路可以减少直接耦合造成的直流工作点的不稳定，抑制零点漂移。

中间放大电路要求有高的电压放大倍数，所以由共射电路构成，它为输出级提供足够大的信号电压。

输出级要驱动负载，所以要求输出电阻小，输出电压幅度高，输出功率大，因此，采用互补对称功率放大电路。

一、4100 系列音频功放集成电路

1. 外形图与引脚

4100 系列集成电路引脚分布及符号如图 9-9 所示。它是带散热片的⑭脚双排插式塑料封装结构。其引脚可按图 9-15 放置逆时针方向依次编号。

2. 典型工作电压

4100 系列集成电路中，由于型号不同，所需电源电压不同，则各引脚工作电压也不一样。表 9-7 列出了该系列集成电路各引脚

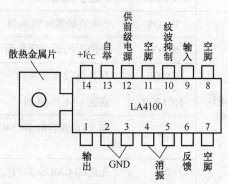

图 9-15　4100 系列集成电路引脚分布及符号

工作电压的典型值。在使用中，测量各引脚的直流电压，再与其典型值比较，是判断集成电路工作是否正常的有效方法。

表 9-7　　　　　　　　　4100 系列集成电路各引脚工作电压的典型值

型号 ＼ 引脚	1	2	3	4	5	6	7	8	9	10	11	12	13	14
4100	3	空	0	4.3	0.8	3	空	空	3.6	3.1	空	5.8	5.9	6
4101	3.6	空	0	4.9	0.8	3.6	空	空	3.6	3.7	空	7.2	7.4	7.5
4102	4.5	0	0	6	1.2	3	空	4	4.3	5.1	空	8.6	8.9	9
4112	4.5	空	0	5.4	0.8	4.5	空	空	4	4.5	7.8	8.6	7.4	9

二、BTL 功率放大器

BTL 是桥式推挽无输出变压器功率放大器的英文缩写。它是在 OCL、OTL 功率放大电路的基础上发展起来的，具有良好的电气性能，并能得到很大的输出功率。BTL 电路在音响中得到广泛地应用。

在 OTL、OCL 电路中，由于在输入信号的每半个周期内，OTL、OCL 电路只有一半的晶体管和一半的电源在工作，电源利用率只有 50%。若要在负载电阻不变时获得较大的输出功率，唯一的办法是提高电源电压，这就提高了对元器件的选择要求，而采用 BTL 功放电路就可以解决这个矛盾。

在相同负载值的情况下，理论上讲它的最大输出电压是实际 OTL、OCL 电路的 2 倍，输出功率是实际的 4 倍。

三、555 集成电路的应用

1. 555 时基电路简介

555 集成定时电路通常称为定时器，也称 555 时基电路。它是一种中规模集成电路，具有功能强、使用灵活、适用范围宽等特点。通常只需外接少量阻容元器件，就可以组成各种不同用途的脉冲电路，如多谐振荡器、单稳态电路及施密特触发器等。另外，555 时基电路还可用于调光、调温、调压、调速度等多种控制电路。它有 TTL 型的，还有 CMOS 型的。由于它使用方便、价格低廉，因此得到了广泛应用。

CC7555 集成定时器的内部电路结构如图 9-16（a）所示，图 9-16（b）所示为外引线排列图。由图 9-5（a）可以看出，电路可分成电阻分压器、电压比较器、基本 RS 触发器和输出缓冲级等部分。

（1）电阻分压器和电压比较器

电阻分压器由 3 个等值电阻 R 组成，它对电源电压 V_{DD} 分压，使比较器 C_1 的 "−" 输入端电压为 $\frac{2}{3}V_{DD}$，而比较器 C_2 的 "+" 输入端电压为 $\frac{1}{3}V_{DD}$。当输入 TH 端的电压大于 $\frac{2}{3}V_{DD}$ 时，比较器 C_1 输出高电平 1；若加在 $\overline{TR}$ 的电压小于 $\frac{1}{3}V_{DD}$ 时，比较器 C_2 也输出高电平 1。

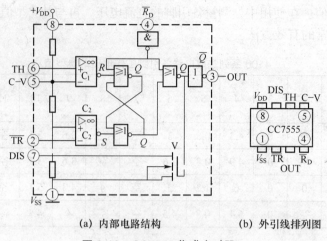

(a) 内部电路结构　　　　(b) 外引线排列图

图 9-16　CC7555 集成定时器

（2）基本 RS 触发器

基本 RS 触发器由两个或非门组成。C_1、C_2 的输出端即为基本 RS 触发器的输入端 R、S。定时器的输出 OUT=Q。

（3）放电管 V 和输出缓冲器

场效应管 V 作为放电开关它的栅极受基本 RS 触发器 Q 反端状态的控制。

输出端的反相器构成输出缓冲器，主要作用是提高电流驱动能力，同时，还可隔离负载对定时器的影响。

2. 555 集成定时器的其他应用

（1）施密特触发器

555 电路组成的施密特触发器的电路连接如图 9-17（a）所示。图 9-17（b）所示是输入为三角波时的输出波形。通过改变⑦脚（V_c）的电压，可改变两个阈值。

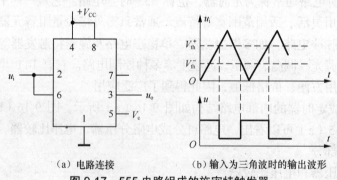

（a）电路连接　　　　（b）输入为三角波时的输出波形

图 9-17　555 电路组成的施密特触发器

（2）路灯自动控制器

图 9-18 所示为路灯自动控制器的电原理图。其中，V 为光敏三极管 3DU。有光照时，c-e 之间的电阻变小；光暗时，c-e 间电阻就变大。RP 为可变电阻，L 受控于小灯泡，白天因光线亮光敏管 3DUc-e 之间的电阻下降，⑥脚分得的电压大于 $\frac{2}{3}V_{CC}$（4V)，定时器的输

出端③脚为低电平,所以小灯泡 L 不亮。天黑时光

敏 c-e 间电阻增大,使低触发端②脚电压小于 $\frac{1}{3}V_{CC}$

（2V）,于是③脚输出高电平,小灯泡 HL 发光。调
节 RP 可调节灯的亮度。

（3）触摸台灯

图 9-19 所示为触摸台灯电路。它是 555 时基
电路,在这里接成单稳态电路。平时由于触摸片 P
端无感应电压,电容 C_1 通过 555 第⑦脚放电完毕,
第③脚输出为低电平,继电器 KS 释放,电灯不亮。

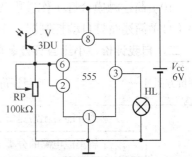

图 9-18 路灯自动控制的电路原理图

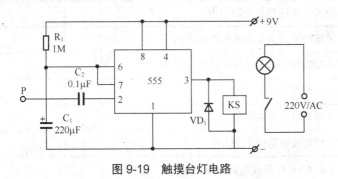

图 9-19 触摸台灯电路

555 时基电路的触发端,使 555 时基电路的输出由低电平变成高电平,继电器 KS 吸合,
电灯点亮。同时, 555 时基电路第⑦脚内部截止,当需要开灯时,用手触碰一下金属片 P,
人体感应的信号电压由 C_2 加至电源便通过 R_1 给 C_1 充电,这就是定时的开始。

当电容 C_1 上电压上升至电源电压的 2/3 时, 555 时基电路第⑦脚导通使 C_1 放电,使第
③脚输出由高电平变回到低电平,继电器释放,电灯熄灭,定时结束。

 项目学习评价

一、思考练习题

（1）根据教师给出的集成块,要求学生了解制造厂家、标志类型、封装形式以及引脚
的排列顺序（如有问题可请教教师或上网进行实名搜索）。

（2）简述集成电路的分类。

（3）集成电路检测第一步要做什么工作?

（4）集成电路检测有哪几种方法?

（5）简述 TTL 数字集成电路的特点。

（6）简述 CMOS 数字集成电路的特点。

（7）W7805 的含义是什么?

（8）W7915 的含义是什么?

（9）W117/217/317 系列与 W137/237/337 系列有什么区别?

（10）简述触摸台灯工作过程及 555 集成电路的作用。

（11）简述路灯自动控制器工作过程及 555 集成电路的作用。

二、自我评价、小组互评及教师评价

评价方面	项目评价内容	分值	自我评价	小组评价	教师评价	得分
理论知识	① 熟悉并能说出常见集成电路特点及应用	5				
	② 了解集成电路的分类	5				
	③ 理解集成电路的主要性能参数	5				
	④ 了解集成电路的基本知识	5				
	⑤ 简述集成运算放大器应用	5				
	⑥ 了解功率放大器集成电路的应用	5				
	⑦ 掌握数模混合 555 集成电路应用	5				
实操技能	① 熟练判断集成电路的好坏	10				
	② 掌握集成电路的检测方法	10				
	③ 掌握集成电路的识别方法	5				
	④ 了解 CMOS 集成电路的使用条件	5				
	⑤ 了解 TTL 集成电路的使用条件	5				
	⑥ 熟知集成电路损坏的原因	5				
	⑦ 牢记数字电路、模拟电路、功率放大器和运算放大器等集成电路的型号	5				
	⑧ 熟知 TTL 和 CMOS 接线要求	5				
	⑨ 通过上网查找了解静电对集成电路的危害	5				
学习态度	① 严肃认真的学习态度	5				
	② 严谨的工作态度	5				

三、个人学习总结

成功之处	
不足之处	
改进方法	

项目十　编程器与单片机元器件的认知

项目情境创设

为什么单片机能按照人们的意愿工作？为什么 PLC（可编程序控制器）能按照人们的指令去控制电动机工作？

大家都会说："单片机靠汇编程序（或者用 C 语言编制的程序）工作；PLC 是靠指令工作的。"那么程序和指令是如何写入单片机和 PLC 呢？我们的回答是编程器。本项目就是要与大家讨论如何解决这些问题。

编程器实际上是一个把可编程的集成电路写上数据的工具，编程器主要用于单片机（含嵌入式）、存储器（含 BIOS）、可编程逻辑元器件、现场可编程门阵列和微处理器之类的芯片的编程（或称刷写）。

微处理器、可编程逻辑元器件和单片机编程器（如图 10-1 所示）有一块具有存储记忆功能集成电路芯片，它们可以灵活地写入（或擦除）不同的程序，所以能广泛地应用于各种控制。

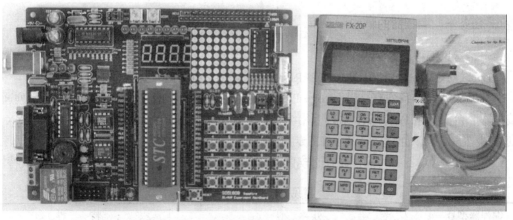

图 10-1　微处理器、可编程逻辑元器件和单片机编程器实物图

写入应用源程序经过汇编生成机器代码，最后固化到存储器（或可编程元器件）中，才能使微处理器、可编程逻辑元器件和单片机应用系统正常调试运行。把机器代码写入可编程芯片（固化）的工作就是由编程器来完成的。

工电子元器件基本功

项目学习目标

	学习目标	学习方式	学时
技能目标	① 教师指导学生完成编程器烧录操作并在单片机应用实验 ② 教师指导学生完成编程器在 PLC 应用操作 ③ 能写出 51 单片机的命名规则和管脚的功能 ④ 能写出认知 PLC 编程器的种类	教师指导学生完成编程器烧录操作并在单片机应用板上做实验	2
知识目标	① 简述单片机编程器程序烧写步骤 ② 简述编程器的作用 ③ PLC 编程器使用要求 ④ 简述编程器在单片机和 PLC 的应用	预习教材、在网上查阅编程器方面的资料;重点讲授编程器的应用环境及方法	4

 项目基本功

10.1 项目基本技能

任务一 编程器的认知

一、常见编程器系列及特性

1. 微处理器（或 EPROM、EEPROM、FLASH EPROM、MCU、PLD）

常见的编程器系列有：PIKprog+ PIC 系列专用编程器、南京西尔特 Superpro 系列通用编程器、台湾河洛 ALL-XX 系列万用编程器、天津威龙 VP-XX 系列编程器、TOP-XX 系列通用型编程器、台湾义隆 DWTR 专用编程器、BeeProg 通用型编程器系列等。

为了使读者对各系列编程器有比较直观的了解，表 10-1 列出了几种编程器的外型及特性。

表 10-1 常见编程器外型及特性

编程器型号	外 型	特 性
PIKprog+ 专用高速烧录器		便携式 Microchip 专用高速烧录器支持元器件超过 3000 种，支持 ISP 烧录并口连接 PC 可选高速 IEEE1284 接口 40pin 驱动脚位烧录 DIP 封装 IC 无需转换座

190

续表

编程器型号	外　型	特　性
Superpro/280 通用编程器		支持 70 多个厂家的 5000 多种 EPROM、EEPROM、FLASH EPROM、MCU、PLD 等，支持 1.8V 低电压元器件 48 脚准万用驱动电路，可选各种 SMD 专用适配器（转接器）支持最高达 100 脚的元器件 烧写速度快 通过打印口与 PC 连接 联机软件支持 Windows XP/2000/ NT/Me/9X 完善的过流保护路保护编程器驱动电路不受损坏
台湾河洛量产型 编程 器 ALL-GANG-08P2		ALL-GANG-08P2 是通用型设计，可以同时烧录 8 个各类元器件 有 8 个可替换的锁紧座 支持最新的各式封装，包括：DIP、PLCC、SOP/SOIC、TSOP、SSOP、QFP、TQFP、MQFP 等 ALL-GANG-08P2 包括一个高速 CPU 和扩展的存储缓冲区，可以使得大多数的 EPROM 和 FLASH 能高速烧录：一个高速串口（115KB 以上），一个高速的并口（可达 130KB/s）均可与 PC 或手提式计算机连接，在流行的操作系统 Windows 95/98/NT 下作业
天津威龙 Wellon VP- RF900 无线下载编程器		VP-RF900 无线编程器主要是针对 RF 芯片 nRF9E5 的程序存储器的无线在线修改而设计的一款小巧精致的编程器 外接 USB 接口，不需外接电源 内置高速单片机，自动校验数据，确保系统可靠性 快速下载上传，内置 430 MHz 的 nRF905 收发器，3.3 V 低电压工作 写有预置程序的存储器芯片焊到系统板上以后，可通过无线传输系统随时修改内置程序，本产品非常适用于产品开发阶段和批量生产时每个产品的预置

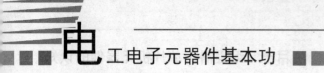

续表

编程器型号	外　型	特　性
TOP2000B 通用型编程器		支持各厂家，如 EPROM、EEPROM、MPU/MCU 等 具有体积小巧、功能齐全、功耗低、可靠性高等特点，是专为开发单片机和烧写各类存储器而设计的机型 TOP2000 采用 RS232 串口与 PC 连接通信，抗干扰性能好，特别适合烧各种一次性（OTP）元器件
北京润飞 RF-910 经济型智能编程器		智能并行口联机，40 线锁紧插座，支持 1000 余种元器件的编程和测试，中文 Windows 98/Me/2000/NT/XP 版软件。更换软件即可升级为 RF—1800MINI

2. 单片机常见的编程器

初学单片机的同学们都有入门难之感，这是因为单片机是面向应用的，要掌握其设计方法，必需自己动手，在实践中一步步加深理解和认识，为此，特别推荐非常适合初、中级单片机爱好者使用的单片机编程器，如表 10-2 所示。

表 10-2　　　　　　　　　　　　　　　单片机常见的编程器

编程器或下载器	性　能
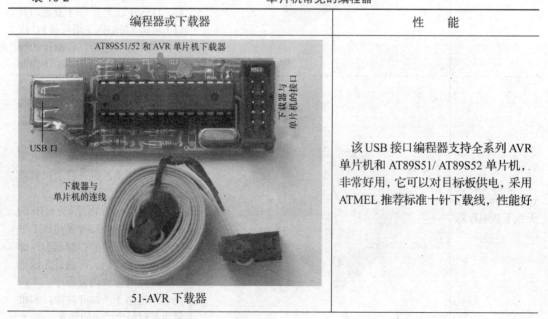 51-AVR 下载器	该 USB 接口编程器支持全系列 AVR 单片机和 AT89S51/ AT89S52 单片机，非常好用，它可以对目标板供电，采用 ATMEL 推荐标准十针下载线，性能好

编程器或下载器	性　能
 具有编程功能 SP-518USB 单片机	实验板上集成了 MCS51 单片机和 AVR 单片机学习与实验使用的绝大多数硬件以及相关模块，在一块板上就可以完成程序下载（也有称之为"编程"、"烧写"的）、实验；若添加仿真芯片，还可以直接仿真 MCS51 系列；实验板采用 USB 通信与供电，绝大多数实验用一条 USB 电缆连接实验板即可完成。同时，板上也配有标准串口、外接电源等，特别适合不同场合、不同要求的学生以及单片机自学者使用
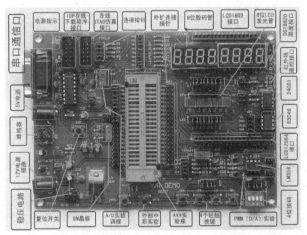 AVR DEMO 单片机综合实验板	AVR DEMO 单片机综合实验板为多功能实验板，对入门实习及学成后开发产品特别有帮助，AVR 系列的单片机都具备在线编程接口，还具备 JTAG 仿真和下载功能。片内含有看门狗电路、片内程序 Flash、同步串行接口 SPI、异步串口 UART、多数单片机（如本实验板使用的 Mega16）还内嵌了 AD 转换器、EEPROM、模拟比较器、PWM 定时计数器、TWI（IIC）总线、硬件乘法器、独立振荡器的实时计数器 RTC、片内标定的 RC 振荡器等片内外设，可以满足各种开发需求。AVR 系列单片机的 I/O 接口还具有很强的驱动能力，灌电流可直接驱动继电器、LED、数码管等元器件，从而省去驱动电路，便于开发而且节省开发成本
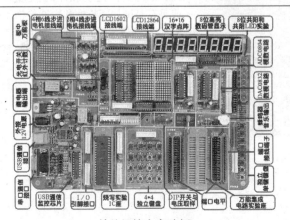 单片机综合实验板	单片机综合实验板具备在线编程接口，提供大量实用的开发例程和丰富的硬件资源，板载了几乎所有的单片机最新的外设资源，并介绍关于如何在本平台上完成各个实验的过程，实现对板上资源的利用，从而使用户对单片机的开发应用流程有所了解。实验例程包括单片机流水灯、花样灯、跑马灯、蜂鸣器、数码管显示、矩阵键盘、按键中断、点阵汉字、步进电动机、串入并出、并入串出、三八译码器、串口通信、1602 字符液晶、12864 图形液晶、继电器控制强电、AD 转换、DA 转换、24C02 存储器等

续表

编程器或下载器	性　能
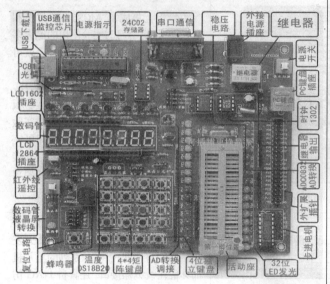	SP28U 综合系统可以在线刷新单片机内部程序，不需要把芯片拔下。在线编程刷新芯片的寿命超过普通 89C51 的 10 倍，性能完全兼容 51 全系列。极其快速的并口在线编程器模式，这样一来，在刷写一片内含 4K 程序存储器的 AT89S51 时，只需要 1.5～2s，写 8K 的 AT89S52 也只需要不到 4s，写入速度非常惊人，比如一个很长的图形液晶试验程序，瞬间就可以得到最终的写入验证。当然，直接支持 AVR 系列的型号还有：AT90S8515、ATmega8515、ATmega8、ATmega16、ATmega162
STC 单片机系列：STC89C51RC、STC89C52RC、STC89C53RC、STC89C54RD+、STC89C55RD+、STC89C58RD+、STC89C61RD+、STC89C516RD+、STC89LE51RC、STC89LE52RC、STC89LE53RC 等	
	SP3.0 编程器是 SP51 编程器的升级版本，可以支持 ATMEL、华邦、飞利浦、STC、SST 等单片机以及 EPROM 等型号超过 500 种，具有性能稳定，烧录速度快，性价比高等优点。双串口设计，可以运行第三方软件，特别支持目前具有高度加密特性和性能价格比的 STC 系列单片机。它也是目前唯一一款可以支持第三方软件的编程器，直接 USB 供电，无需电源，串口通信，速度 11520BPS，烧写 8K 的 S52 只需要不到 6s

编程器或下载器	性　　能
 迷你USB单片机编程器是利用目前PC机和笔记本上广泛支持的USB扩展接口，直接使用USB通信和供电的微型编程器	本编程器目前可以支持 ATMEL 公司常用 AT89C 和 AT89S 系列单片机，支持 SST 系列和华邦 WINBOND 系列单片机，并可支持 AT24Cxx，AT93Cxx 系列串行 EEPROM 的烧写。烧写稳定可靠，便于随身携带，采用 40 脚全驱动，从 8 脚芯片到 20 脚芯片到 40 脚芯片，无需使用转换座，功能强大，不论在台式电脑还是在笔记本电脑上，只要有 USB 接口即可使用，能够满足单片机开发人员和电器维修人员使用，是一款优秀的单片机开发工具
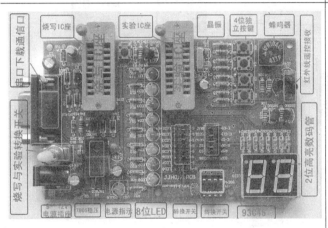 PIC 编程器	PIC 单片机不仅容易学，而且可靠性高，抗干扰能力强。这个廉价的编程实验一体化套件，它可以支持 PIC16F84、16F630、12F629 等编程、烧写、读出、加密等，还可做基于 16F84 的各种实验。它由一个多功能的编程器和一个具有扩展功能的标准实验板组成。同时，有一片实验用 PIC16F84、93C46，可完成单片机的流水灯，小键盘，两位数码管动态显示，数码管静态显示，计数器，小喇叭报警器，唱歌，读写 EEPROM 等实验
	SP-K150 是高性能的 PIC 编程器，支持大部分流行 PIC 芯片的烧写、读出、加密等功能，使用高速 USB 通信方式，烧写速度超快，烧写质量稳定可靠（速度平均是 PICSTART+的 3～5 倍），全自动烧写校验；配备 40pin 的 DIP 烧写座，能直接烧写 8pin-40pin 的 DIP 芯片；8pin-40pin 以外的芯片可通过板载 ICSP 接口在线下载；软件兼容 Windows98 和 Windows2000/NT、Windows XP 等操作系统；软件将随 PIC 的新推出元器件不断升级

3. PLC 常见的编程器

编程器在功能上可分通用编程器和专用编程器。专用型编程器价格最低，适用芯片种类较少，适合某一种或者某一类专用芯片编程的需要。例如，仅仅需要对 PLC 编程或 PIC 系列编程。

PLC 编程器是一种数字式运算操作的电子系统，专为工业强电控制环境应用而设计。它采用可编程序的存储器，用来在其内部存储执行逻辑运算、顺序控制、定时、计时和算术运算操作的指令，并通过数字式、模拟式的输入和输出，控制各种类型的机械或生产过程。由于其具有可靠性高、编程简单、使用方便、通用性好以及适应工业现场恶略环境等特点，所以应用极为广泛。

目前国内流行 PLC 编程器有西门子、三菱、欧姆龙、东芝和松下等。各种编程器如图 10-2～图 10-5 所示。

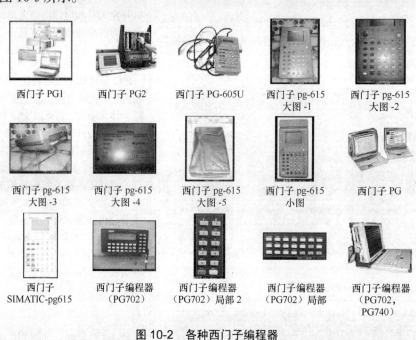

图 10-2　各种西门子编程器

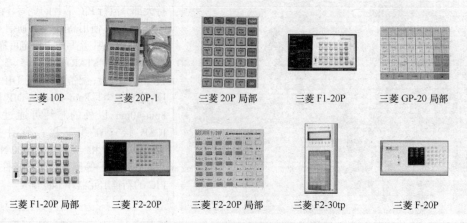

图 10-3　三菱 PLC 编程器

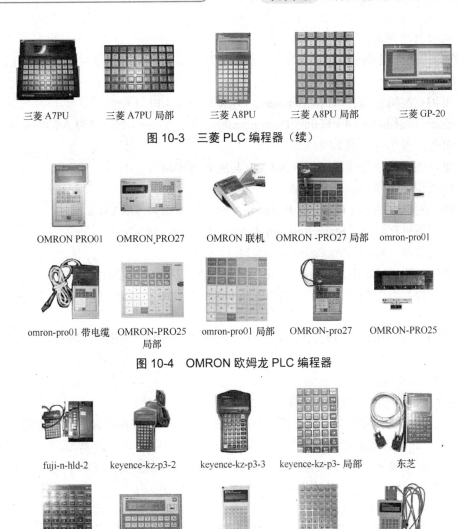

三菱 A7PU　　三菱 A7PU 局部　　三菱 A8PU　　三菱 A8PU 局部　　三菱 GP-20

图 10-3　三菱 PLC 编程器（续）

OMRON PRO01　OMRON PRO27　OMRON 联机　OMRON -PRO27 局部　omron-pro01

omron-pro01 带电缆　OMRON-PRO25　omron-pro01 局部　OMRON-pro27　OMRON-PRO25
　　　　　　　　　　局部

图 10-4　OMRON 欧姆龙 PLC 编程器

fuji-n-hld-2　keyence-kz-p3-2　keyence-kz-p3-3　keyence-kz-p3- 局部　东芝

东芝局部　和泉手持编程器　松下 2　松下 2 局部　松下

松下局部　香岛 ACMY　香岛 ACMY S256P　香岛 ACMY S256P
　　　　　S256P　　　局部 1　　　　局部

图 10-5　松下、东芝、富士、和泉、Keyence 基恩士和香岛 PLC 编程器

编程器有多少品种并不重要，重要的是它的编程功能。

二、编程器的分类和要求

总的来说，目前的编程器可以分为两大类：一类是通用编程器，另一类是专用编程器。

通用编程器一般可以对各种可编程元器件进行编程写入，有的通用编程器可以支持上千种可编程元器件的烧写固化，支持不同厂家系列内置程序存储器的编写。

专用编程器一般指只能支持某个厂家系列可编程元器件的编程器。

1. 编程器的分类

编程器用来把程序的机器代码写入可编程芯片（固化）。目前，常见的可编程元器件有如下几类：

① 可编程逻辑元器件（Programmable Logic Device，PLD）；

② 现场可编程门阵列（Field Programmable Logic /Gate Array，FPLA/FPGA）；

③ 可擦除程序存储器 EPROM；

④ 电可擦除程序存储器 EEPROM（或写成 E^{2}PROM）；

⑤ 快擦型存储器 Flash EPROM；

⑥ 动态随机存储器（Dynamic Random-Access Memory，DRAM）；

⑦ 静态随机存储器（Static Random-Access Memory，SRAM）；

⑧ 微处理器（Micro Processing Unit，MPU）；

⑨ 微控制器（Micro Controller Unit，MCU，也就是常说的单片机）；

⑩ 可编程逻辑控制器中的编程器（Programmable Logic Controller，PLC），简称 PLC 编程器。

针对以上各种类的可编程元器件，不少厂家设计生产出一些相应的编程器。可编程芯片的发展具有 3 种明显的特征：一是大容量，二是低功耗，三是多功能。

2. 编程器的要求

对编程器相应的要求也有如下 3 个方面。

① 要求编程器能够持续支持大容量芯片的能力，即要求编程器有更多驱动引脚、有更快处理速度。编程器是逐步经历了驱动引脚的发展历史，从最早的 24 脚驱动、32 脚驱动、40 脚驱动到 48 脚驱动、56 脚驱动、72 脚驱动。同时，编程器内核技术不断完善和提高，处理速度不断提升，目前最快可以达到 0.5kbit/ms 的编程速度。

② 要求编程器能够持续支持低功耗芯片的能力，即要求编程器具备对低电压芯片的驱动能力、在低电压驱动下对噪声和干扰的屏蔽能力。编程器也经历了对功耗支持能力的发展过程，从最早的 5V、3.3V 到目前的 1.5V 乃至 1.2V。同时，编程器外围处理电路也更加精细，以支持更多的滤波参数调节和芯片编程速度调节。

③ 要求编程器能够持续支持多功能芯片的能力，即要求编程器具备通用能力，每一个编程器引脚都可以作为 I/O（输入/输出）、Ctrl（控制）、Clock（时钟）、V_{CC}（电压）、V_{PP}（编程电压）、GND（地）等使用，也就是常说的㊽脚全驱动、㊷脚全驱动的概念。同样地，编程器也经历了从不通用到通用的发展，从最早的固定引脚定义到现在的所有编程器引脚任意设置、指定，也就是全驱动。

三、编程器的特性描述（或规格与参数）

编程器的规格与参数很多，以下总结重要的几项，如表 10-3 所示。

表 10-3　　　　　　　　　　　　　　编程器的特性描述

特性（规格与参数）	含义（或内容）
元器件支持	编程器能烧录的元器件类型、元器件工作电压等
封装支持	编程器能支持的元器件封装形式、引脚数目

续表

特性（规格与参数）	含义（或内容）
烧录速度	编程器对芯片烧录成功所用的时间
联机通信接口	编程器能支持的接口形式，如 RS232、USB 等
工作方式	独立工作方式、基于 PC 的工作方式及开发软件的环境等
选择配置	编程器是否选择适配器等
电气规格	编程器的电源输入、最大功耗
机械规格	编程器的包装尺寸、标准配置的质量等

任务二　单片机芯片的认知

把微型计算机的主要功能部件集成在一个芯片上的单芯片微型计算机叫单片机。单片机又称单片微控制器，它不是完成某一个逻辑功能的芯片，而是把一个计算机系统（所有功能）集成到一个芯片上。即是将组成微型计算机所必须的部件（中央处理器 CPU、程序存储器（ROM）、数据存储器（RAM）、输入/输出（I/O）接口、定时/计数器、串行口、系统总线等）集成在一个超大规模集成电路芯片上。因此，它已成为工业控制领域、智能仪器仪表、国防尖端武器装备、日常生活中最广泛使用的计算机。

常见的 51、52 系列和 PIC 单片机实物图如图 10-6 所示。

图 10-6　51、52 系列和 PIC 系列单片机实物图

1. MCS-51 系列单片机

MCS-51 系列单片机是 Intel 公司在 1980 年推出的高性能 8 位单片机，在目前单片机市场中，8 位单片机仍占主导地位。MCS-51 系列单片机以其良好的性能价格比，仍是目前单片机开发和应用的主流机型。

（1）MCS-51 系列单片机的分类

MCS-51 可分为两个子系列和 4 种类型，芯片中的配置与牌号如表 10-4 所示。按资源的配置数量，MCS-51 系列分为 51 和 52 两个子系列，其中 51 子系列是基本型，而 52 子系列属于增强型。

表 10-4   MCS-51 系列单片机分类

资源配置 子系列	片内 ROM 的形式				片内 ROM 容量	片内 RAM 容量	定时器 与计数 器	中断 源
	无	ROM	EPROM	E²PROM				
8×51 系列	8031	8051	8751	8951	4KB	128B	2×16	5
8×C51 系列	80C31	80C51	87C51	89C51	4KB	128B	2×16	5
8×52 系列	8032	8052	8752	8952	8KB	256B	3×16	6
8×C252 系列	80C232	80C252	87C252	89C252	8KB	256B	3×16	7

80C51 单片机系列是在 MCS-51 系列的基础上发展起来的。早期的 80C51 只是 MCS-51 系列众多芯片中的一类，但是随着后来的发展，80C51 已经形成独立的系列，并且成为当前 8 位单片机的典型代表。

（2）80C51 与 8051 的比较

① MCS-51 系列芯片采用 HMOS 工艺，而 80C51 芯片则采用 CHMOS 工艺。CHMOS 工艺是 COMS 和 HMOS 的结合，

② 80C51 芯片具有 COMS 低功耗的特点。例如，8051 芯片的功耗为 630mW，而 80C51 的功耗只有 120mW，这样低的功耗，用一粒纽扣电池就可以工作。低功耗对单片机在便携式、手提式或野外作业的仪器仪表设备上使用十分有利。

③ 从 80C51 在功能增强方面分析，主要在以下几个方面做了增强。首先，为进一步降低功耗，80C51 芯片增加了待机和掉电保护两种工作方式，以保证单片机在掉电情况下能以最低的消耗电流维持。

④ 此外，在 80C51 系列芯片中，内部程序存储器除了 ROM 型和 EPROM 型外，还有 E²PROM 型，例如 89C51 就有 4KB E²PROM。并且，随着集成技术的提高，80C51 系列片内程序存储器的容量也越来越大，目前已有 64KB 的芯片了。另外，许多 80C51 芯片还具有程序存储器保密机制，以防止应用程序泄密或被复制。

2. MCS-96 系列单片机

MCS-96 系列单片机是 Intel 公司在 1983 年推出的 16 位单片机。它与 8 位机相比，具有集成度高、运算速度快等特点。它的内部除了有常规的 I/O 接口、定时器/计数器、全双工串行口外，还有高速 I/O 部件、多路 A/D 转换和脉宽调制输出（PWM）等电路，其指令系统比 MCS-51 更加丰富。

MCS-96 系列单片机的主要性能如表 10-5 所示。

表 10-5   MCS-96 系列单片机的主要性能

特性 型号	A/D 通道数	串行 I/O 端口	PWM 输出 口数	16 位定时/ 计数器数	8 位定时/ 计数器数
8096BH		有	1	2	5
8097BH	8	有	1	2	5
80C196KB	4	有	1	2	5
80C196KC	8	有	3	2	5
80C196KR	8	有	2	2	7
80C196KC	13	有	2	5

3. ATMEL 公司单片机

ATMEL 公司于 1992 年推出了全球第一个 3V 超低压 Flash 存储器,并于 1994 年以 E^2PROM 技术与 Intel 公司的 80C31 内核进行技术交换,从此拥有了 80C31 内核的使用权,并将 ATMEL 特有的 Flash 技术与 80C31 内核结合在一起,生产出 AT89C51 系列单片机。

ATMEL 公司的 AT89C51 系列单片机均以 MCS-51 系列单片机作为内核,同时,该系列的各种型号的产品又具有十分突出的个体特色,已经成为广大 MCS-51 系列单片机用户进行电子设计与开发的优选单片机品种。表 10-6 列出了 AT89 系列单片机的主要性能。

其中,AT89C51 系列单片机是一种低功耗高性能 CMOS 型 8 位单片机,它除了具有与 MCS-51 系列单片机完全兼容的若干特性外,最为突出的优点就是其片内集成了 4KB 的带闪烁可编程/擦除只读存储器(Flash Programmable and Erasable Read Only Memory)用来存放应用程序,这个 Flash 程序存储器除允许用一般的编程器离线编程外,还允许在应用系统中实现在线编程,并且还提供了对程序进行三级加密保护的功能。

AT89C51 系列单片机的另一个特点是工作速度更高,晶振频率可高达 24MHz,1 个机器周期仅 500ns,比 MCS-51 系列单片机快了 1 倍。AT89C51 系列单片机除了 40 脚 DIP 封装品种外,还提供了 TQFP、SOIC 和 PQFP 等多种封装形式的产品,它同时提供商业级、工业级、汽车用产品和军用级 4 类产品。

表 10-6   AT89 系列单片机的主要性能

特性	型号 AT89 C1051	AT89 C2051	AT89 C51	AT89 C52	AT89 LV51	AT89 LV52	AT89 C55	AT89 S8252
Flash 程序存储器	1KB	2KB	4KB	8KB	4KB	8KB	20KB	8KB
片内 RAM	64B	128B	128B	256B	128B	256B	256B	256B
片内 EEPROM	0	0	0	0	0	0	0	2KB
SPI 接口	无	无	无	无	无	无	无	有
系统可编程	—	—	可以	可以	可以	可以	可以	可以

续表

特性 \ 型号	AT89 C1051	AT89 C2051	AT89 C51	AT89 C52	AT89 LV51	AT89 LV52	AT89 C55	AT89 S8252
16 位定时/计数器	1	2	2	3	2	3	3	3
串行卸载	—	—	—	—	—	—	—	可以
数据指针	1	1	1	1	1	1	1	2
加密位	2	2	3	3	3	3	3	3
临控定时器	无	无	无	无	无	无	无	有
全双工串行口	无	有	有	有	有	有	有	有
片上模拟比较器	有	有	无	无	无	无	无	无
I/O 端子	15	15	32	32	32	32	32	32
中断矢量	3	5	5	6	5	6	6	6
外部地址数据总线	无	无	有	有	有	有	有	有
待机与掉电方式	有	有	有	有	有	有	有	有
通过中断退出掉电								有
电源电压（V）	2.7~6.0	2.7~6.0	4.0~6.0	4.0~6.0	2.7~6.0	2.7~6.0	2.7~6.0	2.7~6.0
晶振频率（kHz）	0~24	0~24	0~24	0~24	0~12	0~33	0~33	0~33
引脚数	20	20	40/44	40/44	40/44	40/44	40/44	40/44
每个 I/O 引脚输出电流（mA）	20	20	10	10	10	10	10	10
最大驱动总电流（mA）	80	80	71	71	71	71	71	71

4. PIC 单片机

PIC 单片机（Peripheral Interface Controller）是一种用来开发去控制外围设备的集成电路（IC），是一种具有分散作用（多任务）功能的 CPU。与人类相比，大脑就是 CPU，PIC 共享的部分相当于人的神经系统。

PIC 单片机系列是美国微芯公司（Microship）的产品，是当前市场份额增长最快的单片机之一。CPU 采用 RISC（Reduced Intruction Set Computer，精简指令计算机）结构，分别有 33、35、58 条指令（视单片机的级别而定），属精简指令集。而 51 系列有 111 条指令，

AVR 单片机有 118 条指令，都比前者复杂。采用 Harvard 双总线结构，运行速度快（指令周期 160～200ns），它能使程序存储器的访问和数据存储器的访问并行处理，这种指令流水线结构，在一个周期内完成两部分工作，一是执行指令，二是从程序存储器取出下一条指令，这样总的看来每条指令只需一个周期（个别除外），这也是高效率运行的原因之一。此外，它还具有低工作电压、低功耗、驱动能力强等特点。PIC 系列单片机共分 3 个级别，即基本级、中级、高级。其中，又以中级的 PIC16F873（A）、PIC16F877（A）用得最多，这里以这两种单片机为例进行说明。这两种芯片除了引出脚不同外 [PIC16F873（A）为 28 脚的 PDIP 或 SOIC 封装；PIC16F877（A）为 40 脚的 PDIP 或 44 脚的 PLCC/QFP 封装]，其他的差别并不是很大。

PIC 系列单片机的 I/O 口是双向的，其输出电路为 CMOS 互补推挽输出电路。I/O 接口增加了用于设置输入或输出状态的方向寄存器（TRISn，其中 n 对应各口，如 A、B、C、D、E 等），从而解决了 51 系列 I/O 接口为高电平时同为输入和输出的状态。当置位 1 时为输入状态，且不管该脚呈高电平或低电平，对外均呈高阻状态；置位 0 时为输出状态，不管该脚为何种电平，均呈低阻状态，有相当的驱动能力，低电平吸入电流达 25mA，高电平输出电流可达 20mA。相对于 51 系列而言，这是一个很大的优点，它可以直接驱动数码管显示且外电路简单。它的 A/D 为 10 位，能满足精度要求，具有在线调试及编程（ISP）功能。

该系列单片机的专用寄存器（SFR）并不像 51 系列那样都集中在一个固定的地址区间内（80～FFH），而是分散在 4 个地址区间内，即存储体 0（Bank0：00～7FH）、存储体 1（Bank1：80～FFH）、存储体 2（Bank2：100～17FH）、存储体 3（Bank3：180～1FFH）。只有 5 个专用寄存器（PCL、STATUS、FSR、PCLATH、INTCON）在 4 个存储体内同时出现。在编程过程中，少不了要用到专用寄存器，得反复地选择对应的存储体，也即对状态寄存器 STATUS 的第 6 位（RP1）和第 5 位（RP0）置位或清零。

数据的传送和逻辑运算基本上都得通过工作寄存器 W（相当于 51 系列的累加器 A）来进行，而 51 系列的还可以通过寄存器相互之间直接传送（如：MOV 30H，20H；将寄存器 20H 的内容直接传送至寄存器 30H 中），因而 PIC 单片机的瓶颈现象比 51 系列还要严重。

10.2 项目基本知识

知识点一 单片机的基本结构

一、单片机的基本结构

MCS-51 系列单片机目前在市场中仍占主导地位。下面以 MCS-51 系列单片机为例介绍单片机的基本结构，其他型号的读者可参考分析。

MCS-51 系列单片机的管脚分布如图 10-7 所示。

MCS-51 系列单片机的管脚功能如下。

1. 电源引脚 V_{CC} 和 V_{ss}

① V_{CC}：电源端，接 +5V。

② GND：接地端。

2. 时钟电路引脚 $XTAL_1$ 和 $XTAL_2$

① $XTAL_1$：接外部晶振和微调电容的一端，在片内它是振荡器倒相放大器的输入，若使用外部 TTL 时钟时，该引脚必须接地。

② $XTAL_2$：接外部晶振和微调电容的另一端，在片内它是振荡器倒相放大器的输出，若使用外部 TTL 时钟时，该引脚为外部时钟的输入端。

3. 地址锁存允许 ALE

系统扩展时，ALE 用于控制地址锁存器锁存 P0 口输出的低 8 位地址，从而实现数据与低位地址的复用。

4. 外部程序存储器读选通信号 PSEN

PSEN 是外部程序存储器的读选通信号，低电平有效。

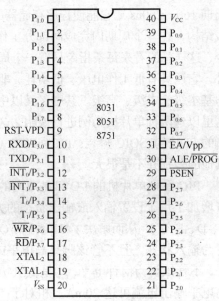

图 10-7　单片机管脚分布图

5. 程序存储器地址允许输入端 EA/V_{PP}

当 EA 为高电平时，CPU 执行片内程序存储器指令，但当 PC 中的值超过 0FFFH 时，将自动转向执行片外程序存储器指令。当 EA 为低电平时，CPU 只执行片外程序存储器指令。

6. 复位信号 RST

该信号高电平有效，在输入端保持两个机器周期的高电平后，就可以完成复位操作。

7. 输入/输出端口引脚 P_0、P_1、P_2 和 P_3

① P_0 口（$P_{0.0} \sim P_{0.7}$）：该端口为漏极开路的 8 位准双向口，它为外部低 8 位地址线和 8 位数据线复用端口，驱动能力为 8 个 LSTTL 负载。

② P_1 口（$P_{1.0} \sim P_{1.7}$）：它是一个内部带上拉电阻的 8 位准双向 I/O 口，P_1 口的驱动能力为 4 个 LSTTL 负载。

③ P_2 口（$P_{2.0} \sim P_{2.7}$）：它为一个内部带上拉电阻的 8 位准双向 I/O 口，P_2 口的驱动能力也为 4 个 LSTTL 负载。在访问外部程序存储器时，作为高 8 位地址线。

④ P_3 口（$P_{3.0} \sim P_{3.7}$）：为内部带上拉电阻的 8 位准双向 I/O 口，P_3 口除了作为一般的 I/O 口使用之外，每个引脚都具有第二功能。

二、单片机的命名

1. 51 单片机命名规则

MCS-51 系列单片机在我国得到了广泛的应用，主流系列，软、硬件设计资料丰富齐全。51 单片机命名规则如表 10-7 所示。

表 10-7   51 单片机命名规则

AT89C51					
AT	8	9	c	5	1
AT 代表公司的前缀：AT=ATMEL；P=Philip；W=Winbond；STC=宏晶；SST=SST；GMS=现代；DS=DALLAS；IS=ISSI；无=Intel	8位单片机（固定数）	Falsh 存储器；此位置为 0 代表无 Rom，7 代表 Eprom 存储器	c 表示 CMOS 工艺；此位置为 S 代表半导体制造工艺，并且可在系统内编程；无则代表 NMOS 或 HMOS	固定数	片内程序存储器容量，容量的 4KB 的倍数，1=4KB，2=8KB，依此类推

例如，AT89S51-24PC，AT：代表公司的前缀；"8" 表示 8 位单片机；"9" 表示 ROM；0 表示无掩膜 ROM；7 表示 EPROM；C 表示 CMOS 工艺；S 表示半导体制造工艺；"5" 为固定数字；"1" 表示 ROM 容量的 4KB。"24"：代表时钟频率；"P"：代表封装形式；P=DIP；S=SOIC；Q=PQFP；A=TQFP…；"C"：代表温度范围指标；C=商业级 0～+70℃，I=工业级-40～85℃；A=汽车用-40～125℃；M=军用品-55～150℃。

2. 89 系列单片机的命名

ATMEL 公司的 AT 系列单片机型号编码由 3 个部分组成，它们是前缀、型号和后缀。89 系列单片机的命名如表 10-8 所示。

表 10-8   89 系列单片机的命名

AT89C XXXXXXXX 有关参数的表示和意义					
AT	8	9	C	XXXX	XXXX
前缀由字母"AT"组成，表示该元器件是 ATMEL 公司的产品	8 是指 8 位运算	9 是表示内部含 Flash 存储器	C 表示为 CMOS 产品；LV 表示低压产品；S 表示含有串行下载 Flash 存储器	型号"XXXX"表示元器件型号数，如 51、1051、8252 等	后.缀由"XXXX" 4 个参数组成，每个参数的表示和意义不同

有关后缀的几点说明如下。

① 后缀中的第一个参数 X 用于表示速度，它的意义如下。

X = 12,表示速度为 12 MHz;X = 16,表示速度为 16 MHz;X = 20,表示速度为 20 MHz;X = 24，表示速度为 24 MHz。

② 后缀中的第二个参数 X 用于表示封装，它的意义如下。

X = D，表示陶瓷封装；X = Q，表示 PQFP 封装；X = J，表示 PLCC 封装；X = A，表示 TQFP 封装；X = P，表示塑料双列直插 DIP 封装；X = W，表示裸芯片；X = S，表示 SOIC 封装。

③ 后缀中第三个参数 X 用于表示温度范围，它的意义如下。

X = C，表示商业用产品，温度范围为 0～+70℃；

X = I，表示工业用产品，温度范围为 40～+85℃；

X = A，表示汽车用产品，温度范围为 40～+125℃；

X = M，表示军用产品，温度范围为 55～+150℃。

④ 后缀中第四个参数 X 用于说明产品的处理情况，它的意义如下。

X 为空，表示处理工艺是标准工艺。

例如，X = /883，表示处理工艺采用 MIL—STD—883 标准。

例如，有一个单片机型号为"AT89C51—12PI"，则表示意义为该单片机是 ATMEL 公司的 Flash 单片机，内部是 CMOS 结构，速度为 12 MHz，封装为塑封 DIP，是工业用产品，按标准处理工艺生产。

3. PIC 单片机的命名规则

PIC 单片机的型号包括下列 8 个部分，如表 10-9 所示。

表 10-9   PIC 单片机的型号 8 个部分

PIC	XX	XXX	XXX	（X）	-XX	X	/XX
1	2	3	4	5	6	7	8

① 前缀：PIC MICROCHIP 公司产品代号，dsPIC 为集成 DSP 功能的新型 PIC 单片机。

② 系列号：10、12、16、18、24、30、33、32。其中，PIC10、PIC12、PIC16、PIC18 为 8 位单片机；PIC24、dsPIC30、dsPIC33 为 16 位单片机；PIC32 为 32 位单片机。

③ 元器件型号（类型）：C 代表 CMOS 电路；CR 代表 CMOS ROM；LC 代表小功率 CMOS 电路；LCS 代表小功率保护 AA 1.8V；LCR 代表小功率 CMOS ROM；LV 代表低电压；F 代表快闪可编程存储器；HC 代表高速 CMOS；FR 代表 FLEX ROM。

④ 改进类型或选择：54A、58A、61、62、620、621；622、63、64、65、71、73、74；42、43、44 等。

⑤ 晶体标示：LP 代表小功率晶体；RC 代表电阻电容；XT 代表标准晶体/振荡器；HS 代表高速晶体。

⑥ 频率标示：−20 2MHZ；−04 4MHZ；−10 10MHZ；−16 16MHZ；−20 20MHZ；−25 25MHZ；−33 33MHZ。

⑦ 温度范围：空白代表 0～70℃；I 代表 45～85℃；E 代表 40～125℃。

⑧ 封装形式：L 代表 PLCC 封装；JW 代表陶瓷熔封双列直插，有窗口；P 代表塑料双列直插；PQ 代表塑料四面引线扁平封装；W 代表大圆片；SL 代表 14 腿微型封装-150mil；JN 代表陶瓷熔封双列直插，无窗口；SM 代表 8 腿微型封装-207mil；SN 代表 8 腿微型封装-150 mil；VS 代表超微型封装 8mm×13.4mm；SO 代表微型封装-300 mil；ST 代表薄型缩小的微型封装-4.4mm；SP 代表横向缩小型塑料双列直插；CL 代表 68 腿陶瓷四面引线，带窗口；SS 代表缩小型微型封装；PT 代表薄型四面引线扁平封装；TS 代表薄型微型封装 8mm×20mm；TQ 代表薄型四面引线扁平封装。

三、MCS-51 系列性能特点、52 子系列和烧写方式

MCS 是 Intel 公司单片机系列的符号。Intel 公司推出有 MCS-48、MCS-51、MCS-96 系列单片机。其中，MCS-51 系列单片机典型机型包括 51 和 52 两个子系列。

在 51 子系列中，主要有 8031、8051、875I 这 3 种机型，它们的指令系统与芯片引脚完全兼容，只是片内程序存储器有所不同。

1. 51 标准 8051 单片机的性能特点

① 8 位 CPU。

② 片内带振荡器及时钟电路。

③ 128B 片内数据存储器。

④ 4KB 片内程序存储器（8031/80C31 无）。

⑤ 程序存储器的寻址范围为 64KB。

⑥ 片外数据存储器的寻址范围为 64KB。

⑦ 21B 特殊功能寄存器。

⑧ 4 个通用 8 位并行口，32 条端口引脚线。

⑨ 1 个全双工串行 I/O 接口，可多机通信。

⑩ 2 个 16 位定时器/计数器。

⑪ 中断系统有 5 个中断源，2 个外部中继引脚线可编程为两个优先级。

⑫ 111 条指令，含乘法和除法指令等。

⑬ 布尔处理器。

⑭ 使用单 + 5V 电源。

2. 52 子系列的产品

52 子系列的产品主要有 8032、8052、8752 这 3 种机型。与 51 子系列的不同之处在于：片内数据存储器增至 256B，片内程序存储器增至 8KB（8032/80C32 无），有 256B 的特殊功能寄存器，有 3 个 16 位定时器/计数器，有 6 个中断源，其他性能均与 51 子系列相同。其对应的低功耗 CHMOS 工艺元器件分别为 80C32、80C52 和 87C52。

3. 51 系列烧写方式比较（如表 10-10 所示）

表 10-10　　　　　　　　　　　　　51 系列烧写方式比较

产品型号	89C5X	80C5X	87C5X	87C5X
片内 ROM 版本	Flash	MASK	OTP	EPROM
可擦除	是	否	否	是
可重复利用	是	否	否	是

四、80C51 系列单片机的选择特性

不论哪个厂家推出的 80C51 系列产品，其 51 子系列和 52 子系列都保证了产品在指令系统、总线、外部引脚与 MCS-51 的产品的高度一致性。

指令系统的全兼容，使开发环境具有良好的软硬件归一化环境，简化了开发装置的结构，降低了软件开发成本，保证了应用软件设计的独立性和可移植性。总线兼容性保证了所有 80C51 总线型单片机都能实现相同的并行扩展模式，其外围系统的扩展和系统配置的接口电路可以相互兼容。引脚兼容为单片机应用系统设计和产品开发带来极大方便，产品改型替换容易，产品开发过程中不必更换开发装置，也无需加装适配器，只需将开发装置上的单片机更换成引脚兼容的单片机即可。

1. 程序存储器

单片机程序存储器用于存放单片机应用系统的目标程序，目标程序调试通过后，使用商用编程器的工具写入单片机，该过程称为编程。

2. 数据存储器

单片机片内数据存储器目前供应的类型有 SRAM 静态数据存储器，少数单片机片内有 EEPROM 非易失性数据存储器。51 子系列片内 RAM 有 128B，52 子系列片内 RAM 有 256B，52 子系列向下兼容 51 子系列，选择 52 子系列在使用上更为方便灵活。

3. 功耗

许多公司都供应低电压的 80C51 系列单片机，具有低功耗的特点。如 Atmel 公司的 AT89LV51 和 AT89LV52，它的工作电压范围为 2.7~6V，可直接替换相应的 5V 工作电压芯片。

4. 体积

在应用系统的空间有限时，可选择相应型号的 PLCC 和 QFP 封装的单片机，外围芯片当然也要选择小型封装。在无外围扩展时也可选择非总线型的单片机。

知识点二　单片机仿真器、编程器的程序调试与程序烧录

使用仿真器调试程序，程序调试完成后，使用编程器将编译的十六进制文件烧录入单片机，将单片机芯片从编程器上取下，插入到电路板的 IC 插座上，给电路板接上 5V 电源，观察程序与硬件电路运行情况。

一、程序调试

任何程序很难做到一次书写成功，一般都需要反复地调试修改才能实现应有的功能。

程序调试的实现方法有多种，例如可以使用编程器把编译后的程序烧录入单片机，然后插在目标电路板上看其能否实现应有的功能，若不能，修改后重新烧录试机，直到调试完成；对于支持 ISP 在线下载的单片机，可以通过下载线实现程序的烧录进行验证。在所有的方法中最为方便、直观、高效的方法是使用仿真器进行程序的调试。下面以伟福仿真器为例介绍软件调试的具体过程。

伟福仿真器主要由仿真器和仿真头两部分组成，如图 10-8 所示。

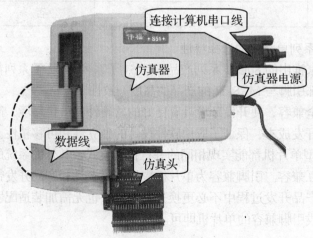

图 10-8　伟福仿真器

程序调试的基本步骤如表 10-11 所示。

表 10-11　　　　　　　　　　程序调试的基本步骤

步骤	操作说明	操作示意图
1	将仿真器的串口通过串口线连接到计算机的串口，仿真头插入到目标电路板中单片机的 40 脚插座中，如右图所示。然后给电路板加上 5V 的直流电源	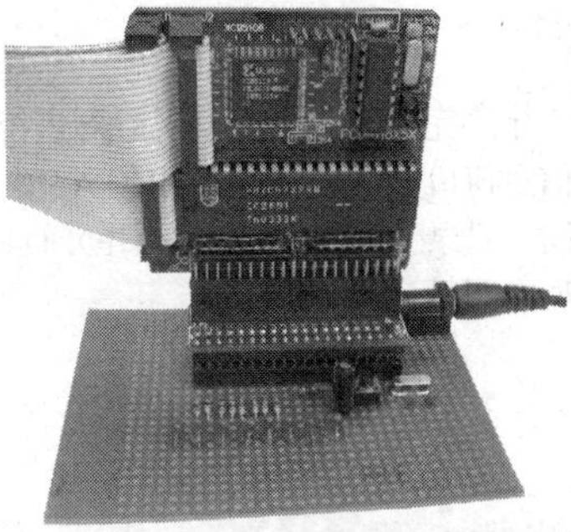
2	启动 WAVE 2000 软件，选择菜单"仿真器"→"仿真器设置"命令，进行仿真器的设置及通信设置，如图所示。在图的左下角取消"使用伟福软件模拟器"的选择，表示是使用硬件仿真器，如果勾选则表示使用软件本身的模拟器，这时不需要连接硬件仿真器	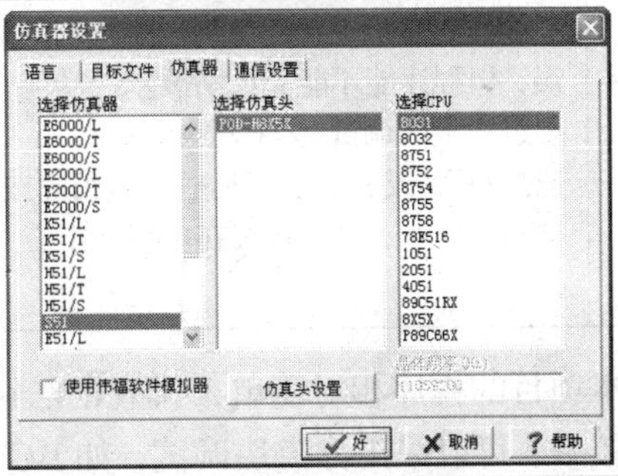
3	设置完成后，单击"确定"按钮，弹出右图所示对话框，表示计算机和仿真器已经建立连接关系	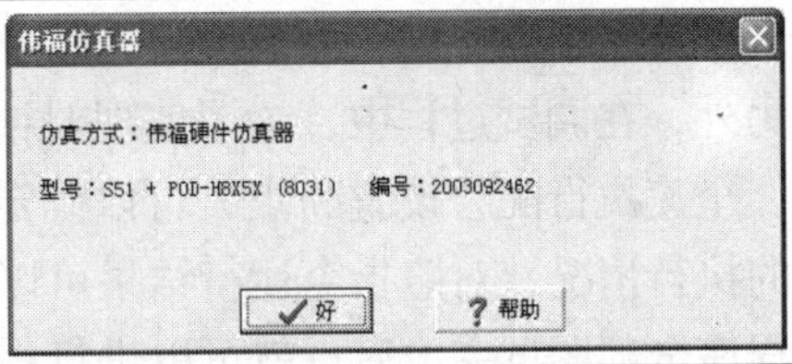
4	新建一个文件，通过键盘输入编写的程序，然后保存，注意保存时一定要带上扩展名".ASM"，如右图所示。否则汇编器无法识别文件而无法完成汇编	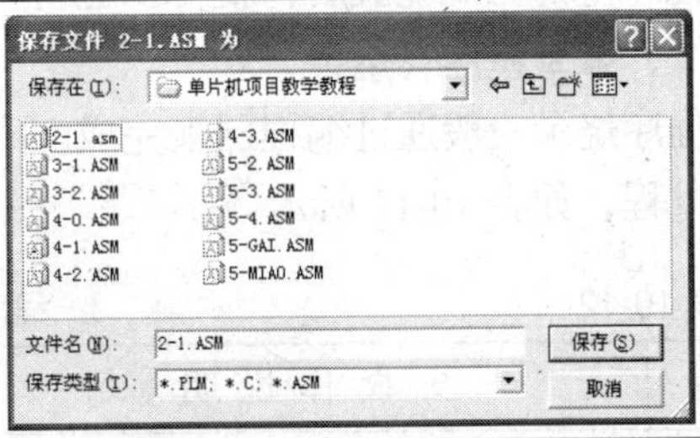
5	程序编写完成后，选择菜单"项目"→"编译"，或者按 F9 键进行编译，如果存在方法错误，就会在信息窗口显示错误所在的行、错误代码和错误类型，如右图所示。可以根据提示逐行排除错误	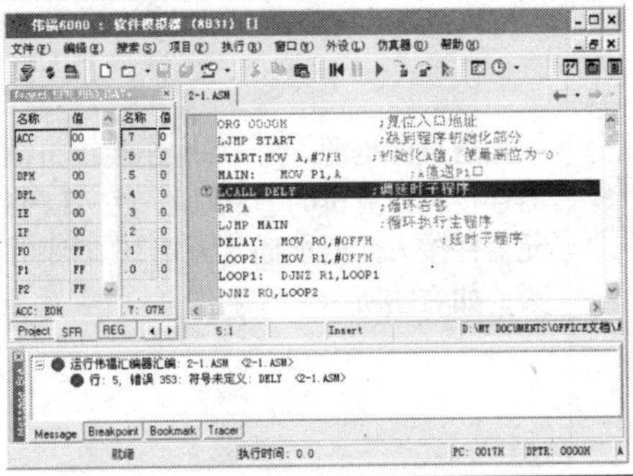

步骤	操 作 说 明	操作示意图
6	排除完所有的语法错误后再进行编译，信息窗口显示编译通过并在 ASM 文件的同一目录下自动生成一个 HEX 目标文件，如右图所示	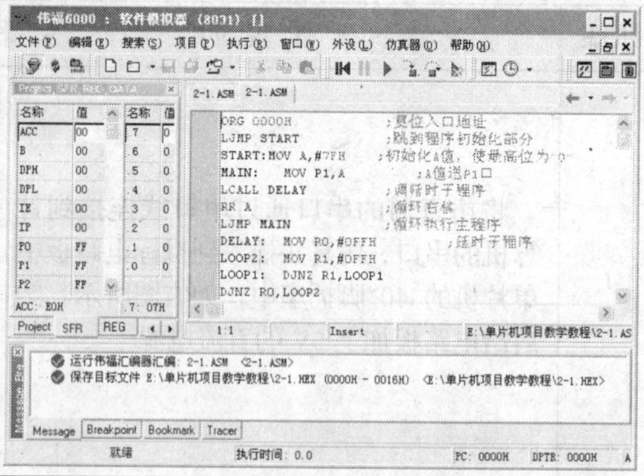
7	编译无误后，只是说明程序没有语法错误，但程序能不能完成所要求的功能，还要进一步的调试。选择菜单"执行"→"全速执行"，或者点击工具栏上的相应按钮，如右图所示，可以直接在电路板上看到执行结果	

本项目的程序相对简单，排查语法错误和功能错误难度不是很大，但对于有些程序，任务较多，可以采用分模块调试，如 BCD 码转换程序、数码管显示程序、中断程序、子程序等。全部正常后，再一个模块一个模块的添加，最后达到所要求的功能。

另外，在调试过程中，为了实现对错误正确定位，可以采用单步与全速执行相结合的方法。全速执行配合设置断点，可以确定错误的大致范围；单步执行可以了解程序中每条指令的执行情况，对照指令运行结果可以知道该指令执行的正确性。

程序全部调试完成后，就可以进行程序烧录了。

二、编写程序（烧录）

程序烧录一般通过编程器来完成。下面以 Easy PRO 80B 型号的编程器为例介绍程序烧录的过程，如表 10-12 所示。

表 10-12　　　　　　　　　　　程序烧录的过程

步骤	操 作 说 明	操作示意图
1	接通直流电源，用 USB 连接线将编程器连接到计算机的 USB 口，将 AT89S51 元器件按方向要求插入万用 IC 插座并锁紧，如右图所示	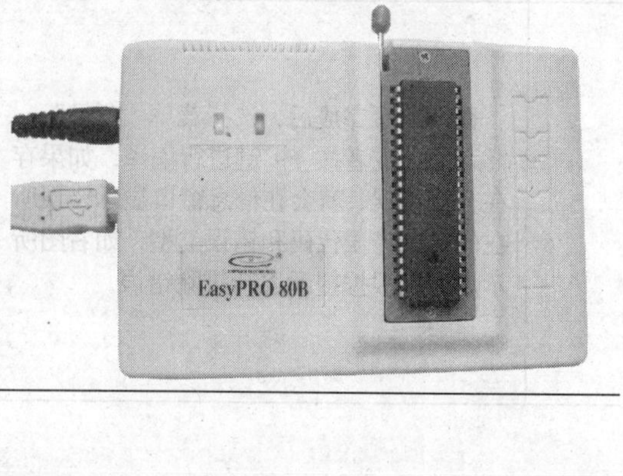

续表

步骤	操作说明	操作示意图
2	运行编程器随机附带的编程软件"EasyPRO Programmer"，未调入文件时所有单元的值均为"FF"，如右图所示	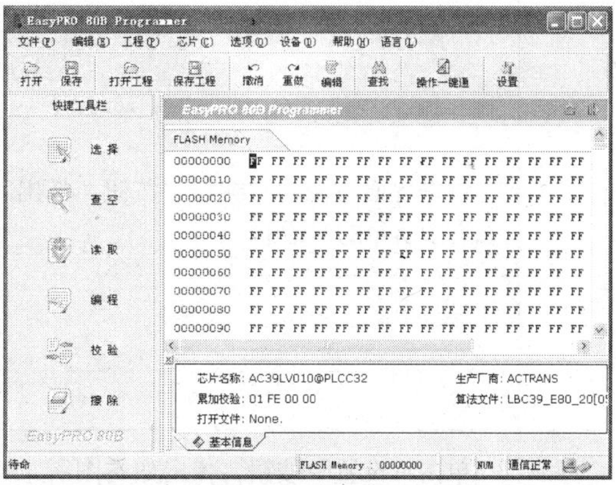
3	选择所要烧录的元器件的型号。单击界面右侧的"选择"按钮，弹出"选择元器件"对话框，如右图所示。在"类型"列表中选择"MCU"（微控制单元，即单片机）;在"厂商"列表中选择"AT89S××";在"元器件"列表中选择"AT89S51"。点击"选择"按钮完成元器件选择	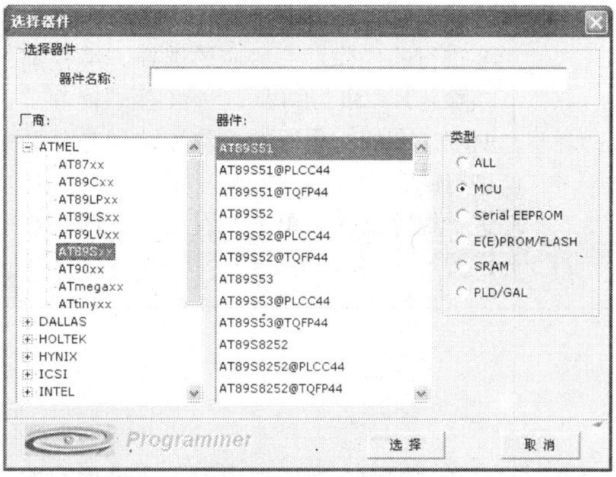
4	单击工具栏的"打开"按钮，选择将要写入单片机程序存储器的HEX（或者BIN）文件，弹出如右图所示的对话框，单击"确定"按钮	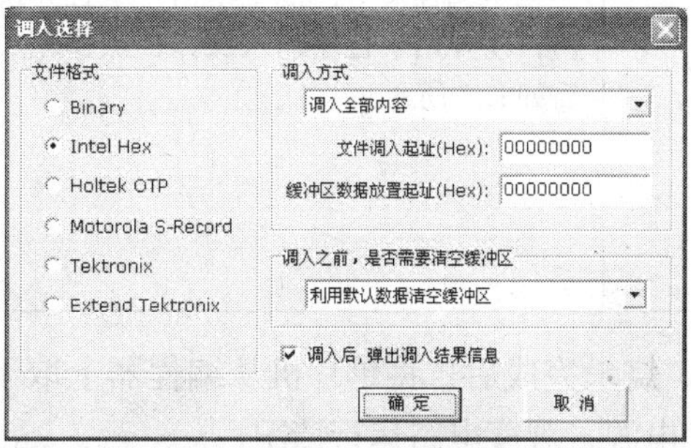
5	调入文件后如右图所示，有数据的单元会显示具体数据	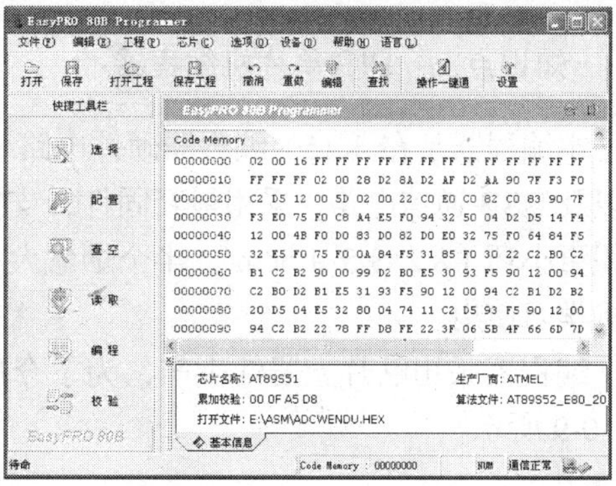

续表

步骤	操 作 说 明	操作示意图
6	单击界面右侧的"编程"按钮，弹出如右图所示的对话框	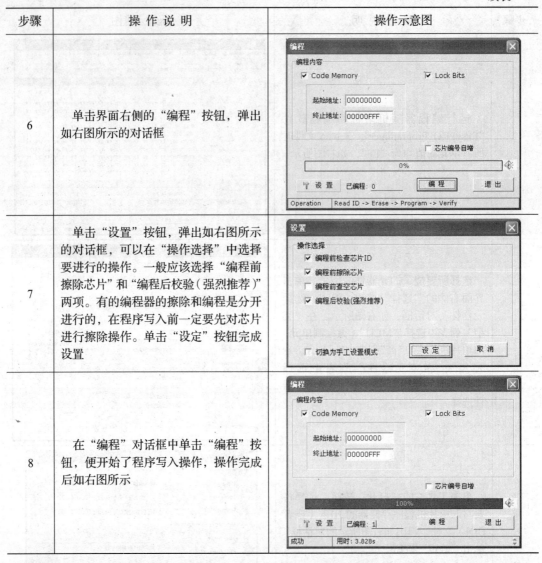
7	单击"设置"按钮，弹出如右图所示的对话框，可以在"操作选择"中选择要进行的操作。一般应该选择"编程前擦除芯片"和"编程后校验（强烈推荐）"两项。有的编程器的擦除和编程是分开进行的，在程序写入前一定要先对芯片进行擦除操作。单击"设定"按钮完成设置	
8	在"编程"对话框中单击"编程"按钮，便开始了程序写入操作，操作完成后如右图所示	

烧录完成后，将单片机从编程器上取下，插入到电路板的 IC 插座上，给电路板接上 5V 电源，观察电路运行情况。

知识点三　PIC 单片机编程器

本编程器是在 K150 编程器硬件电路基础上做了大量的优化改进而来，板载供电、升压以及 USB 通信电路，采用最新固件，支持芯片最多，并汉化了应用程序；运行更稳定，体积更小巧（$8.2 \times 3.5 \times 1.5 \text{cm}^3$，半个烟盒大小），更适合生产、研发、工程现场以及 PIC 单片机学习使用。

编程器采用贴片元器件生产，为了今后升级，主控芯片则保留 DIP 封装并配座，如图 10-9 所示。

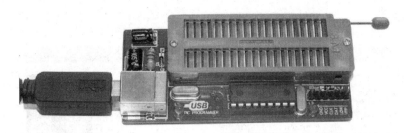

图 10-9 PIC 编程器

一、支持 PIC 单片机型号

支持 PIC 单片机的有 PIC10 系列、12C 系列、12F 系列、16C 系列、16F 系列和 18 系列的各个牌号。

二、PIC 编程器的特点

① 具有 USB 通信方式（公头），即插即用，方便台式机和没有串口的笔记本电脑使用。

② 烧写速度要比 PICSTARTPLUS 快得多。

③ 可以方便地读出芯片程序区的内容。

④ 全自动烧写校验。

⑤ 全面的信息提示，让用户清楚了解工作状态。

⑥ 配备 40 脚的 ZIF 烧写座，能直接烧写 8 脚 40 脚的 DIP 芯片。

⑦ 8 脚 40 脚以外的芯片可通过板载 ICSP 输出直接在线下载。

⑧ 兼容 Windows98 和 Windows 2000/NT，Windows XP 等操作系统。

⑨ 烧写软件和 K149A/B/C/D 一样，有汉化版和英文原版，使用更得心应手。

三、SP-K150 PIC 单片机编程器安装英文软件使用方法

1. 硬件安装

K150 编程器硬件安装很简单，把随机配送的 USB 数据线一头插到的 USB 口，另一头插到编程器的 USB 口上，硬件安装即可完成。

硬件安装后，计算机会自动发现新硬件，让计算机在随机所带的光盘中的 ft232usbdriver2.0 目录中，安装 USB 驱动即可，如图 10-10 所示。

  驱动程序   ft232usbdriver2.0

图 10-10 安装目录

安装完毕后，系统会提示新硬件可以正常使用了。

由于使用的 USB 口通信，系统提示编程器的新硬件可以正常使用后，再安装编程器的驱动程序，就可以正常使用了。

2. 驱动程序安装

运行光盘驱动程序目录中的 setup 安装程序，按程序提示，一步一步即可安装完驱动程序。

单击"开始"→"所有程序"→"DIYPGMR-Micropro 程序"，驱动程序运行界面如

213

图 10-11 所示。

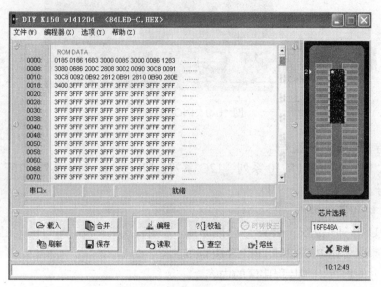

图 10-11　驱动程序运行界面

3. 虚拟 COM 口的确认

由 USB 口虚拟出来的 COM 口可以从系统的设备管理器中查看，以 XP 系统为例，其具体步骤如下。

单击"开始"→"控制面板"→"性能与维护"→"系统"→"硬件"→"设备"→"端口（COM 和 LPT）"，从图 10-12 中可以看出，虚拟出来的 COM 口是 COM3。

根据经验，一般虚拟出来的串行口是 COM3 或 COM4。

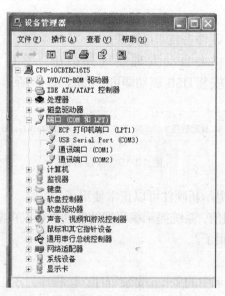

图 10-12　虚拟 COM 口的确认操作界面

4. 编程器的设置

把随机所带的 USB 数据的一头插在 PC 的 USB 口上，另一端插在编程器的 USN 口上，此时，编程器上的绿灯应该亮。

启动程序，单击"File"→"Port"，如图 10-13 所示。把虚拟的串行口改成上面查看到的 COM3，单击"OK"确认，如图 10-14 所示。

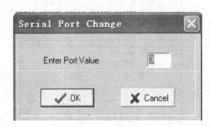

图 10-13　单击"File"→"Port"界面　　　　图 10-14　单击"OK"确认界面

单击"File"→"Programmer"，选择编程器的版本为 K150，编程器就设置完毕，如图 10-15 所示。

图 10-15　编程器设置完毕的界面

5. 编程器的操作

编程器的基本操作有：读（Read）、查空（Blank）、编程（Program）、校验（Verify）。

选择要写的芯片的型号，读入要写的文件，单击"编程"按钮，就可以对芯片进行写入操作。

四、SP-K150 PIC 单片机编程器安装中文软件使用方法

1. 驱动程序安装

运行光盘驱动程序目录中的 setup 安装程序，按程序提示，一步一步即可安装完驱动程序。

单击"开始"→"所有程序"→"DIYPGMR-Micropro 程序"，驱动程序运行界面如图 10-16 所示。

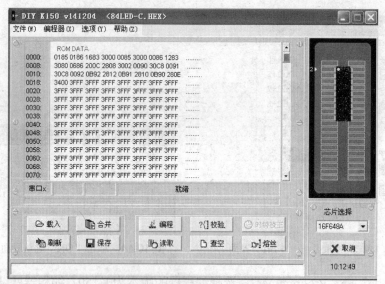

图 10-16　驱动程序运行界面

2. 虚拟 COM 口的确认

由 USB 口虚拟出来的 COM 口可以从系统的设备管理器中查看，以 XP 系统为例，如图 10-17 所示，其具体步骤如下。

图 10-17　虚拟 COM 口的确认操作界面

单击"开始"→"控制面板"→"性能与维护"→"系统"→"硬件"→"设备"→"端口（COM 和 LPT）"，从图 10-17 中可以看出，虚拟出来的 COM 口是 COM3。

根据经验，一般虚拟出来的串行口是 COM3 或 COM4。

3. 编程器的设置

把随机所带的 USB 数据的一头插在 PC 的 USB 口上，另一端插在编程器的 USN 口上，此时，编程器上的绿灯应该亮。

启动程序，单击"文件"→"端口"，如图 10-18 所示。把虚拟的串行口改成上面查看到的 COM3，单击"OK"确认，如图 10-19 所示。

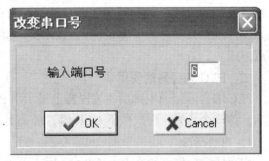

图 10-18 单击"文件"→"端口"界面 　　　　　　图 10-19 单击"OK"确认界面

单击"文件"→"选择编程器硬件版本"，选择编程器的版本为 K150，编程器设置完毕，如图 10-20 所示。

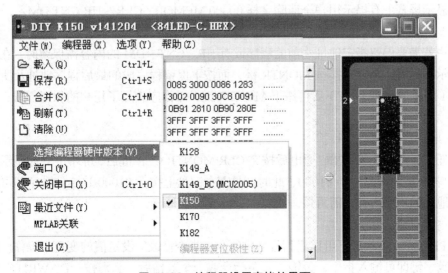

图 10-20 编程器设置完毕的界面

4. 编程器的操作

编程器的基本操作有：读（Read）、查空（Blank）、编程（Program）、校验（Verify）。选择要写的芯片的型号，读入要写的文件，单击"编程"按钮，就可以对芯片进行写入操作。

知识点四　常见 PLC 编程器工作过程及使用

一、PLC 编程器的工作过程

PLC 编程器的工作过程一般可分为 4 个扫描阶段。

① 一般扫描阶段，在此阶段 PLC 复位 WDT，检查 I/O 总线和程序存储器。

② 执行外设命令扫描阶段，在此阶段 PLC 执行编程器、图形编程器等外设输入的命令。

③ 执行用户程序扫描阶段。

④ 数据输入/输出扫描阶段。

PLC 的编程语言：与计算机一样，PLC 的操作是按其程序要求进行的，而程序是用程序语言表达的。PLC 编程器是工业自动控制的专用装置，其主要使用者是广大工程技术人员及操作维护人员，为了满足他们的传统习惯和掌握能力，采用了具有自身特色的编程语言或方式。

二、PLC 编程器的使用

PLC 编程器接通电源后，编程器上显示出 PASSWORD "口令"字样，按 CLR MONTR 键后，该口令消失，再次按下 CLR 键，屏幕上显示出地址 0000，然后方可进行各项操作。

1. 内存清除

内存清除操作必须在 PROGRAM 模式下进行。

（1）内存全清除

内存全清除是指将存储器中的程序、继电器、定时器/计数器、数据存储器中的数据全部清除。依次按清除 CLR→置位 SET→反 NOT→复位 RESET→监控 MONTR 键按 MONTR 键前，显示屏幕上有提示用户全清除字样 00000 MEMORY CLR？ HR CNT DM。

（2）部分清除

用户若需要保留指定地址之前的程序或有 HR、CNT、DM 的内容需保留时，在以上所讲的提示字样时，不要直接按 MONTR 键，而按下保留程序段的最后程序地址及所要保留的区域（HR、DM 或 CNT）后再按下 MONTR 键，操作应满足了用户的保留需求，只清除需要清除的部分。

2. 地址建立

在任何一个模式下，PLC 通电后按完 CLR MONTR CLR 键后，屏幕上立即显示出地址 00000，若要把地址改建于 01000，此时，只需在键盘上按下 01000 这 5 位数字即可；若要显示该地址的程序内容，需再按一次"↑"键或"↓"键。

3. 程序输入

在 PROGRAM 状态下可以进行程序的写入、指令修改、设定值的变更等操作。使用指令键和数字键即可输入指令，每输入一条指令或一个数据后，都需按一次 WRITE 键，此时地址自动加 1，显示下一个地址的指令内容。

4. 程序读出

程序读出操作可在 RUN、MONITOR、PROGRAM 这 3 种模式下进行，用于读出用户存储器的内容。设定需要读出的地址，后按"↑"键或"↓"键，利用"↑"键或"↓"键，地址会继续加 1 或减 1，可以读出用户程序。

5. 程序检查

程序检查仅可在 PROGRAM 模式下进行，用于确认用户程序的内容是否符合编程的规定。程序中有错误时，该地址和内容被显示出来。按 CLR SRCH 键，显示屏幕上会显示检查等级提示，再键入检查等级（可选 0~2），若程序有错，则在屏幕上显示出错地址和错误内容，且每按一次 SRCH 键，就会显示程序的下一个出错地址及错误内容。

6. 指令检索

本操作可以在 RUN、MONITOR、PROGRAM 方式下完成。若要检索程序中的某条指令，可采用指令检索。按 CLR 键，并键入要开始检索的程序地址，后键入要检索的指令，再按搜索键 SRCH，编程器的显示屏幕上即显示出要检索的指令内容及其地址，按下"↓"键，显示出该指令的操作数（对于有多操作数的指令而言）。若要继续向下检索该指令，可重复按 SRCH 键，直到检索到 END 指令或程序存储器的最后一个地址为止。

7. 触点检索

触点检索用于检索已存入存储器的程序的触点，可在 RUN、MONITOR、PROGRAM 方式下操作，而在 RUN、MONITOR 方式下可以显示该触点的通断状态。按 CLR 键，并输入要检索的起始地址，后依次按 SHIFT CONT/#键及所要查找的触点号，再按 SRCH 键，这时，从起始地址开始，第一个含有该触点号的指令就显示在屏幕上，再按 SRCH 键，继续检索该触点，直到 END 指令为止。

8. 指令插入

指令插入只能在 PROGRAM 方式下操作。在已有的原程序中插入一条指令，先利用指令读出或指令检索的方式找出指令要插入的地址（找到要插入指令的后面一条指令），然后键入要插入的指令，后按 INS 键（这时显示屏幕上显示提示 INSERT？）再按"↓"键，该条指令即被插入，若要插入的是一条多字节指令，在完成以上操作后，可连续输入操作数并按 WRITE 键。

9. 指令删除

指令删除在 PROGRAM 方式下操作，用于删除程序中的一条指令。先读出要删除地址的程序，然后按 DEL（这时显示屏幕上显示提示 DELETE？）再按"↑"键，原来显示的那条程序即被删除。当删除多字节指令时，操作数也一起被删除。

10. 位、数、字监视

位、数、字监视可在 RUN、MONITOR 方式下进行操作，可以监视 I/O 及内部继电器、特殊辅助继电器（232~255CH）、AR、HR、LR 的状态，也可以监视 T/C 的状态及内容。

知识点五　编程器在弱电中的应用

下面以 Genius NSP 通用多功能单片机编程器为例介绍一下通用编程器的应用方法。

一、通过产品清单了解编程器的配置

Genius NSP 通用编程器产品配置有：编程器主机一台；串口 RS232 九针连接电缆线一根；9V/400mA 直流电源一个；Genius NSP 通用编程器说明书一本；配套软件光盘一张。Genius NSP 通用多功能编程器标配如图 10-21 所示。

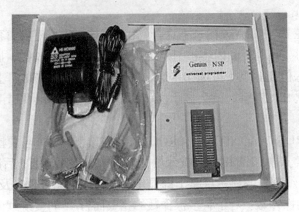

图 10-21　Genius NSP 通用多功能编程器标配

二、通过编程器说明书了解编程器的主要功能、特性和特点

Genius NSP 通用编程器特点及功能如下。

（1）特点

40pins 万用锁紧插座，适合绝大多数元器件编程，使用适配器能够支持非 DIP 封装元器件的编程，使用 RS232 串口通信，通信波特率为 57 600bit/s，使用 9V/500mA 电源转换器。

（2）主要功能

可用于 EPROM、EEPROM、FLASH、MPU/CPU、PLD；适合 Serial EEPROM 等 6 大类元器件的编程；可用于 RAM 元器件及 CMOS/TTL 元器件的测试等。可选择的元器件插入自动探测启动功能，即当选择该功能并启动后，不再需要每次单击鼠标启动操作，当每次更换芯片并锁紧万用插座后操作自动启动。

Windows 软件界面，Genius NSP 可以在 Windows 95、Windows 98、Windows Me、Windows 2000、Windows XP 上运行，软件界面非常友好。

（3）Genius NSP 的特性

新概念驱动主电路设计，对各类元器件电气兼容性好。电平规范稳定、功耗低，整机无明显过热。主板采用 SMT 安装工艺，结构紧凑、运行可靠。

软件界面 3 大主窗口，即"数据"窗口、"操作状态及历史记录"窗口和"编程环境及相关信息"窗口。它提供丰富有用的信息，界面切换灵活可靠，任何时候都将用户最关心的窗口推向焦点位置，并能自由切换。

操作简单明了，绝大部分操作可在工具栏或主菜单中一次完成。长达 500 条操作记录，记录了最近 500 次的操作历史。自动 ID 填充，方便用户在批量生产时标记自己的产品 ID 号。操作错误时具有声音提示并以特殊颜色显示。

支持 BIN（二进制）、HEX（十六进制）等多种文件格式。文件加载方式灵活，尤其对缓冲区空白区的填充方式非常灵活，可以填入 0xff、0x00、用户自定义值、或不常用缓冲区中的空白区。通过这些方式的灵活应用，可以实现填充、搬迁、连接文件等目的。对于特殊插放，自动弹出插放方式图。

Genius NSP 支持多达 2000 多种元器件。

三、烧写单片机芯片的过程

将烧写软件下载到用户的计算机后，经过 ZIP 软件解压缩后直接双击其中的 NSPSETUP.EXE 文件自动进行安装，安装结束后，双击桌面快捷方式图标，烧写软件开始运行。

四、对单片机编程的方法

假设要对 AT89C51 单片机进行文件烧写，首先要选择并装载要烧写的文件，单击左上角"加载"正方形的按钮，这时会出现路径提示框。例如，写入的文件是 D:\001.HEX，选中后打开即可，这时会出现文件格式确认界面，如图 10-22 所示。

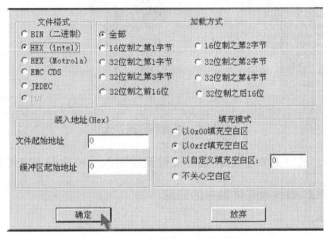

图 10-22　加载程序文件界面

核对文件格式正确后，单击"确定"按钮后文件就会被加载成功，软件界面的地址空间就会立即填充相应的数据，然后可以先选择"MPU"类型，再选择生产厂家"ATMEL"公司，再双击"元器件型号"列表中的"AT89C51"，这时会弹出选项界面，如图 10-23 所示。

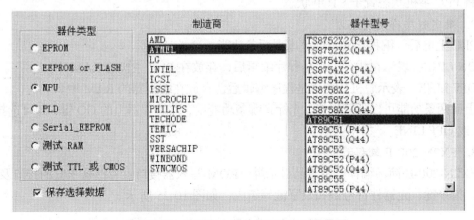

图 10-23　选择写入芯片的厂家和型号界面

这时既可以选择手动操作，例如，擦除→查空→编程→比较，也可以直接单击顺序操作中的"确定"按钮就能全部完成烧写。是否加密可以根据需要选择，如图10-24所示。

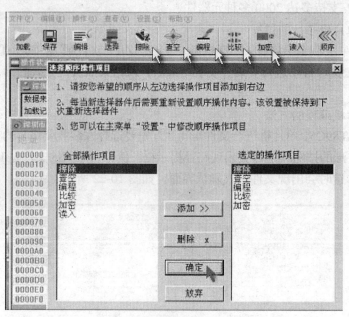

图10-24　烧录编程操作选择

操作完毕之后，选定的001.HEX程序文件就被写入了单片机AT89C51存储器中。

知识点六　PLC编程器在强电中的应用

一、实训目的

① 熟悉FX-20P手持式编程器各功能键的含义。

② 掌握FX-20P手持式编程器的使用方法。

二、实训指导

1. PLC上电

将PLC主机状态置于STOP状态。

2. 确定程序存储的地方

PLC上电后，编程器显示屏上出现两条功能。

ON LINE：表示在线，意思是程序编辑后，存放在PLC主机的RAM中。

OFF LINE：表示脱机，意思是程序编辑后，存放在编程器的RAM中。

上面两条功能可以任意选择，光标在哪条功能前，按编程器上的GO键，即可选择ON LINE或OFF LINE。

3. FX2N-20P-E编程器

FX2N-20P-E简易编程器由液晶显示屏、ROM写入器接口、存储器卡盒的接口及由功能键、指令键、元器件符号键和数字键等组成，如图10-25所示。

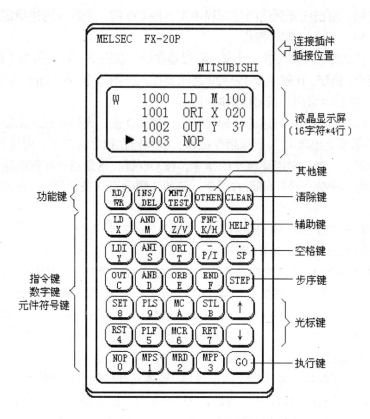

图 10-25 FX2N-20P-E 编程器

（1）RD/WR：读写操作

R：显示屏上出现 R 为读指令操作，编程器在读状态下，可进行如下操作。

① 找指令：将所要查找的指令写出，然后按确认键 GO，即可找出目标指令。

例，写出 OUT Y020，按 GO 键，PLC 即在程序中查找此条指令，找到后，光标就停留在此条指令前面；如果程序中没有此条指令，显示屏将出现 NOT FOUND。再次按 GO 键，PLC 继续从现在的位置查找相同的指令，如有，光标就停留第二处 OUT Y020 的位置；如没有第二处有 OUT Y020 指令，显示屏将出现 NOT FOUND。

② 移动光标：写出所要到达的目标程序步，按 GO 键，光标就到达指定程序步。

例，将光标从目前位置移到程序步 200 的位置，操作如下。

写 STEP 200，按 GO 键即可。

（2）W：显示屏上出现 W 为写指令操作，编程器在写状态下，可进行如下操作。

① 清屏：按 NOP→A→GO→GO，即可将 PLC 主机或编程器 RAM 存储器的指令全部清除。

② 写指令：按程序指令表的顺序从程序步 0 条开始输入指令，每输入一条指令按 GO 键一次。

③ 覆盖：将光标对准需要修改的指令，然后将正确的指令写出，按 GO 键，后写的指令即将原来的指令覆盖掉。

④ 移动光标：写出所要到达的目标程序步，按 GO 键，光标就到达指定程序步。

（3）INS/DEL：插入、删除操作。

I：显示屏上出现 I 为插入指令操作，编程器在插入状态下，可进行如下操作。

① 插入指令：例如，在程序步 19～20 之间要插入一条指令，须将光标对准 20 条指令，然后将需要插入的指令写出，按 GO 键即可。

② 移动光标：写出所要到达的目标程序步，按 GO 键，光标就到达指定程序步。

（4）D：显示屏上出现 D 为删除指令操作，编程器在删除状态下，可进行如下操作。

① 逐条删除：将光标对准要删除的指令，按 GO 键，这条指令即被删除。

② 部分删除：删除一个区间断的指令。例如，删除第 0 条到第 50 条之间的指令，操作如下：

STEP 0→SP→STEP 50→GO 即可。

（5）MNT/TEST：监视、监测操作。

M：显示屏上出现 M 为监视指令操作，编程器在监视状态下，可进行如下操作。

① 元器件监视：是指监视指定元器件的 ON/OFF 状态，设定值及当前值。例如，监视元器件 X000 以及其后元器件的 ON/OFF 状态，操作如下：按 SP 键→X000→GO 键，有 "■" 标记的元器件，则为 ON 状态，否则为 OFF 状态。按向下的光标移动键，则可监视 X000 以后元器件的 ON/OFF 状态。

② 导通检查：根据步序号或指令读出程序，监视元器件触点的动作及线圈导通。例如，读出 120 步作导通检查的键操作是：STEP→120→GO，根据显示在元器件左则的 "■" 标记，可监视触点的导通和线圈的动作状态。

（6）T：显示屏上出现 T 为监测指令操作，编程器在监测状态下，可进行如下操作。

① 强制元器件处于 ON/OFF 状态：PLC 主机处于 STOP 编程状态，按 MNT/TEST 键，显示屏出现功能 M，按 SP 键，此时输入要监视的元器件号，按 GO 键。然后再按 MNT/TEST 键，显示屏出现功能 T，按 SET 键，强制元器件 ON，按 RST 键，强制元器件 OFF。每次只能强制一个元器件。例如，强制 Y000 的操作如下。M 状态：按 SP→Y000→GO 键。T 状态：按 SET 键，强制 Y000ON；按 RST 键，强制 Y000OFF。

② 修改 T、C、D、V、Z 的当前值，具体操作如下。PLC 主机处于 RUN 运行状态，按 MNT/TEST 键，显示屏出现功能 M，按 SP 键，此时输入要监视的元器件号，按 GO 键。然后再按 MNT/TEST 键，显示屏出现功能 T，按 SP 键，按 K 或 H 键，修改当前值，按 GO 键完成。

③ 修改 T、C 的设定值：PLC 主机处于 STOP 或 RUN 运行状态，按 MNT/TEST 键，显示屏出现功能 M，按 SP 键，此时输入要监视的元器件号，按 GO 键。然后再按 MNT/TEST 键，显示屏出现功能 T，按 SP 键，按 K 或 H 键，修改当前值，再按 SP 键，按 K 或 H 键，修改设定值，按 GO 键完成。

三、实训内容

1. 编程操作

（1）程序 "清零"

程序 "清零" 后，显示屏上全为 NOP 指令，表明 RAM 中的程序已被全部清除。

（2）程序写入

【例10-1】 将图10-26所示梯形图所对应的指令程序写入主机RAM，并调试运行程序。

注意：程序中第4步ANP X001输入的键操作如下。

[W]：AND → P → X → 1 → GO

程序中第9步ORP X002输入的键操作如下。

[W]：OR → P → X → 2 → GO

程序中第12步LDF X003输入的键操作如下。

[W]：LD → F → X → 3 → GO

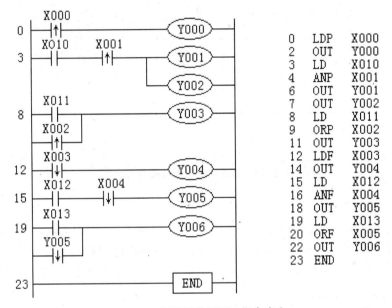

图10-26 训练用梯形图及指令表之一

每键入一条指令，必须按一下GO键确认，输入才有效，步序号自动递增；每写完一条指令时，显示屏上将显示出步序号、指令及元器件号。

若输入出错，按GO键前，可用CLEAR键自动清除，重新输入；按GO键后，可用"↑"或"↓"键将光标移至出错指令前，重新输入，或删除错误指令后，再插入正确指令。

【例10-2】 将图10-27所示梯形图所对应的指令程序写入主机RAM中。

（3）程序读出

将写入的指令程序读出校对，可逐条校对，也可根据步序号读出某条指令进行校对。

（4）程序修改

若要插入指令，应按INS/DEL键，首先选择插入功能，再用"↑"或"↓"键将光标移至要插入的位置，然后按程序写入的方法插入指令，后面的程序步自动加1。

若要删除某条指令，应再按一次INS/DEL键，首先选择删除功能，再将光标移至要删除的指令前，然后按GO键，指令即被删除，后面的程序步自动减1。

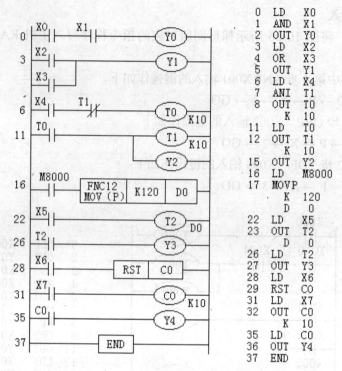

```
0   LD    X0
1   AND   X1
2   OUT   Y0
3   LD    X2
4   OR    X3
5   OUT   Y1
6   LD    X4
7   ANI   T1
8   OUT   T0
    K     10
11  LD    T0
12  OUT   T1
    K     10
15  OUT   Y2
16  LD    M8000
17  MOVP
    K     120
    D     0
22  LD    X5
23  OUT   T2
    D     0
26  LD    T2
27  OUT   Y3
28  LD    X6
29  RST   C0
31  LD    X7
32  OUT   C0
    K     10
35  LD    C0
36  OUT   Y4
37  END
```

图 10-27　训练用梯形图及指令表之二

2. 运行操作

（1）将图 10-26 中的指令程序写入主机 RAM 后，可按以下操作步骤将程序投入运行。

接通主机运行开关，主机面板上 RUN 灯亮，表明程序已投入运行；如果主机板面上 "PROGE" 灯闪烁，表明程序有错。此时应中止运行，并检查和修改程序中可能存在的语法错误或回路错误，然后重新运行。

（2）在不同输入状态下观察输入、输出指示灯的状态。若输出指示灯的状态与控制程序的要求一致，则表明程序调试成功。

3. 监控操作

（1）元器件监视

监视 X0～X2、Y2～Y4 的 NO/OFF 状态，监视 T0、C0 和 T2 的设定值及当前值，并将监视结果填入表 10-13 中。

表 10-13　　　　　　　　　　元器件状态监视表

元 器 件	ON/OFF	元 器 件	ON/OFF	元 器 件	设定值	当前值
X0		Y2		T0		
X1		Y3		C0		
X2		Y4		T2		

（2）导通检查

读出以 6 步为首的 4 行指令，利用显示在元器件左侧的 ■标记，监视触点和线圈的动作状态。

（3）强制 ON/OFF

对 Y2、Y3 进行强制 ON/OFF 操作。

（4）修改 T、C、D、Z、V 的当前值

将 D0 当前值 K15 修改为 K60，写出其键操作过程。

键操作：

（5）修改 T、C 设定值

将 T1 的设定值 K10 修改为 K50，写出其键操作过程。

键操作：

 项目学习评价

一、思考练习题

（1）在开发可编程芯片时编程器起什么作用？

（2）编程器的烧录程序应该如何使用？

（3）你对教师演示的顺序怎么理解，如果不按这些步骤进行操作能行吗？

（4）结合教师演示的例子，如果让你往一种 EPROM 里写入程序，你觉得应该怎么做？

（5）通用编程器可以支持多少种单片机和存储器的烧录程序？

（6）编程器有哪几类？

（7）对编程器相应的要求有哪些？

（8）编程器的规格与参数很多，主要有哪些特性？

（9）MCS-96 系列单片机的主要性能有哪些？

（10）编程器写入程序的实训。

① 教师事先准备一块单片机控制系统的应用电路（如电子钟电路、数码移位控制游戏、歌曲游戏）；

② 把编写好的源程序汇编成机器代码程序，记下该程序的存放路径；

③ 给微机安装烧录程序 NSPSETUP.EXE；

④ 用串口 RS232 九针连接电缆线把编程器与微机串行口相连；

⑤ 给编程器接上电源；

⑥ 把 AT89C51 插入编程器，通电源；

⑦ 运行烧录程序，开始烧写芯片；

⑧ 把烧录好的芯片安装到事先准备好的单片机控制的电路板上，接通电源，让单片机控制电路运行，验证芯片是否被正常写入程序。

二、自我评价、小组互评及教师评价

评价方面	项目评价内容	分值	自我评价	小组评价	教师评价	得分
理论知识	① 熟悉并能写出编程器要求	10				
	② 了解编程器的分类	10				
	③ 理解编程器的主要特性	10				
	④ 理解并掌握单片机的工作条件	10				
实操技能	① 能进行单片机程序烧录	20				
	② 理解编程器在电工电子中的应用	10				
	③ 能使用 PLC 编程器进行各种指令读、写、插入、修改等操作	20				
学习态度	① 严肃认真的学习态度	5				
	② 严谨、有条理的工作态度	5				

三、个人学习总结

成功之处	
不足之处	
改进方法	

项目十一 发光显示元器件的识别、检测与应用

 项目情境创设

目前发光显示元器件主要有两大类：一类是发光显示元器件（LED），是主动发光元器件［如图 11-1（a）所示］，主要有发光二极管组成七段数码显示器件和点阵显示器件［如图 11-1（b）所示］；另一类是液晶显示元器件（LCD），是被动显示元器件，靠反差显示文字和图形，主要有背光液晶显示器［如图 11-1（c）所示］和专用图形符号的液晶显示模块（LCM）［如图 11-1（d）所示］。本项目将介绍以上 4 部分内容。

（a）LED 汽车照明灯

（b）LED 点阵

（c）LCD 液晶显示器

（d）LCM 液晶显示模块

图 11-1 各种发光显示元器件

 项目学习目标

	学习目标	学习方式	学时
技能目标	① 能够目测区别发光二极管的正负极 ② 会使用万用表测量、判断发光二极管好坏 ③ 掌握检测数码管的方法 ④ 了解数码显示元器件（LED）和液晶显示元器件（LCD）的具体应用	对元器件的认识可以采用实物展示，实际电路中识别等方法。对元器件的检测可以采用教师演示，学生分组合作练习的方法	4

续表

学习目标		学习方式	学时
知识目标	① 掌握数码显示元器件（LED）的结构和显示原理 ② 理解 LED 的技术指标 ③ 掌握液晶显示元器件（LCD）的结构和显示原理 ④ 了解液晶显示模块（LCM）的结构和显示原理	教师讲授,学生合作学习	4

 项目基本功

11.1 项目基本技能

任务一 发光显示元器件（LED）的识别与检测

发光二极管（Light Emitting Diode，LED），它可以直接把电能转化为光能，是一种固态的半导体元器件。

发光二极管在家用电器中无处不在。它能够发光，有红色、绿色和黄色等，外形有直径 3mm、5mm 和 2mm×5mm 长方形的。

一、发光显示元器件（LED）的识别与检测

1. 常见发光二极管的识别

常见的发光二极管的规格、实物图与适用场合，如表 11-1 所示。

表 11-1　　　　　常见的发光二极管的规格、实物图与适用场合

规　格	实　物　图	适　用　场　合
ϕ5mm		家用电器手电筒的照明
2mm×5mm 长方形		家用电器电源指示灯，自动控制速度、位置、工作状态等指示灯
ϕ3mm	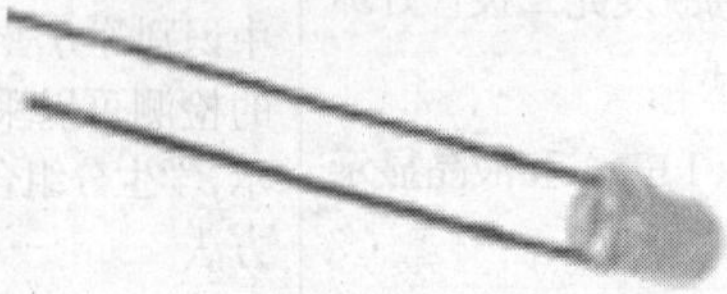	家用电器电源指示灯，自动控制速度、位置、工作状态等指示灯

续表

规　格	实　物　图	适　用　场　合
φ5mm 圆形发光二极管组成的点阵	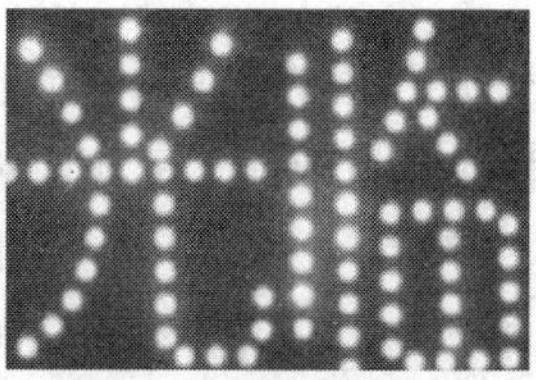	用发光二极管还可以构成电子显示屏。证券交易所里的显示屏就是由发光二极管点阵构成的，只是因为各种色彩都是由红、绿、蓝构成，而蓝色发光二极管在以前还未大量生产出来，所以一般的电子显示屏都不能显示出真彩色
φ8mm 平圆头发光二极管	 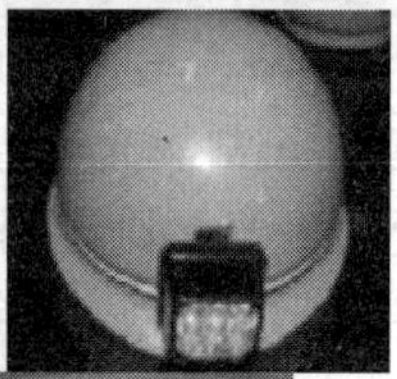 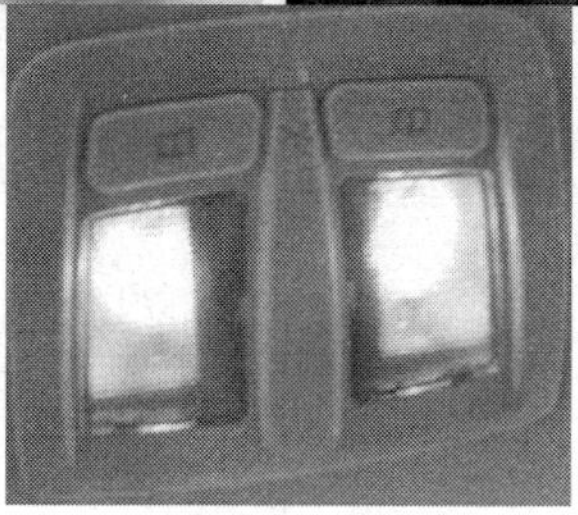	各种汽车照明灯和矿灯照明

2. 发光二极管的检测

发光二极管的发光颜色一般和它本身的颜色相同，但是近年来出现了透明色的发光管，它也能发出红、黄、绿等颜色的光，只有通电了才能知道。辨别发光二极管正负极的方法，有实验法和目测法。实验法就是通电看能不能发光，若不能发光就是极性接错或是发光管损坏。

（1）LED 正负极的目测判断

LED 的管体一般都是由透明塑料制成的，所以可以用眼睛观察来区分它的正、负电极：将管子拿起置较明亮处，从侧面仔细观察两条引出线在管体内的形状，面积较小的一端便是正极，面积较大的一端则是负极。若是新买来的发光管，管脚较长的一个是正极。

（2）LED 正负极的万用表测量

LED 的开启电压约为2V，而万用表置于 R×1k 挡及其以下各电阻挡时，表内电池仅为1.5V，比 LED 的开启电压低，所以无论 LED 是正向接入还是反向接入，管子都不能导通，也就无法进行检测判断。

因此，用万用表检测 LED 管时，必须要使用 R×10k 挡。置此挡时，表内接有 9 V 或15 V 的高压电池，测试电压高于管子的开启电压，可以对 LED 进行测量。

（3）外接辅助电源测量

用两节串联的干电池或 3V 稳压源，按图 11-2 所示连接电路即可较准确测量发光二极管的光、电特性。如果测得 V_F 在 1.4～3V，且发光亮度正常，说明发光正常；如果测得 $V_F=0$ 或 $V_F≈3V$，且不发光，说明发光管已坏。

注意，发光二极管是一种电流型元器件，虽然在它的两端直接接上 3V 的电压后能够发光，但容易损坏，在实际使用中一定要串接电阻限流，工作电流根据型号不同一般为 1～30mA。另外，由于发光二极管的导通电压一般为 1.7V 以上，所以一节 1.5V 的电池不能点亮发光二极管。同样，一般万用表的 R×1 挡到 R×1k 挡均不能测试发光二极管，而 R×10k 挡由于使用 15V 的电池，能把有的发光管点亮。

（4）两块指针万用表的检测

图 11-3 所示的电路是用两块指针万用表（最好同型号）检查发光二极管的发光情况。用一根导线将其中一块万用表的"+"接线柱与另一块表的"–"接线柱连接。余下的"–"笔接被测发光管的正极（P 区），余下的"+"笔接被测发光管的负极（N 区）。两块万用表均置×10Ω 挡。正常情况下，接通后就能正常发光。若亮度很低，甚至不发光，可将两块万用表均拨至×1Ω 若，若仍很暗，甚至不发光，则说明该发光二极管性能不良或损坏。应注意，不能一开始测量就将两块万用表置于 R×1Ω，以免电流过大，损坏发光二极管。

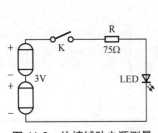

图 11-2　外接辅助电源测量

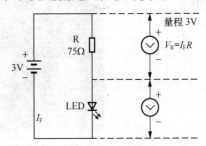

图 11-3　两块指针万用表的检测

（5）自闪发光二极管的正、负极的测量

可用万用表 R×1k 挡或 R×10k 挡（以 MF47 万用表为例）进行测量。当使用 R×1k 挡时，用红、黑两根表笔分别接自闪发光二极管的两根管脚，然后再把红、黑表笔对调，再测自闪发光二极管的两根管脚，电阻大的一次（表针还略有摆动），黑表笔接的是自闪发光二极管的正极，红表笔接的是自闪发光一极管的负极，如图 11-4 所示。

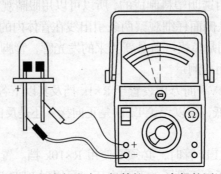

图 11-4　自闪发光二极管的正、负极的测试

如果用 R×10k 挡按上述方法测量，当电阻大的一次表针摆动的幅度大，而且管芯内会有一闪一闪的亮光。这种现象说明自闪发光二极管接的电源极性正确（即黑表笔接的是自闪发光二极管的正极），电路开始振荡，如图 11-4 所示。

（6）发光二极管批量筛选方法

图 11-5 所示是发光二极管批量筛选简单工装夹具。将正极板、绝缘板和负极板组合好后接入外接辅助电源（用两节串联的干电池或 3V 稳压电源），这时就可以进行发光二极管的批量检测筛选。

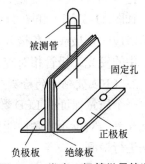

图 11-5　发光二极管批量筛选简单工装夹具

二、LED 数码管的识别与检测

LED 数码管也称半导体数码管。它是将若干发光二极管按电路原理连接，是以印制电路板为基板焊固发光二极管，并装入带有显示窗口的 ABS 塑料长方形壳内，最后在底部引脚面用环氧树脂封装而成。这就是最常用的数码显示元器件之一。LED 数码管具有发光显示清晰、响应速度快、耗电省、体积小、寿命长、耐冲击、易与各种驱动电路连接等优点，在各种数显仪器仪表、数字控制设备中得到广泛应用。

1. LED 数码管的识别

（1）外形的识别

常用的 LED 数码管多为"8"字形数码管，它内部由 8 个发光二极管组成，其中 7 个发光二极管（a～g）作为 7 段笔画组成"8"字结构（故也称 7 段 LED 数码管），剩下的 1 个发光二极管（h 或 dp）组成小数点。其实物图如图 11-6（a）所示，外形示意图如图 11-6（b）所示。

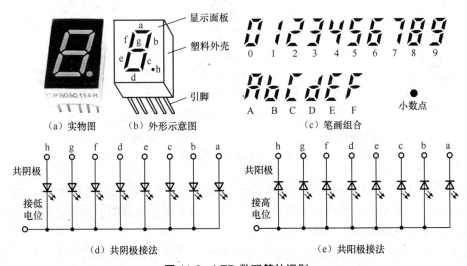

（a）实物图　　（b）外形示意图　　　　　（c）笔画组合

（d）共阴极接法　　　　　　　（e）共阳极接法

图 11-6　LED 数码管的识别

（2）笔画组合的识别

若控制某些笔段上的发光二极管发光的电位，就能够显示出图 11-6（c）所示的"0～9"

10 个数字和"A～F"6 个字母，还能够显示小数点。由此可知数码管可用于二进制、十进制以及十六进制数字的显示，使用非常广泛。

（3）电路图的识别

把数码管内所有发光二极管的负极（阴极）或正极（阳极）连接在一起，作为公共引脚，如图 11-6（d）和图 11-6（e）所示。按照共阴极或共阳极的方法连接；而每个发光二极管对应的正极或者负极分别作为独立引脚（称"笔段电极"），其引脚名称分别与图 11-6（b）中的发光二极管相对应，即 a、b、c、d、e、f、g 及 h 脚（小数点）。

2. LED 数码管的检测

一个质量保证的 LED 数码管，其外观应该是做工精细、发光颜色均匀、无局部变色及无漏光等。对于不清楚性能好坏、产品型号及管脚排列的数码管，可采用下面介绍的简便方法进行检测。

（1）干电池检测法

如图 11-7（a）所示，取两节普通 1.5V 干电池串联（3V）起来，并串联一个 100Ω、1/8W 的限流电阻器，以防止过电流烧坏被测 LED 数码管。将 3V 干电池的负极引线（两根引线均可接上小号鳄鱼夹）接在被测数码管的公共阴极上，正极引线依次移动接触各笔段电极（a～h 脚）。当正极引线接触到某一笔段电极时，对应笔段就发光显示。用这种方法可以快速测出数码管是否有断笔（某一笔段不能显示）或连笔（某些笔段连在一起），并且可相对比较出不同的笔段发光强弱是否一致。若检测共阳极数码管，只需将电池的正、负极引线对调一下，方法同上。

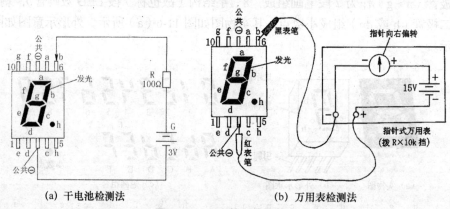

(a) 干电池检测法　　(b) 万用表检测法

图 11-7　LED 数码管的检测

如果将图 11-7（a）中被测数码管的各笔段电极（a～h 脚）全部短接起来，再接通测试用干电池，则可使被测数码管实现全笔段发光。对于质量保证的数码管，其发光颜色应该均匀，并且无笔段残缺及局部变色等。

如果不清楚被测数码管的结构类型（是共阳极还是共阴极）和引脚排序，可从被测数码管的左边第 1 脚开始，逆时针方向依次逐脚测试各引脚，使各笔段分别发光，即可测绘出该数码管的引脚排列和内部接线。测试时注意，只要某一笔段发光，就说明被测的两个引脚中有一个是公共脚，假定某一脚是公共脚不动，变动另一测试脚，如果另一个笔段发光，说明假定正确。这样根据公共脚所接电源的极性，可判断出被测数码管是共阳极还是共阴极。显然，公共脚如果接电池正极，则被测数码管为共阳极；公共脚如果接电池负极，则被测数码管应为共阴极。接下来测试剩余各引脚，即可很快确定出所对应的笔段来。

（2）万用表检测法

这里以 MF50 型指针式万用表为例，说明具体检测方法。首先，按照图 11-7（b）所示，将指针式万用表拨至 R×10k 电阻挡。由于 LED 数码管内部的发光二极管正向导通电压一般大于等于 1.8V，所以万用表的电阻挡应置于内部电池电压是 15V（或 9V）的 R×10k 挡，而不应置于内部电池电压是 1.5V 的 R×100 或 R×1k 挡，否则无法正常测量发光二极管的正、反向电阻。然后，进行检测。图 11-7（b）是检测共阴极数码管时，万用表红表笔（注意：红表笔接表内电池负极、黑表笔接表内电池正极）应接数码管的"–"公共端，黑表笔则分别去接各笔段电极（a～h 脚）；对于共阳极的数码管，黑表笔应接数码管的"+"公共端，红表笔则分别去接 a～h 脚。正常情况下，万用表的指针应该偏转（一般示数在 100kΩ 以内），说明对应笔段的发光二极管导通，同时对应笔段会发光。若测到某个管脚时，万用表指针不偏转，所对应的笔段也不发光，则说明被测笔段的发光二极管已经开路损坏。与干电池检测法一样，采用万用表检测法也可对不清楚结构类型和引脚排序的数码管进行快速检测。

任务二　液晶显示（LCD）元器件的识别与检测

1. 液晶显示（LCD）元器件的识别

利用液晶的各种电光效应，把液晶对电场、磁场、光线和温度等外界条件的变化在一定条件下转换成为可视信号制成的显示器就是液晶显示元器件。

液晶作为一种特殊的功能材料，具有极其广泛的应用价值。随着以液晶显示元器件为主的各类液晶产品的出现和发展，液晶已经深入到各行各业以及社会生活的各个角落。人类开发了液晶，液晶改变着人类生活。

液晶产品广泛地应用于仪器仪表、电子礼品、数码产品、计算器、车载系统、保健仪、家用电器、仪器仪表、电话、遥控器、医疗设备、电力设备等多个领域，如表 11-2 所示。

表 11-2　　　　　　　　　　　　液晶显示（LCD）元器件的识别

规　格	实　物　图	应　用
10″		烤烟机显示屏
17″		三星计算机显示屏（LCD）

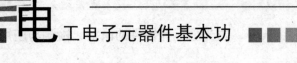

续表

规 格	实 物 图	应 用
10″		工业控制液晶显示屏（LCD）
4″		2.7 英寸 23 万像素数码相机的液晶显示屏（TFT LCD）
6″		银行客户显示屏
3.2″		手机显示屏
3″		空调器风量显示屏
3″		计算器显示屏
4″		电子英语词典显示屏

2. 液晶显示（LCD）元器件的检测

以应用广泛的三位半静态显示液晶屏为例，一般引出线均按此排列，若标志不清楚时，可用下述两种方法鉴定。

（1）加电显示法

取两只表笔，使其一端分别与电池组的"+"和"-"串联。一只表笔的另一端搭在液晶显示屏上（公共脚），与屏的接触面越大越好。用另一只表笔依次接触各引脚。这时与各被接触引脚有关系的段、位便在屏幕上显示出来。如遇不显示的引脚，则该引脚必为公共脚（COM）。一般液晶显示屏的公共脚有1~3个不等。

（2）数字万用表测量法

万用表置二极管测量挡，用两表笔两两相量。当出现笔段显示时，即表明两笔中有一引脚为BP（或COM）端，由此就可确定各笔段。若屏发生故障，亦可用此法查出坏笔段。对于动态液晶屏，用相同方法找COM，但屏上有不止一个COM，不同的是，能在一个引出端上引起多笔段显示。

对选购来的LCD在使用前应作一般的检查，液晶加电显示法在检查中表针有颤动，说明该段有短路，如果某段显示时，邻近段也显示，可将邻近段外引线接一个与背电极相同的电位（用手指连接即可），显示应立即消失（这是感应显示，可以不管它），接入电路，感应显示即可消除。也可以采用下述更为简便的检查方法：取一段几十厘米长的软导线，靠近台灯或收音机、电视机的50Hz交流电源线；用手指接触液晶数字屏的公共电极，用软导线的一端金属部分依次接触笔划电极，导线的另一端悬空，手指也不要碰导线的金属部分，如果数字屏良好的话，就能依次显示出相应的笔划来。

这种检查液晶数字屏方法的原理是：50Hz的交流电在导线上的感应电位与人体电位有一个电位差，我们暂且叫这个电位差为"电源"。这个"电源"电压可能会有零点几伏到十几伏（视软导线与50Hz电源线的距离而定），足以驱动液晶显示屏，而且此"电源"的内阻很大，不会损坏液晶显示屏，而万用表中的"高"直流电压对液晶显示屏是有害的。

只要适当调整软导线与50Hz电源线的距离，就能很清晰地显示出笔划。软导线与50Hz电源线也不要靠得太近，以免显示过强。

任务三　液晶显示模块（LCM）的识别与检测

液晶显示模块、模组（Liquid Crystal Display Module，LCM），是指将液晶显示元器件、连接件、控制与驱动等外围电路，PCB电路板，背光源，结构件等装配在一起的组件。

1. 液晶显示模块（LCM）的识别

在日常生活中，到处都可以看到液晶显示模块，如TN、STN、CSTN、TFT、OLED、人手一机的手机、CD随身听、笔记本、仪器操作面板、DVD、数码相机、空调操作面板、电子表、电话机、计算器等。造成液晶显示模块如此流行的原因是LCM让人与机器的沟通更容易。液晶显示模块（LCM）的认知如表11-3所示。

表 11-3　　　　　　　　　　液晶显示模块（LCM）的认知

规格	实 物 图	适 用 场 合
各种尺寸	 5×7 点阵加光标的显示模块   液晶显示模块（LCM）的 LCD 颜色有黄绿色、蓝色、灰色 PX12232 点阵图形类模块　　88 km/h 88 V　888888 字符型液晶显示模块	液晶显示模块（LCM）COB、TAB、COG 等液晶显示模块，用于汽车发动机计数器、记录仪、工业控制板、防雷击计数器、485 通信板、USB 接口的智能液晶显示模块等；广泛应用于智能仪表、医疗产品、家用电器等字符型液晶显示模块是专门用于显示字母、数字、符号等的点阵型液晶显示模块，提供 5×7 点阵加光标的显示模式，显示内容为 2 行，每行显示 16 个字符，每个字符大小为 5×8 点阵。字符发生器 RAM 可根据客户需求选择。液晶显示模块（LCM）的 LCD 颜色有黄绿色、蓝色、灰色，可供客户进行选择。液晶显示模块背光颜色有黄绿色、橙色、白色、红色、翠绿色、蓝色，可供选择

2. 液晶显示模块（LCM）的检测

液晶显示模块目前已经是各类电子产品中普遍使用的部件之一。液晶显示模块的检测和测试对于产品制造和应用都十分重要。

（1）感应检测法

在没有仪器仪表检测时，使用感应市电进行检测的方法也很实用。取一表笔线或普通电线，将一端绕在台灯或其他电器的电源线外面，2~5 绕即可。此时，该电线中即会感应产生微弱的交流电压。这个感应电压内阻很大，具有 50Hz 的交流感应电压对一般家用电器虽然没用，但用于驱动液晶显示模块却正好适用。此时，只要用手指捏住液晶显示模块的背电极，用该电线末端触碰段电极外引线，该段像素即可显示。用这种方法检测液晶显示元器件的好坏非常方便。

感应电的电流虽然很小，但电压还是很高的，因此，有时用这种方式检测会发现未触及的像素也一起出现串扰显示，这是因为其他外引线悬空造成的，可用手指轻触串扰显示的电极外引线端，串扰显示即会消失。

（2）专用仪器仪表检测

由于液晶显示模块大都是点阵方式的是动态显示，无法用直流电源和仪表进行测试；

又由于液晶显示模块已经装有驱动电路，甚至还有控制电路，这些电路也需要测试，所以必须用经专门设计的液晶显示模块测试仪才能进行全面的测试。

液晶显示模块是一种功能性模块，因此其测试重点主要不是测试电参数和电光参数，而是测试其功能。其测试仪器自然与一般测试仪器不同。液晶模块测试仪必须具有可以自动设置、功能扫描、多品种兼容、操作方便、可靠等诸多特点。它是液晶显示模块生产、销售和维修领域中非常实用的测试仪器，也是液晶应用和产品设计时的必备设备。由于此项目主要讨论元器件，所以对仪器的介绍请同学们参考其他教材。

11.2　项目基本知识

知识点一　发光显示元器件

发光二极管（Light Emitting Diode，LED），其定义是注入一定的电流后，电子与空穴不断流过 PN 结或与之类似的结构面，并进行自发复合产生辐射光的二极管半导体元器件。

LED 工作电压低、工作电流小（LED 的工作电流只有几毫安）、颜色多、亮度高。新型的发光元器件（LCD）常用的是发红光、绿光或黄光的二极管，显示效果也不错。正因为其优点突出，所以发展速度很快，应用范围也较广。

1. 发光二极管的结构、工作原理、分类与实物图和电路图形符号

（1）发光二极管的结构

发光二极管主要由金属电极（正极引脚和负极引脚）、银胶、晶片（LCD 芯片）、金线、环氧树脂透镜 5 种物料所组成。

它的基本结构是一块电致发光的半导体材料，置于一个有引线的架子上，然后四周用环氧树脂密封，起到保护内部芯线的作用，所以 LED 的抗震性能好。发光二极管结构如图 11-8 所示。

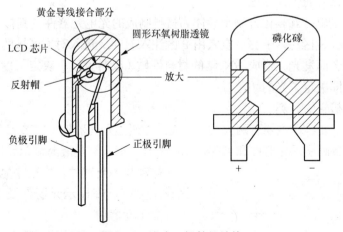

图 11-8　发光二极管的结构

① 金属电极。正极引脚和负极引脚起到支撑和导电的作用。其材料是经过电镀而形成，

从里到外是由素材、铜、镍、铜、银这 5 层所组成的。其种类有带杯形状支架做聚光型、平头支架做大角度散光型的 Lamp。

② 银胶。银胶起固定晶片和导电的作用。其主要成分：银粉占 75%～80%、EPOXY（环氧树脂）占 10%～15%、添加剂占 5%～10%。

银胶的使用：冷藏，使用前需解冻并充分搅拌均匀，因银胶放置长时间后，银粉会沉淀，如不搅拌均匀将会影响银胶的使用性能。

③ 晶片。晶片（Chip）是由发光二极管和 LED 芯片的结构组成的。晶片是 Lamp 的主要组成物料，是发光的半导体材料。

晶片是采用磷化镓（GaP）、镓铝砷（GaAlAs）或砷化镓（GaAs）、氮化镓（GaN）等材料组成，其内部结构具有单向导电性。晶片的结构：焊单线正极性（P/N 结构）晶片，双线晶片。晶片的尺寸单位为 mil。晶片的焊垫一般为金垫或铝垫。其焊垫形状有圆形、方形、十字形等。晶片的发光颜色取决于波长，常见可见光的分类大致为：暗红色（700nm）、深红色（640～660nm）、红色（615～635nm）、琥珀色（600～610nm）、黄色（580～595nm）、黄绿色（565～575nm）、纯绿色（500～540nm）、蓝色（450～480nm）、紫色（380～430nm）。

④ 金线。金线的作用：连接晶片 PAD（焊垫）与支架，并使其能够导通。金线的尺寸有：0.9mil、1.0mil、1.1mil；金线的纯度为 99.99%Au；延伸率为 2%～6%。

⑤ 环氧树脂。环氧树脂的作用：保护 Lamp 的内部结构，可稍微改变 Lamp 的发光颜色，亮度及角度，使 Lamp 成型。

封装树脂包括：A 胶（主剂）、B 胶（硬化剂）、DP（扩散剂）、CP（着色剂）4 部分。其主要成分为环氧树脂（Epoxy Resin）、酸酐类（酸无水物 Anhydride）、高光扩散性填料（Light diffusion）及热安定性染料（dye）。

环氧树脂透镜是 Lamp 成型的模具，一般有圆形、方形、塔形等。

正极引脚和负极引脚的深浅是由环氧树脂透镜的卡点高低所决定。正极引脚和负极引脚需存放在干净及室温以下的环境中，否则会使产品外观不良。

（2）发光二极管的工作原理

发光二极管是由三五族化合物半导体为材料制成的光电元器件，其核心是 PN 结。正向电压下，电子由 N 区注入 P 区，空穴由 P 区注入 N 区，进入对方区域的部分少数载流子与多数载流子复合而发光。形成 PN 结的材料性质（禁带宽度）决定了发出光的波长，对于可见光来说，即决定了光的颜色。

（3）发光二极管的分类

目前发光显示元器件主要有两大类：一类是数码显示元器件（LED），是主动发光元器件，主要有七段数码显示元器件和点阵显示元器件；另一类是液晶显示元器件（LCD），是被动显示元器件，靠反差显示文字和图形，主要有点阵显示元器件及专用图形符号的显示元器件。

（4）发光二极管实物图和电路图形符号

发光二极管实物图和电路图形符号如图 11-9 所示。

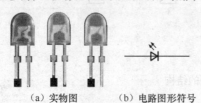

　　（a）实物图　　　（b）电路图形符号

图 11-9　发光二极管实物图和电路图形符号

2. LED 发光二极管的参数

LED 发光二极管的参数分为电参数和极限参数，如表 11-4 所示。

表 11-4　　　　　　　　　　　　LED 发光二极管的参数

技术参数	定　义	说　明
（1）电参数		
光谱分布和峰值波长	该发光管所发之光中某一波长 λ_0 的光强最大，该波长为峰值波长	某一个发光二极管所发的光并非单一波长，其波长大体如图 11-10 所示
发光强度 I_V	指法线（对圆柱形发光管是指其轴线）方向上的发光强度	若在该方向上辐射强度为（1/683）W/sr 时，则发光 1 坎德拉（符号为 cd）。由于一般 LED 的发光二强度小，所以发光强度常用坎德拉（mcd）作单位
光谱半宽度 $\Delta\lambda$	它表示发光管的光谱纯度	如下图中 1/2 峰值光强所对应两波长之间的间隔所示 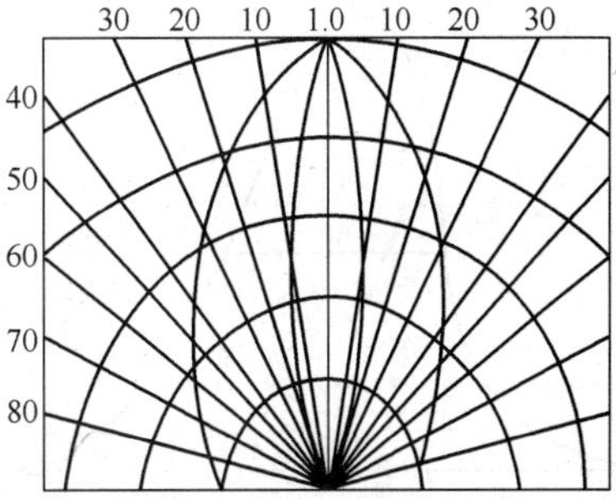
半值角 $\theta/2$	$\theta/2$ 是指发光强度值为轴向强度值一半的方向与发光轴向（法向）的夹角	
视角	半值角的 2 倍为视角（或称半功率角）	发光管的光谱纯度 上图给出了两支不同型号发光二极管发光强度角分布的情况。中垂线（法线）AO 的坐标为相对发光强度（即发光强度与最大发光强度的之比）。显然，法线方向上的相对发光强度为 1，离开法线方向的角度越大，相对发光强度越小。由此图可以得到半值角或视角值
正向工作电流 I_F	它是指发光二极管正常发光时的正向电流值	在实际使用中应根据需要选择 I_F 在 $0.6I_{F\,m}$ 以下
正向工作电压 V_F	参数表中给出的工作电压是在给定的正向电流下得到的	一般是在 I_F=20mA 时测得的。发光二极管正向工作电压 V_F 在 1.4～3V。在外界温度升高时，V_F 将下降
（2）极限参数		
允许功耗 P_m	允许加于 LED 两端正向直流电压与流过它的电流之积的最大值	超过此值，LED 发热损坏

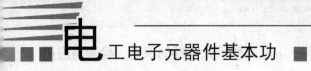

技术参数	定　义	说　明
最大正向直流电流 I_{Fm}	允许加的最大的正向直流电流	超过此值可损坏二极管
最大反向电压 V_{Rm}	所允许加的最大反向电压	超过此值，发光二极管可能被击穿损坏
工作环境温度 t_m	发光二极管可正常工作的环境温度范围	低于或高于此温度范围，发光二极管将不能正常工作，效率大大降低

图 11-11 所示是发光二极管的电压与电流的伏安特性。当正向电压正小于某一值（叫阈值）时，电流极小，不发光；当电压超过某一值后，正向电流随电压迅速增加，发光。由伏安曲线可以得出发光管的正向电压、反向电流及反向电压等参数。正向的发光管反向漏电流 $I_R<10\mu A$。

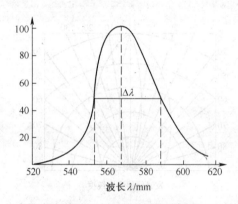

图 11-10　光谱分布和峰值波长

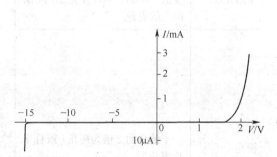

图 11-11　发光二极管的电压与电流的伏安特性

知识点二　数码显示元器件（LED）

数码管是目前最常用的一种数显元器件。它是由发光二极管研究发展而来。把发光二极管制成条状，再按一定方式连接，组成数字"8"，就构成 LED 数码管。使用时按规定使某些笔段上的发光二极管发光，即可组成 0～9 的一系列数字。

1. 数码管构造和显示原理

（1）数码管构造

LED 数码管分为共阳极与共阴极两种，如图 11-12（b）、图 11-12（c）所示，内部结构如图 11-12（a）所示，实物图如图 11-12（d）所示。a～g 代表 7 个笔段的驱动端，亦称笔段电极，DP 是小数点。③脚与⑧脚内部连通，"+"表示公共阳极，"−"表示公共阴极。对于共阳极的 LED 数码管，将 8 支发光二极管的阳极（正极）短接后作为公共阳极。

（2）数码管显示原理

公共阳极数码管的工作原理是：当笔段电极接低电平，公共阳极接高电平时，相应笔段可以发光。共阴极 LED 数码管则与之相反，它是将发光二极管的阴极（负极）短接后作为公共阴极，当驱动信号一端为高电平、另一端接低电平时，才能发光。

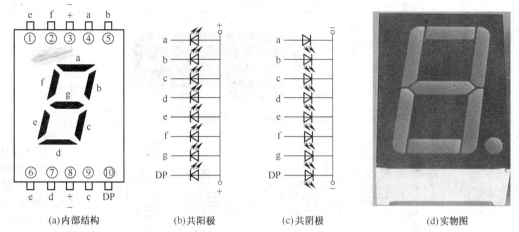

(a)内部结构　　　(b)共阳极　　　(c)共阴极　　　(d)实物图

图 11-12　共阳极与共阴极数码管及内部结构图和实物图

2. 数码显示管（LED）的种类

LED 数码显示管的种类比较多，仅列出了几种，如表 11-5 所示。

表 11-5　　　　　　　　　　　　LED 数码显示管的种类

种类	实物图和电路图	特点性能
双位 LED 数码管	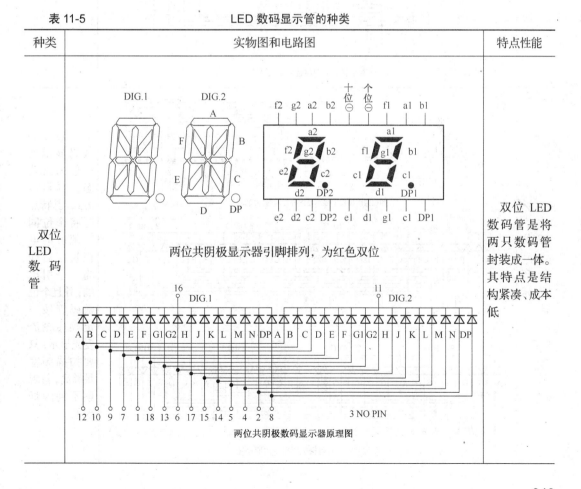	双位 LED 数码管是将两只数码管封装成一体。其特点是结构紧凑、成本低

续表

种类	实物图和电路图	特点性能
三位 LED 数 据 显 示 器	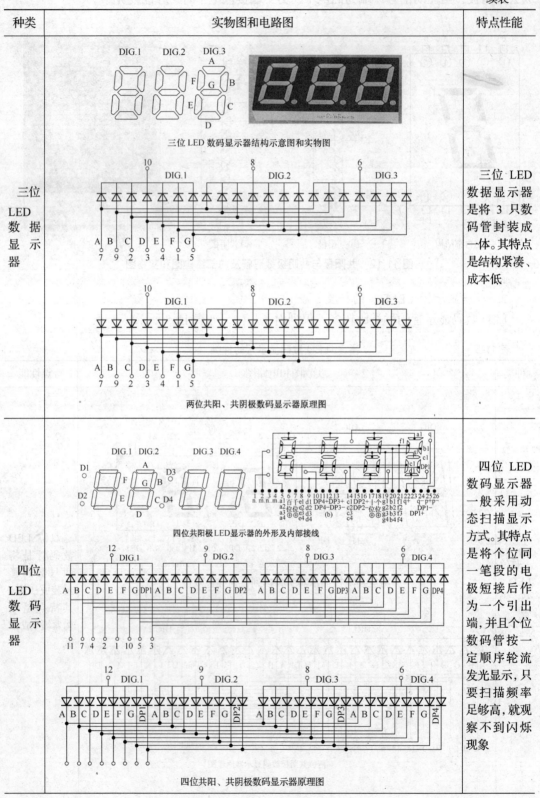 三位LED数码显示器结构示意图和实物图 两位共阳、共阴极数码显示器原理图	三位 LED 数据显示器是将 3 只数码管封装成一体。其特点是结构紧凑、成本低
四位 LED 数 码 显 示 器	四位共阳极LED显示器的外形及内部接线 四位共阳、共阴极数码显示器原理图	四位 LED 数码显示器一般采用动态扫描显示方式。其特点是将个位同一笔段的电极短接后作为一个引出端，并且个位数码管按一定顺序轮流发光显示，只要扫描频率足够高，就观察不到闪烁现象

种类	实物图和电路图	特点性能
五位 LED 数码显示器	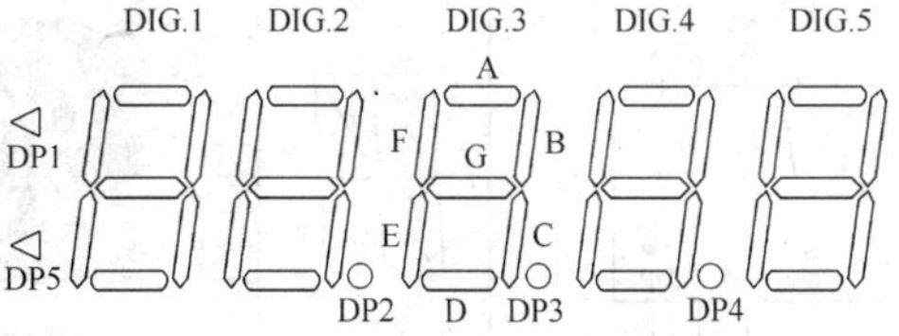 五位 LED 数码显示器的外形 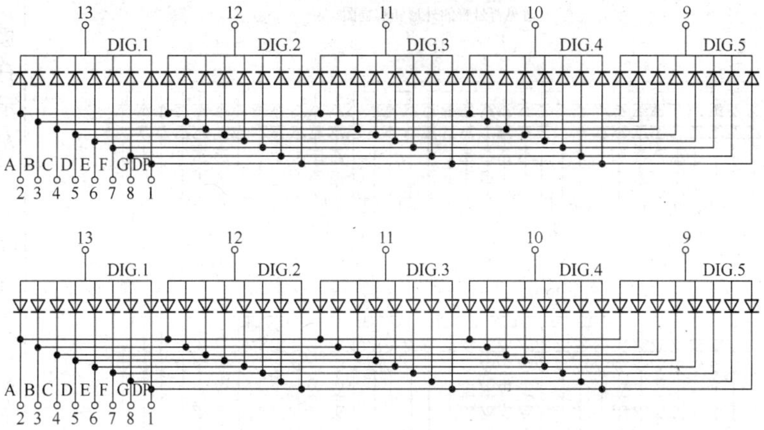 五位共阳、共阴极数码显示器原理图	
8×8 LED 点阵显示器	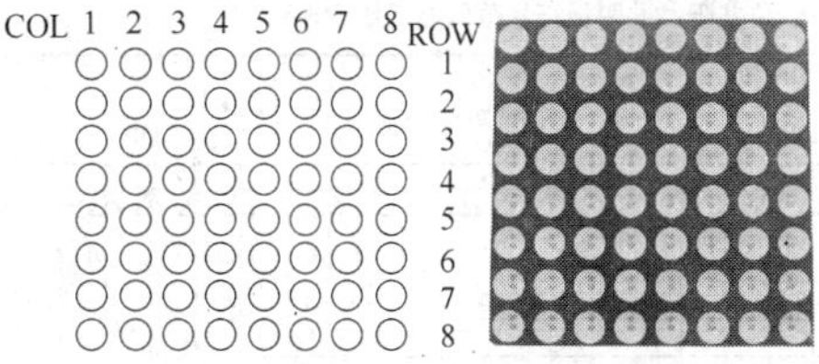 8×8 LED 点阵显示器的外形及实物图 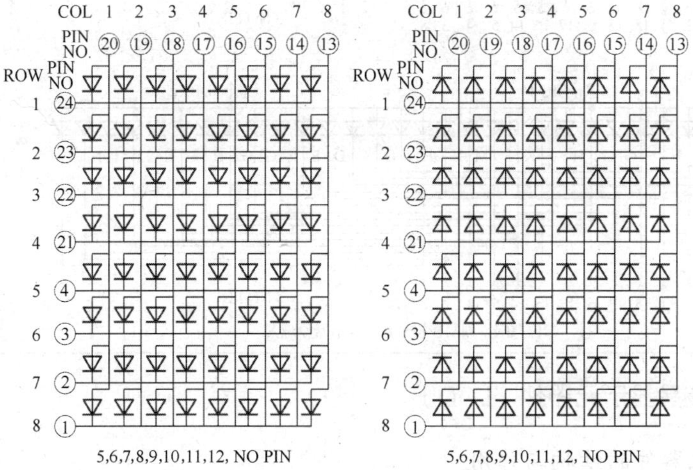 8×8共阳、共阴极 LED 点阵显示器的原理图	

续表

种类	实物图和电路图	特点性能
一位数字符号管	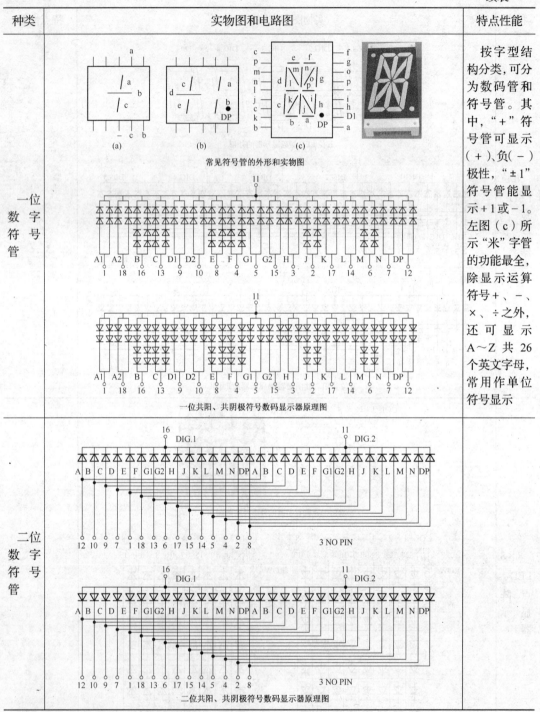 常见符号管的外形和实物图 一位共阳、共阴极符号数码显示器原理图	按字型结构分类，可分为数码管和符号管。其中，"+"符号管可显示（＋）、负（－）极性，"±1"符号管能显示＋1或－1。左图（c）所示"米"字管的功能最全，除显示运算符号＋、－、×、÷之外，还可显示A～Z共26个英文字母，常用作单位符号显示
二位数字符号管	二位共阳、共阴极符号数码显示器原理图	

✎ **知识点三 液晶显示元器件（LCD）**

1. 液晶显示元器件的结构与作用

液晶显示元器件由玻璃基板、液晶和偏振片3大部件组成。

（1）玻璃基板

这是一种表面极其平整的浮法生产薄玻璃片。表面蒸镀有一层透明导电层，即 ITO 膜层。ITO（Indiam Tin Oxide，掺锡氧化铟）薄膜是一种 N 型半导体材料，具有高的导电率、高的可见光透过率、高的机械硬度和良好的化学稳定性。经光刻加工制成透明导电图形。这些图形由像素图形和外引线图形组成。因此，外引线不能进行传统的锡焊，只能通过导电橡胶或导电胶带等进行连接。如果划伤、割断或腐蚀，则会造成元器件报废。

（2）液晶

液晶材料是液晶显示元器件的主体。不同元器件所用液晶材料大都是由几种以至十几种单体液晶材料混合而成。每种液晶材料都有自己固定的清亮点 TL 和结晶点 TS。因此，也要求每种液晶显示元器件必须使用和保存在 TS～TL 之间的一定温度范围内，如果使用或保存温度过低，结晶会破坏液晶显示元器件的定向层，而温度过高，液晶会失去液晶态，也就失去了液晶显示元器件的功能。

（3）偏振片

偏振片又称偏光片，由塑料膜材料制成。涂有一层光学压敏胶，可以贴在液晶盒的表面，前偏振片表面还有一保护膜，使用时应揭去，偏振片怕高温、高湿条件，这样会使偏振片起泡。

LCD 液晶显示器的作用是通过一定的控制方式，用于显示文字、图形、图像、动画、行情、视频、录像信号等各种信息的 LED 元器件阵列组成的显示屏幕。

2. 液晶显示器的分类、结构和工作原理

液晶显示器按照物理方式不同可分为扭曲向列型（Twisted Nematic，TN）、超扭曲向列型（Super TN，STN）、双层超扭曲向列型（Dual Scan Tortuosity Nomograph，DSTN）和薄膜晶体管型（Thin Film Transistor，TFT）。它们的分类、结构和工作原理如表 11-6 所示。

表 11-6　　　　　　　　　液晶显示器的分类、结构和工作原理

类　型	结　构	工作原理
扭曲向列型	这是 TN 型液晶显示器的简易构造图，包括了垂直方向与水平方向的偏光板，具有细纹沟槽的配向膜、液晶材料以及导电的玻璃基板	TN 型的显像原理是将液晶材料置于两片贴附光轴垂直偏光板的透明导电玻璃间，液晶分子会依附向膜的细沟槽方向，按序旋转排列。如果电场未形成，光线就会顺利的从偏光板射入，液晶分子将其向行进方向旋转，然后从另一边射出。如果在两片导电玻璃通电之后，玻璃间就会造成电场，进而影响其间液晶分子的排列，使分子棒进行扭转，光线便无法穿透，进而遮住光源。这样得到光暗对比的现象，称做扭转式向列场效应（Twisted Nematic Field Effect，TNFE）

续表

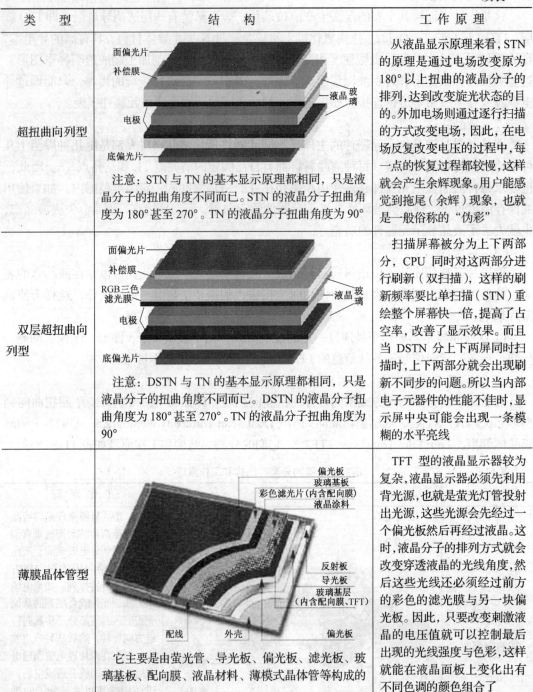

类　　　型	结　　　构	工作原理
超扭曲向列型	面偏光片 补偿膜 电极 底偏光片 玻璃 液晶 注意：STN 与 TN 的基本显示原理都相同，只是液晶分子的扭曲角度不同而已。STN 的液晶分子扭曲角度为 180° 甚至 270°。TN 的液晶分子扭曲角度为 90°	从液晶显示原理来看，STN 的原理是通过电场改变原为 180° 以上扭曲的液晶分子的排列，达到改变旋光状态的目的。外加电场则通过逐行扫描的方式改变电场，因此，在电场反复改变电压的过程中，每一点的恢复过程都较慢，这样就会产生余辉现象。用户能感觉到拖尾（余辉）现象，也就是一般俗称的"伪彩"
双层超扭曲向列型	面偏光片 补偿膜 RGB三色滤光膜 电极 底偏光片 玻璃 液晶 注意：DSTN 与 TN 的基本显示原理都相同，只是液晶分子的扭曲角度不同而已。DSTN 的液晶分子扭曲角度为 180° 甚至 270°。TN 的液晶分子扭曲角度为 90°	扫描屏幕被分为上下两部分，CPU 同时对这两部分进行刷新（双扫描），这样的刷新频率要比单扫描（STN）重绘整个屏幕快一倍，提高了占空率，改善了显示效果。而且当 DSTN 分上下两屏同时扫描时，上下两部分就会出现刷新不同步的问题。所以当内部电子元器件的性能不佳时，显示屏中央可能会出现一条模糊的水平亮线
薄膜晶体管型	偏光板 玻璃基板 彩色滤光片（内含配向膜） 液晶涂料 反射板 导光板 玻璃基层 （内含配向膜、TFT） 配线　外壳　偏光板 它主要是由萤光管、导光板、偏光板、滤光板、玻璃基板、配向膜、液晶材料、薄模式晶体管等构成的	TFT 型的液晶显示器较为复杂，液晶显示器必须先利用背光源，也就是萤光灯管投射出光源，这些光源会先经过一个偏光板然后再经过液晶。这时，液晶分子的排列方式就会改变穿透液晶的光线角度，然后这些光线还必须经过前方的彩色的滤光膜与另一块偏光板。因此，只要改变刺激液晶的电压值就可以控制最后出现的光线强度与色彩，这样就能在液晶面板上变化出不同色调的颜色组合了

3. 液晶显示器的技术参数

液晶显示器的技术参数如表 11-7 所示。

表 11-7		液晶显示器的技术参数
技术参数	定　义	说　明
可视面积	液晶显示器所标示的尺寸就是实际可以使用的屏幕范围	一个 15.1 英寸（1 英寸=2.54 厘米）的液晶显示器约等于 17 英寸 CRT 屏幕的可视范围
可视角度	液晶显示器的可视角度左右对称，而上下则不一定对称	当背光源的入射光通过偏光板、液晶及取向膜后，输出光便具备了特定的方向特性，也就是说，大多数从屏幕射出的光具备了垂直方向
点距	点距就等于可视宽度/水平像素（或者可视高度/垂直像素），即 285.7mm/1024=0.279mm（或 214.3mm/768=0.279mm）	液晶显示器的点距是多大，大多数人并不知道这个数值是如何得到的，现在来了解一下它究竟是如何得到的。例如，一般 14 英寸 LCD 的可视面积为 285.7mm×214.3mm，它的最大分辨率为 1024 像素×768 像素
色彩度	LCD 重要的是色彩表现度	自然界的任何一种色彩都是由红、绿、蓝 3 种基本色组成的。LCD 面板上是由 1024×768 像素点组成的显像，每个独立的像素色彩是由红、绿、蓝（R、G、B）3 种基本色来控制。大部分液晶显示器，每个基本色（R、G、B）达到 6 位，即 64 种表现度，那么每个独立的像素就有 64×64×64=262144 种色彩。也有使用了所谓的 FRC（Frame Rate Control）技术以仿真的方式来表现出全彩的画面，也就是每个基本色（R、G、B）能达到 8 位，即 256 种表现度，那么每个独立的像素就有高达 256×256×256=16777216 种色彩
对比值	对比值是定义最大亮度值（全白）除以最小亮度值（全黑）的比值	CRT 显示器的对比值通常高达 500：1，以致在 CRT 显示器上呈现真正全黑的画面是很容易的。但对 LCD 来说就不是很容易了，由冷阴极射线管所构成的背光源是很难去做快速地开关动作，因此，背光源始终处于点亮的状态。为了要得到全黑画面，液晶模块必须完全把由背光源而来的光完全阻挡，但在物理特性上，这些元器件无法完全达到这样的要求，总是会有一些漏光发生。一般来说，人眼可以接受的对比值约为 250：1
亮度值	液晶显示器的最大亮度	通常由冷阴极射线管（背光源）来决定，亮度值一般都为 200～250cd/m^2。液晶显示器的亮度略低，会觉得屏幕发暗。虽然技术上可以达到更高亮度，但是这并不代表亮度值越高越好，因为太高亮度的显示器有可能使观看者眼睛受伤
响应时间	响应时间是指液晶显示器各像素点对输入信号反应的速度	此值当然是越小越好。如果响应时间太长了，就有可能使液晶显示器在显示动态图像时，有尾影拖曳的感觉。一般的液晶显示器的响应时间为 20～30ms

知识点四　液晶显示模块（LCM）

液晶显示模块是一种将液晶显示元器件、连接件、集成电路、PCB 电路板、背光源和结构件装配在一起的组件，英文名称叫"LCD Module"，又称"LCM"，中文一般称为"液晶显示模块"。

液晶显示模块就是显示屏+背光灯组件。模块主要分为显示屏和背光灯组件。两部分被组装在一起，但工作的时候是相互独立的（即电路不相关）。

液晶电视的显示部件就是液晶模块，其低温相当于 CRT 中的显像管，其他部分包括电源电路，信号处理电路外壳和灯。

液晶显示的原理是背光灯组件发出均匀的面光，光通过液晶屏传到眼睛里。显示屏的作用就是按像素对这些光进行处理，以显示图像。两个部分都含有大量的部件，在此不详述。

LCM 液晶模块是一种由段型液晶显示元器件与专用的集成电路组装成一体的功能部件，只能显示数字和一些标识符号。段型液晶显示元器件大多应用在便携、袖珍设备上。常见的数显液晶显示模块根据其构造和用途可分为以下几类，如表 11-8 所示。

表 11-8　　　　　　　　　　　常用 LCM 液晶模块

功能	实物图	模块说明
计数模块		它是一种由不同位数的 7 段型液晶显示元器件与译码驱动器，或再加上计数器装配成的计数显示部件。它具有记录、处理、显示数字的功能。一般来说，这种计数模块大都由斑马导电橡胶条、塑料（或金属）压框和 PCB 板将液晶显示元器件与集成电路装配在一起而成。其外引线端有焊点式、插针式、线路板插脚式几种
计量模块		它是一种由多位段型液晶显示元器件和具有译码、驱动、计数、A/D 转换功能的集成电路片组装而成的模块。由于所用的集成电路中具有 A/D 转换功能，所以可以将输入的模拟量电信号转换成数字量显示出来
计时模块		计时模块将液晶显示元器件用于计时，将一个液晶显示元器件与一块计时集成电路装配在一起就是一个功能完整的计时器。计时模块虽然用途很广，但通用、标准型的计时模块却很难在市场上买到，只能订购。计时模块和计数模块虽然外观相似，但它们的显示方式不同，计时模块显示的数字是由两位一组的数字组成的，而计数模块每位数字均是连续排列的。由于不少计时模块还具有定时、控制功能，因此，这类模块广泛装配到一些家电设备上，如收录机、CD 机、微波炉、电饭煲和空调器等电器

续表

功能	实 物 图	模 块 说 明
中文液晶显示模块（自带汉字字库）	 FYD12864-0402B STN、黄绿膜、带LED侧背光 可显示16*16点阵汉字共8*4行，串并口通讯方式可选。	FYD12864-0402B 是一种具有 4 位/8 位并行、2 线或 3 线串行多种接口方式，内部含有国标一级、二级简体中文字库的点阵图形液晶显示模块。其显示分辨率为 128×64，内置 8192 个 16×16 点汉字和 128 个 16×8 点 ASCII 字符集。利用该模块灵活的接口方式和简单、方便的操作指令，可构成全中文人机交互图形界面。它可以显示 8×4 行 16×16 点阵的汉字，也可完成图形显示。低电压低功耗是其又一显著特点。由该模块构成的液晶显示方案与同类型的图形点阵液晶显示模块相比，不论硬件电路结构或显示程序都要简洁得多
液晶点阵字符模块		液晶点阵字符模块是由点阵字符液晶显示元器件和专用的行、列驱动器，控制器及必要的连接件、结构件装配而成的，可以显示数字和英文字符。这种点阵字符模块本身具有字符发生器，显示容量大，功能丰富。一般该种模块最少也可以显示 8 位 1 行或 16 位 1 行以上的字符。这种模块的点阵排列是由 5×7、5×8 或 5×11 的一组像素点阵排列组成的。每组为 1 位，每位间有一点的间隔，每行间也有一行的间隔，所以不能显示图形

知识点五　显示器元器件在电工和电子中的应用

LED 的应用非常广泛，主要包括两大类：电工和电子中的应用。在应用中由于发光二极管的颜色、尺寸、形状、发光强度及透明情况等不同，所以使用发光二极管时应根据实际需要进行恰当选择。由于发光二极管具有最大正向电流 I_{Fm}、最大反向电压 U_{Rm} 的限制，使用时，应保证不超过此值。为安全起见，实际电流 I_F 应在 $0.6I_{Fm}$ 以下，应让可能出现的反向电压 $U_R<0.6U_{Rm}$。

一、显示器元器件在电工中的应用

1. 专用普通照明

专用普通照明包括 LED 便携式照明（手电筒）、低照度照明（廊灯、门牌灯、庭用灯）、LED 阅读照明（飞机、火车、汽车的阅读灯）、LED 显微镜灯、双 LED 手机照相机闪光灯、LED 台灯、LED 路灯，如图 11-13 所示。

2. 安全照明

安全照明包括 LED 矿灯、LED 防爆灯、LED 应急灯、LED 安全指标灯，如图 11-14 所示。

3. 光色照明

光色照明包括 LED 室外景观照明、LED 霓虹灯、LED 室内装饰照明和圣诞树 LED 灯，如图 11-15 所示。

（a）LED 便携式照明　　　（b）LED 路灯　　　　　　　　（c）LED 显微镜灯

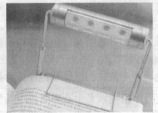 

（d）LED 阅读照明　　　　　　　　　　　　（e）LED 门牌灯

（f）LED 台灯　　　　　　　　　　（g）双 LED 手机照相机闪光灯

图 11-13　专用普通照明

（a）LED 矿灯　　　　　　　　　　（b）LED 安全指标灯

（c）LED 应急灯　　　　　　　　　　（d）LED 防爆灯

图 11-14　安全照明

252

（a）LED 室外景观照明

（b）LED 霓虹灯

（c）LED 室内装饰照明

（d）圣诞树 LED 灯

图 11-15　光色照明

4. 汽车照明

汽车照明包括车内照明和车外照明。车内包括仪表板、电子产品指示灯（开关、音响等）、开关背光源、阅读灯以及外部刹车灯、尾灯、侧灯及顶灯等。

（1）LED 汽车照明灯

LED 汽车照明灯的两个侧门灯是由 6 个 LED 发光管组成的，如图 11-16 所示。改装后电流为 18mA，原来的灯泡电流为 360mA。由此可知，LED 汽车照明灯耗电减少，光亮度提高了。有数据对比可知：LED 照明灯比普通白炽灯节能。

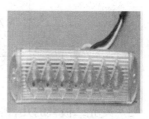

图 11-16　LED 汽车照明灯

（2）汽车 LED 刹车灯、尾灯、侧灯和顶灯

汽车 LED 刹车灯、尾灯、侧灯和顶灯如图 11-17 所示。

（a）汽车 LED 刹车灯

（b）汽车 LED 顶灯

（c）汽车 LED 侧灯

（d）汽车 LED 尾灯

图 11-17　汽车 LED 刹车灯、尾灯、侧灯和顶灯

二、显示器元器件在电子领域中的应用

1. LED 发光元器件的应用

LED 被广泛用于各种电子仪器和电子设备中，如微光源、电平指示或电源指示灯等。红外发光管常被用于电视机、录像机等的遥控器中。

（1）微光源

利用高亮度或超高亮度发光二极管制作微型手电的电路，如图 11-18 所示。图 11-18 中电阻 R 是限流电阻，其值应保证电源电压最高时应使 LED 的电流小于最大允许电流 I_{Fm}。

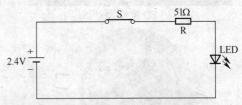

图 11-18　微型手电的电路

（2）电平表

目前,在音响设备中大量使用 LED 电平表。它是利用多只发光管指示输出信号电平的，即以发光的 LED 数目的不同，来表示输出电平的变化。图 11-19 所示是由 5 只发光二极管构成的电平表。当输入信号电平很低时，全不发光；当输入信号电平增大时，首先 LED_1 亮，LED_2 再亮。

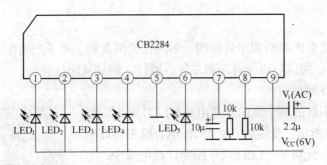

图 11-19　LED 电平表

（3）发光二极管的几种特殊用法

发光二极管的特殊用法如图 11-20～图 11-23 所示。

图 11-20 所示是发光二极管 LED 用以监视电池电压的电路。电路中稳压管 DW 稳压值应选电池额定电压 70%左右。

图 11-21 所示是将两只发光二极管 LED 反向并联，用移相式晶闸管调压电路代替双向触发二极管。

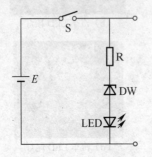

图 11-20　监视电池电压的电路

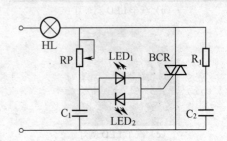

图 11-21　触发电路

图 11-22 所示是发光二极管 LED 工作指示电路，用于 220V、50Hz 市电中，作为电器具工作指示或熔丝熔断指示。

图 11-23 所示是发光二极管 LED 电源指示电路，用在固定输出三端稳压器电路中，用以提升输出电压，并兼作电源指示。

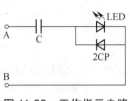

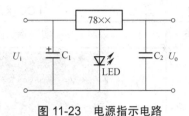

图 11-22　工作指示电路　　　　　　　　图 11-23　电源指示电路

2．LED 数码管的应用

由 LED 数码管和 LED 点阵组成的交通信号灯，应用在全国各个城市和乡镇交通路口上，发挥着重要的作用，图 11-24 所示的交通信号灯就是其中一种。它采用四元素超高亮 LED 发光二极管恒流供电，电压适应范围宽。它外表美观轻盈，使用超薄双重密封结构和全 PC 灯箱体，坚固耐用、横竖安装简便，信号灯芯也可任意变换。它具有光强高、衰减少、寿命长、可靠性高、稳定性强、耐温性好、防护性能好等优点。LED 显示屏、室内外广告牌 LED 显示屏、体育计分牌 LED 显示屏、信息 LED 显示屏如图 11-25 所示。

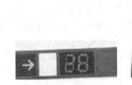

图 11-24　LED 数码管和 LED 点阵组成的交通信号灯实物图

（a）室内外广告牌 LED 显示屏　　　　　　（b）体育计分牌 LED 显示屏

（c）LED 显示屏　　　　　　　　　　（d）信息 LED 显示屏

图 11-25　LED 显示屏

3. LCD 液晶显示器、液晶电视背光源的应用

LCD 液晶显示元器件是一种新型显示元器件，已广泛应用于液晶电子表、计算器、液晶电视机、数字万用表、笔记本式计算机、手机等电子产品中。其发展速度之快，应用范围之广，已远远超过其他发光型显示元器件，具体如表 11-9 所示。

表 11-9　　　　　　　　　　　LCD 液晶显示器的应用

种　类	实　物　图	用　途
通信工具		通信 LCD 产品，可应用于固定式电话机、寻呼机、可移动式电话机等设备中
家用电器	 	计时用 LCD 产品，可应用于手表、时钟、定时器和温度计等设备中
家用电器	 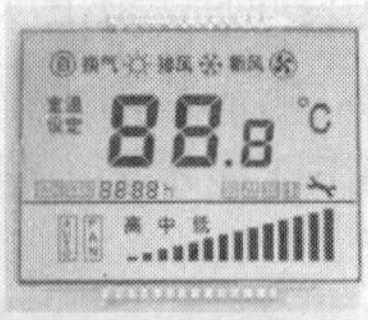	万年历等设备用 LCD 产品，可应用于音响、VCD 和热水器等设备中
MP3 随身听		休闲用 LCD 产品，可应用于游戏机、电子乐器等设备中
文教器具	 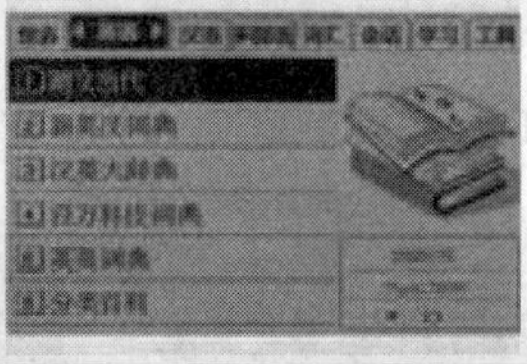	个人电子助理用 LCD 产品，可应用于计算器、电子辞典等设备中
仪器仪表	 	汽车仪表用 LCD 产品，可应用于工控用表、水电、煤气表等设备中
交通工具反射式液晶显示	 	空调用 LCD 产品，可应用于 IC 卡读写器、收款机等设备中

续表

种　　类	实　物　图	用　　途
军事信息显示屏	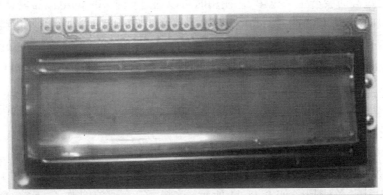	应用于军事信息、作战指挥系统等

4. 液晶点阵字符和字符图像模块的应用

（1）液晶点阵字符模块的简介

① 外观。1602CLCD 字符型液晶显示模块是一种专门用于显示字母、数字、符号等点阵式 LCD，目前常用 16×1、16×2、20×2 和 40×2 行等的模块。它的正面和背面如图 11-26 所示。

图 11-26　1602CLCD 字符型液晶显示模块的正面和背面

② 1602 接口功能。1602 接口功能如表 11-10 所示。

表 11-10 1602 接口功能

脚 号	符 号	引脚功能	脚 号	符 号	引脚功能
1	GND	电源地	9	D2	数据 I/O
2	V_{DD}	正电源	10	D3	数据 I/O
3	V_0	显示偏压信号	11	D4	数据 I/O
4	RS	数据/命令控制，H/L	12	D5	数据 I/O
5	R/W	读/写控制，H/L	13	D6	数据 I/O
6	E	使能信号	14	D7	数据 I/O
7	D_0	数据 I/O	15	BL1	背光源正
8	D_1	数据 I/O	16	BL2	背光源负

第 1 脚：GND 为电源地。

第 2 脚：V_{DD} 接 5V 正电源。

第 3 脚：V_0 为液晶显示器对比度调整端，接正电源时对比度最弱，接地电源时对比度最高，对比度过高时会产生"鬼影"，使用时可以通过一个 10k 的电位器调整对比度。

第 4 脚：RS 为寄存器选择，高电平时选择数据，低电平时选择指令寄存器。

第 5 脚：R/W 为读写信号线，高电平时进行读操作，低电平时进行写操作。当 RS 和 RW 共同为低电平时可以写入指令或者显示地址，当 RS 为低电平、RW 为高电平时可以读忙信号，当 RS 为高电平、RW 为低电平时可以写入数据。

第 6 脚：E 端为使能端，当 E 端由高电平跳变成低电平时，液晶模块执行命令。

第 7～14 脚：D_0～D_7 为 8 位双向数据线。

第 15～16 脚：空脚。

③ 字符发生存储器。1602 液晶模块内部的字符发生存储器（CGROM）已经存储了 160 个不同的点阵字符图形，如表 11-11 所示。这些字符有阿拉伯数字、英文字母的大小写、常用的符号和日文假名等，每一个字符都有一个固定的代码，比如大写的英文字母"A"的代码是 01000001B（41H），显示时模块把地址 41H 中的点阵字符图形显示出来，我们就能看到字母"A"。

表 11-11 1602 液晶模块点阵字符图形的符号和日文假名

低位＼高位	0000	0010	0011	0100	0101	0110	0111	1010	1011	1100	1101	1110	1111
××××0000	CGRAM（1）		0	Ə	P	\	p		—	夕	三	α	P
××××0001	（2）	!	1	A	Q	a	q	口	ア	チ	ム	ä	q
××××0010	（3）	"	2	B	R	b	r	r	イ	川	メ	β	θ

续表

低位\高位	0000	0010	0011	0100	0101	0110	0111	1010	1011	1100	1101	1110	1111
××××0011	（4）	#	3	C	S	c	s	┘	ウ	ラ	モ	ε	∞
××××0100	（5）	$	4	D	T	d	t	\	エ	ト	セ	μ	Ω
××××0101	（6）	%	5	E	U	e	u	ロ	オ	ナ	ユ	B	0
××××0110	（7）	&	6	F	V	f	v	テ	カ	ニ	ヨ	P	Σ
××××0111	（8）	>	7	G	W	g	w	ア	キ	ヌ	ヲ	g	π
××××1000	（1）	(	8	H	X	h	x	イ	ク	ネ	リ	∫	X
××××1001	（2）	)	9	I	Y	i	y	ウ	ケ	ノ	ル	−1	y
××××1010	（3）	*	:	J	Z	j	z	エ	コ	リ	レ	j	千
××××1011	（4）	+	:	K	[	k	{	オ	サ	ヒ	ロ	x	万
××××1100	（5）	>	<	L	¥	l	l	セ	シ	フ	ワ	ψ	冊
××××1101	（6）	—	=	M	]	m	}	ユ	ス	ヘ	ソ	も	+
××××1110	（7）	.	>	N	^	n	-	ヨ	セ	ホ	ハ	n̄	
××××1111	（8）	/	?	O	—	o	←	ツ	ソ	マ	ロ	Ö	

④ 指令。1602 液晶模块内部的控制器共有 11 条控制指令，如表 11-12 所示。

表 11-12　　　　　　　　　　1602 液晶模块内部的控制指令

指令	RS	R/W	D7	D6	D5	D4	D3	D2	D1	D0
清显示	0	0	0	0	0	0	0	0	0	1
光标返回	0	0	0	0	0	0	0	0	1	※
置输入模式	0	0	0	0	0	0	0	1	I/D	S
显示开/关控制	0	0	0	0	0	0	1	D	C	B
光标或字符移位	0	0	0	0	0	1	S/C	R/L	※	※
置功能	0	0	0	0	1	DL	N	F	※	※
置字符发生存储器地址	0	0	0	1	字符发生存储器地址（AGG）					
置数据存储器地址	0	0	1	显示数据存储器地址（ADD）						
读忙标志或地址	0	1	BF	计数器地址（AC）						
写数到 CGRAM 或 DDRAM	1	0	要写的数							
从 CGRAM 或 DDR-读数	1	1	读出的数据							

它的读写操作和光标的操作都是通过指令编程来实现的（说明：1 为高电平、0 为低电平）。

（2）点阵图形液晶模块简介

这种模块也是点阵模块的一种，其特点是点阵像素连续排列，行和列在排布中均没有空格，因此可以显示连续、完整的图形。由于它也是由 X-Y 矩阵像素构成的，所以除显示图形外，也可以显示字符。

图 11-27 所示信息如下。

3.5 寸 STN 图形点阵 LCD 液晶显示模块（320×240 点阵）

产品型号：CM320240-10

产品描述：显示内容（点阵数）：320×240 点阵

外形尺寸/mm（L×W×H）：103.2×77.2×12.6

视域尺寸/mm：80.4×61

点尺寸/mm：0.225×0.225

控制器：RA8835

图 11-27　点阵图形液晶模块

 项目学习评价

一、思考练习题

（1）试画出三位共阴、共阳数码显示器电路原理图。

（2）通过查阅资料说明翻盖手机（全称手持式移动电话机）的显示屏如何与电路连接。

（3）通过观察四位的数码显示器的内部结构，说明焊接数码显示器时，电烙铁为何不能长时间烫数码显示器的引脚。

（4）根据给定的型号不明、又无管脚排列图的 LED 数码管，进行实物检测后，回答下列问题。

① 判定数码管的结构形式（共阴或共阳）。

② 识别管脚。

③ 检测全亮笔段。

④ 判断数码管好坏。

⑤ 如出现断笔画现象，应如何处置？

⑥ 如笔画间亮暗差距明显，应如何处置？

（5）LED 在使用中对人体有危害吗？

（6）简述 LED 与 LCD 的区别。

（7）举例说明 LED 显示屏的应用。

（8）如何用万用表判定发光二极管的好坏和极性？

（9）简述 LED 发光二极管的参数。

（10）指出发光二极管的电压与电流的伏安特性中开启电压、反向击穿电压、饱和电压的点，并且标出电压值。

（11）画出公共阳极的数码管工作原理图，并且简述它的工作原理。

（12）简述推广 LED 节能灯的原因。

二、自我评价、小组互评及教师评价

评价方面	项目评价内容	分值	自我评价	小组评价	教师评价	得分
理论知识	① 熟悉并能说出常用灯具的特点及作用	10				
	② 了解节能灯的分类	10				
	③ 理解节能灯的主要参数及规格	10				
	④ 理解并掌握节能灯的工作条件	10				
实操技能	① 能准确画出公阴阳极数码管的工作原理	20				
	② 理解袖珍光控延时照明灯应用电路的工作原理	10				
	③ 能正确画出手电筒电路原理图	20				
学习态度	① 严肃认真的学习态度	5				
	② 严谨、有条理的工作态度	5				

三、个人学习总结

成功之处	
不足之处	
改进方法	

项目十二 电声元器件的识别、检测与应用

项目情境创设

电声元器件是电声换能及声信号的接收、记录、加工、重发和测量技术必不可缺的元器件，在影视、广播、扩声和军事领域有着广泛的应用。在高速发展的信息时代，视听产品占有重要的地位。听，就离不开电声元器件，因此，它受到广大消费者和社会各界越来越多的关注。

项目学习目标

	学习目标	学习方式	学时
技能目标	① 认识各种类型的传声器和扬声器 ② 了解扬声器和传声器的结构性能及其特性 ③ 理解传声器、扬声器的主要技术指标 ④ 掌握传声器、扬声器的检测方法	对常用的传声器、扬声器进行实物展示、识别；对常见传声器、扬声器的检测可以采用教师演示，学生分组合作练习的方法	2
知识目标	① 识记常见传声器、扬声器的图形符号 ② 了解传声器和扬声器的分类 ③ 了解传声器和扬声器的工作原理 ④ 掌握扬声器和传声器的典型应用	教师讲授与学生分组合作、探究式学习相结合	2

项目基本功

12.1 项目基本技能

任务一 传声器的识别与检测

一、动圈式传声器的识别与检测

动圈式传声器是应用比较广泛的一种传声器，可分为低阻抗和高阻抗两种。阻抗在600Ω以下的为低阻抗、阻抗在10kΩ以上的为高阻抗。目前使用的动圈式传声器中，有的因改变了音圈的制作工艺，采用细线多层绕制方法，省掉了升压变压器，其阻抗为200Ω左右。

1. 动圈式传声器的识别

各种动圈式传声器的外形如图 12-1 所示，它由音圈、永久磁铁和振膜等几部分组成，其结构、电路符号分别如图 12-2、图 12-3 所示。

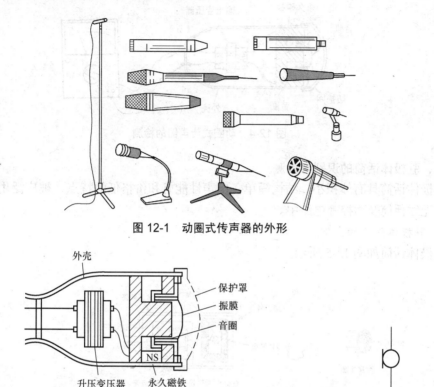

图 12-1　动圈式传声器的外形

图 12-2　传声器的结构

图 12-3　电路符号

2. 动圈式传声器的工作原理

动圈式传声器是电动式传声器的一种，它主要由振动膜片、音圈、永久磁铁和升压变压器等组成。它的工作原理是：当人对着话筒讲话时，振动膜片就随着声音前后颤动，从而带动音圈在磁场中作切割磁力线的运动。根据电磁感应原理，在线圈两端就会产生感应音频电动势，从而完成了声电转换。

3. 动圈式传声器的检测

① 对于低阻传声器可选用万用表的 R×1 挡测其输出端（插头的两个部位）的电阻值（如图 12-4 所示），一般阻值在 50～200Ω（直流电阻值应低于阻抗值）。测试时，一支表笔断续触碰插头的一个极，传声器应发出"喀喀"声，如传声器无任何反映，表明有故障，如阻值为 0Ω 说明传声器有短路故障；如阻抗为 ∞ 则说明传声器有断路故障。在判断有故障的前提下，拆开话筒，用万用表进一步检测。测 1、2 端，判断输出变压器次级线圈是否断线；拆开 3、4 端，分别检测输出变压器初级线圈和音圈是否断线。

② 对于高阻传声器应选用万用表的 R×1k 挡，所测阻值应为 0.5～1.5kΩ。测试的方法同上。

③ 置万用表的交流 0.05mA 挡，将两表笔分别接传声器插头的两个极，然后对准扬声

263

器讲话，万用表的表针有摆动，说明传声器良好；如表针不动，表明传声器有故障。万用表表针摆动幅度越大，说明传声器灵敏度越高。

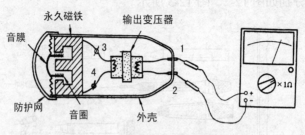

图 12-4　动圈式传声器的检测

二、驻极体话筒的识别与检测

驻极体话筒具有体积小、结构简单、电声性能好和价格低的特点，被广泛用于盒式录音机、无线话筒及声控等电路中。

1. 驻极体话筒的识别

驻极体话筒如图 12-5 所示。

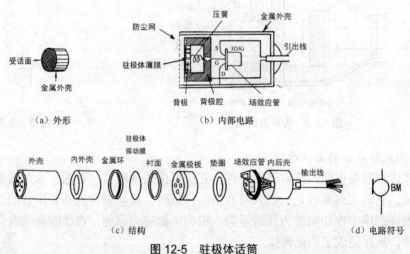

图 12-5　驻极体话筒

2. 驻极体话筒的工作原理

驻极体话筒属于电容式话筒的一种，声电转换的关键元器件是驻极体振动膜。某电介质在外电场作用下会产生表面电荷，即使除去了外电场，表面电荷仍然留驻在电介质上，这类电介质就被称为驻极体。它是一片极薄的塑料膜片，在其中一面蒸发上一层纯金薄膜，然后再经过高压电场驻极，两面分别驻有异性电荷。膜片的蒸金面向外，与金属外壳相连通，膜片的另一面与金属极板之间用薄的绝缘衬圈隔离开。这样，蒸金膜与金属极板之间就形成一个电容。当声波输入时，驻极体膜片随声波的强弱而振动，从而使电容极板间的距离发生变化，使 C（电容）发生了变化，因为驻极体两侧的异性电荷为固有常量，因此，电容两端的电压 $U_C = q/C$ 发生了变化，从而实现了声电转换。另外，话筒内包含一个结型场效应管放大器，其目的有两个：一是便于与音频放大器匹配；二为提高话筒灵敏度。

3. 驻极体话筒的种类

① 二端式驻极体话筒如图 12-6 所示。两个引出端分别是漏极 D 和接地端，源极 S 已在话筒内部与接地端连接在一起。该话筒底部只有两个接点，其中与金属外壳相连的是接地端。

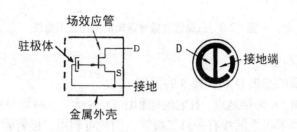

图 12-6　二端式驻极体话筒

② 三端式驻极体话筒如图 12-7 所示。3 个引出端分别是源极 S、漏极 D 和接地端。该话筒底部有 3 个接点，其中与金属外壳相连的是接地端。

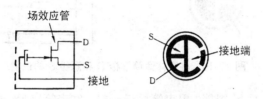

图 12-7　三端式驻极体话筒

4. 驻极体话筒的输出方式

（1）共漏放大器输出

二端式驻极体话筒的典型应用电路如图 12-8 所示。漏极 D 经负载电阻 R 接电源正极，输出信号自漏极 D 接出并经电容 C 耦合至放大电路。

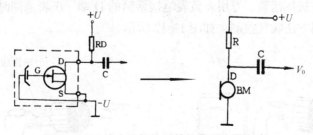

图 12-8　二端式驻极体话筒的典型应用电路

（2）共源输出

三端式驻极体话筒的典型应用电路如图 12-9 所示。漏极 D 接电源正极，输出放大器信号自源极 S 取出并经电容 C 耦合至放大电路，R 是源极 S 的负载电阻。

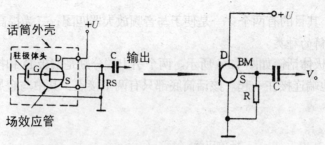

图 12-9　三端式驻极体话筒的典型应用电路

5. 驻极体话筒的检测

（1）驻极体话筒的漏极 D 和源极 S 的识别

由图 12-10 可知，A 为接地点，且它的面积比 D、S 大，一般均与外壳相连，容易辨认。在场效应管的栅极与源极之间接有一只二极管，因此可利用二极管的正反向电阻特性来判别驻极体话筒的漏极 D 和源极 S。

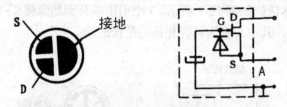

图 12-10　驻级体话筒漏极 D 和源极 S 的识别

将万用表拨至 R×1k 欧姆挡，黑表笔任一极，红表笔接另一极。然后再对调两表笔，比较两次检测结果。阻值较小时，黑表笔接的是源极，红表笔接的是漏极。

（2）驻极体话筒的性能检测

针对二端式驻极体话筒：万用表负表笔接话筒的 D 端，正表笔接话筒的接地端，这时用嘴向话筒吹气，万用表表针应有指示，如图 12-11 所示。同类型话筒比较，指示范围越大，说明该话筒灵敏度越高；如果无指示，则说明该话筒有问题。

针对三端式驻极体话筒：万用表负表笔接话筒的 D 端，正表笔同时接话筒的 S 端和接地端，然后按相同方法吹气检测，如图 12-12 所示。

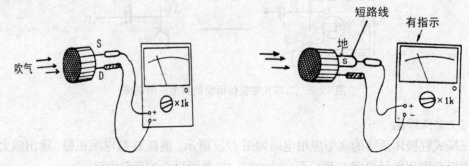

图 12-11　二端式驻极体话筒的性能检测　　图 12-12　三端式驻极体话筒的性能检测

三、无线话筒的识别与检测

1. 无线话筒的识别

无线话筒实际上是普通话筒和无线发射装置的组合体。工作频率可在 88～108MHz 的调频波段内选择，用普通调频收音机即可接收。

无线话筒由受音头、调制发射电路、天线和电池等组成，其结构示意图如图 12-13 所示。受音头把声音转换为电信号，通过调制再发射出去，由相应的接收机接收、放大和解调后送入扩音设备。为了获得较宽的通频带和较好的传输质量，现在无线话筒一般都采用调频制。无线话筒的发射距离一般都在 100m 以内。

2. 无线话筒的检测

无线话筒的检测如图 12-14 所示，其步骤如下。

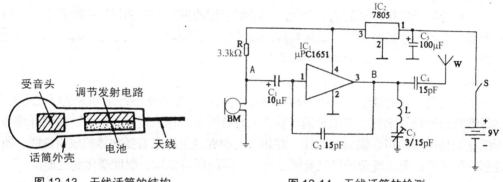

图 12-13 无线话筒的结构　　　　　图 12-14 无线话筒的检测

① 对着话筒讲话，用示波器测 A 点波形时应为微弱音频信号，若没有信号显示，说明话筒有问题，查找方式如前所述。

② 断开 C_2，敲击话筒，测 B 点波形时应为放大的音频信号，若没有信号显示，说明放大器有故障。

③ 接通 C_2，再次输入音频信号，测 B 点波形时应为高频调频波。

如上所述，在对电路理解的前提下，利用仪器可准确地查找出话筒的故障所在。

✎ 任务二　扬声器的识别与检测

一、扬声器的识别

扬声器又称"喇叭"，是一种十分常用的电声换能元器件，在发声的电子电气设备中都能见到它。扬声器在音响设备中是一个最薄弱的元器件，而对于音响效果而言，它又是一个最重要的部件。扬声器的外形、结构分别如图 12-15、图 12-16 所示。最常见的电动式锥形纸盆扬声器即过去常说的纸盆扬声器，尽管现在振膜仍以纸盆为主，但同时出现了许多高分子材料振膜、金属振膜，用锥形扬声器称呼就名副其实了。锥形纸盆扬声器大体由磁回路系统（永磁体、芯柱、导磁板）、振动系统（纸盆、音圈）和支撑辅助系统（定心支片、盆架、垫边）3 大部构成。

图 12-15　扬声器的外形

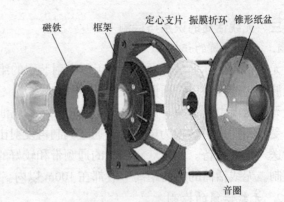

图 12-16　扬声器的结构

磁铁　框架　定心支片　振膜折环　锥形纸盆

音圈

1. 音圈

音圈是锥形纸盆扬声器的驱动单元。它是用很细的铜导线分两层绕在纸管上，一般绕有几十圈，放置于导磁芯柱与导磁板构成的磁隙中。音圈与纸盆固定在一起，当声音电流信号通入音圈后，音圈振动带动纸盆振动。

2. 纸盆

锥形纸盆扬声器的锥形振膜所用的材料有很多种，一般有天然纤维和人造纤维两大类。天然纤维常采用棉、木材、羊毛、绢丝等，人造纤维刚采用人造丝、尼龙、玻璃纤维等。由于纸盆是扬声器的声音辐射元器件，在相当大的程度上决定着扬声器的放声性能，所以无论哪一种纸盆，要求既要质轻又要刚性好，不能因环境温度、湿度变化而变形。

3. 折环

折环是为保证纸盆沿扬声器的轴向运动、限制横向运动而设定的，同时起到阻挡纸盆前后空气流通的作用。折环的材料除常用纸盆的材料外，还利用塑料、天然橡胶等，经过热压粘接在纸盆上。

4. 定心支片

定心支片用于支持音圈和纸盆的结合部位，保证其垂直而不歪斜。定心支片上有许多同心圆环，使音圈在磁隙中自由地上下移动而不做横向移动，保证音圈不与导磁板相碰。定心支片上的防尘罩是为了防止外部灰尘等落入磁隙，避免造成灰尘与音圈摩擦，而使扬声器产生异常声音。

二、扬声器的工作原理

扬声器按工作原理分类可以分为电动式扬声器、电磁式扬声器和压电陶瓷式扬声器等。电动式扬声器应用最广泛，它又分为纸盆式、号筒式和球顶形 3 种。

电动式扬声器的原理结构如图 12-17 所示。电动式扬声器发声原理是通过交变电流信号的线圈在磁场中运动，使与音圈相连的振膜振动，从而带动纸盆振动，再通过空气介质，将声波传送出去。当音频电流通过音圈时，音圈产生随音频电流而变化的磁场，这一变化磁场与永久磁铁的磁场发生相吸或相斥作用，导致音圈产生机械振动，从而带动纸盆振动，继

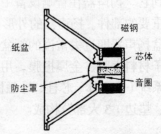

磁钢

纸盆

芯体

防尘罩

音圈

图 12-17　电动式扬声器的原理结构

而发出声音。

电磁式扬声器发声是通过以交变电流信号的线圈产生交变磁场，吸引排斥磁片，引起振膜、纸盆振动，再通过空气介质传播声音；电动式扬声器发声是通过交变电流信号的线圈在磁场中运动，使与音圈相连的振膜振动，从而带动纸盆振动，再通过空气介质，将声波传送出去。

1. 纸盆式扬声器

纸盆式扬声器又称为动圈式扬声器。它由 3 部分组成：① 振动系统，包括锥形纸盆、音圈和定心支片等；② 磁路系统，包括永义磁铁、导磁板和场芯柱等；③ 辅助系统，包括盆架、接线板、压边和防尘盖等。当处于磁场中的音圈有音频电流通过时，就产生随音频电流变化的磁场，这一磁场和永久磁铁的磁场相互作用，使音圈沿着轴向振动。扬声器结构简单、低音丰满、音质柔和、频带宽，但效率较低。

2. 号筒式扬声器

号筒式扬声器的结构如图 12-18 所示。它由振动系统（发音头）和号筒两部分构成。振动系统与纸盆扬声器相似，不同的是它的振膜不是纸盆，而是一球顶形膜片。振膜的振动通过号筒（经过两次反射）向空气中辐射声波。它的频率高、音量大，常用于室外及方场扩声。号筒起聚集声音的作用，可以使声音传播得更远。

3. 球顶形扬声器

球顶形扬声器的工作原理类似于电动式扬声器，区别是采用球顶式振膜取代了纸盆。它的外形及内部结构分别如图 12-19、图 12-20 所示。振膜可分为软质振膜和硬质振膜两类。软质振膜一般采用布、丝绸等天然纤维或复合纤维制成，音色柔和；硬质振膜常用钛合金制成，音色清脆。

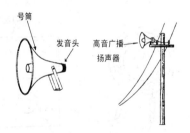

图 12-18　号筒式扬声器的结构

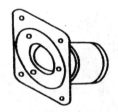

图 12-19　球顶形扬声器的外形

球顶形扬声器应用示例如图 12-21 所示。

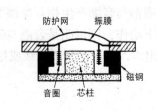

图 12-20　球顶形扬声器的内部结构

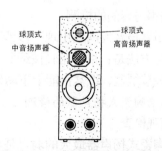

图 12-21　球顶形扬声器应用示例

三、扬声器的检测

1. 电动式扬声器的检测

① 直观检测

直观检测就是能过对扬声器几个主要部件进行观察检查，即检查纸盆是否变形、受潮、破裂；引线是否发霉、虚焊或断落；磁体是否移位、开裂；用螺钉旋具靠近磁体检测其磁力的强弱等。

② 正、负极性的判别

将万用表置于 0.5mA 挡，两表笔分别接在待测扬声器的两引线端，用手指轻按扬声器的纸盆，使纸盆连接的音圈在磁钢中做切割磁力线运动，并同时观察表指针的摆动方向，若指针按顺时针方向偏转，则黑表笔所接的一端为正极，若表针按逆时针方向偏转，则红表笔所接的一端为正极。

③ 音圈的测试

将万用表置于 R×1 挡，用两表笔（不分正、负）分别触及其接音端（如图 12-22 所示），若能发出"咯咯"声，则说明音圈正常。若无"咯咯"声，可观察表针的指示值，若测得阻值比标称值小许多，则说明扬声器音圈存在匝间短路；若阻值为无穷大，则说明音圈内部断路或接线端虚焊。

④ 音圈直流电阻的检测

测量扬声器音圈直流电阻，如图 12-23 所示。万用表所指示的是音圈直流电阻，应为扬声器标称阻抗的 0.8 倍左右。如数值过小说明音圈短路，如不通（R 为无穷大）则说明音圈已断路。需要提醒的是，由于喇叭阻抗很低，因此，万用表应置于 R×1 挡，且不要忘记将欧姆挡调零。

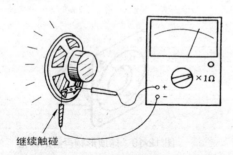

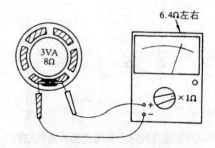

图 12-22　扬声器的性能检测　　　　图 12-23　测量扬声器音圈直流电阻

⑤ 磁钢与音圈的检测

当扬声器声音发闷或出现"沙沙"声时，一般是磁钢与音圈产生相互摩擦引起的。其简单的检查方法是：用手指轻按纸盆，若纸盆难以上下动作，则说明是音圈与磁钢卡住；若用手指轻按纸盆，纸盆仍能上下动作，但根本发不出声，则说明音圈断线或松脱。

2. 压电陶瓷式扬声器的检测

① 直观检查

压电陶瓷式扬声器最大的弱点是容易破损。检查时，应观察其压电表面有无破损、开裂；引线是否有脱焊、虚焊、断落现象。

② 压电片的检测

用万用表检测压电片的"压电效应"。将万用表置于微安挡（不分极性）接到压电片的两极引出线上，将压电片平放在一块玻璃板上，然后用表笔的橡皮头去轻压压电片，正常时万用表指针应有明显摆动，反之，说明压电片已失效。

3. 扬声器的相位鉴别

① 观察现象。将万用电表的量程开关拨在 R×1 挡上，用两只表笔分别接触扬声器的接线端，仔细观察纸盆的运动方向，如图 12-24 所示。

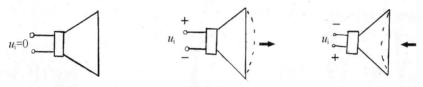

图 12-24　扬声器纸盆运动

② 扬声器的相位。由观察可知，当有一直流电流接入扬声器时，纸盆向前运动；若改变直流电流的方向，纸盆则向后吸入，两者的声感不一。如果令某一接入端为正极，那么另一端则为负极，由于这种规定是任意的，即扬声器的正、负极是相对的、假定的。因此，当使用单只扬声器时，正、负极性就没有实际意义，可任意连接。但在高保真的音响设备中，由于采用了多只扬声器放音，扬声器的正、负极性一定要一致。若几只喇叭在同极性电源的刺激下，运动方向不一致，会造成声波在空间相互抵消，就会大大降低放音效果。

③ 扬声器的相位鉴别。用表笔分别碰触假设用的 1、3、5 端子，纸盆运动方向如图 12-25 所示，由此可认为 1、3、6 为同相位端。

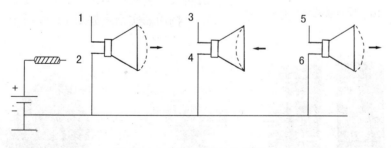

图 12-25　扬声器的相位鉴别

12.2　项目基本知识

知识点一　传声器和扬声器的电路符号和实物图

一、传声器电路符号和实物图

传声器（能把声能转变成音频电信号）俗称话筒、麦克风，是电声元器件的另一种。

传声器的作用与扬声器相反，但应用范围与扬声器一样。传声器的种类繁多，应用最广泛的有动圈式和驻极体电容式两类。话筒的文字符号是"BM"，电路符号如图 12-26 所示。

BM

图 12-26　传声器的电路符号

传声器实物图如图 12-27 所示。

（a）动圈式传声器（话筒）

（b）电容式传声器（话筒）

（c）电容式传声器（话筒）

图 12-27　传声器实物图

二、扬声器电路符号和实物图

扬声器俗称"喇叭"，是电声元器件的一种，其文字符号"BL"，电路符号如图 12-28 所示。它们在收音机、收录机、扩音机、电视机、计算机、电话机、报警器和测量仪器等各种电子设备中被广泛应用。因此，在学习电子技术的初级阶段需要对这类元器件做一定的了解。

BL

图 12-28　扬声器的电路符号

扬声器实物图如图 12-29 所示。

图 12-29　扬声器实物图

知识点二　传声器和扬声器的分类

一、传声器的分类

传声器按换能原理分为：电动式（动圈式、铝带式）传声器、电容式（直流极化式）传声器、压电式（晶体式、陶瓷式）传声器以及电磁式传声器、碳粒式传声器、半导体式传声器等。

按声场作用力分为：压强式传声器、压差式传声器、组合式传声器、线列式传声器等。

按电信号的传输方式分为：有线传声器、无线传声器。按用途分为：测量话筒、人声话筒、乐器话筒、录音话筒等。

按指向性分为：心型传声器、锐心型传声器、超心型传声器、双向（8 字型）传声器、无指向（全向型）传声器。

此外，还有驻极体和新兴的硅微传声器、液体传声器和激光传声器。动圈传声器音质较好，但体积庞大。驻极体传声器体积小巧，成本低廉，在电话、手机等设备中广泛使用。硅微传声器基于 CMOS MEMS 技术，体积更小。其一致性将比驻极体电容器传声器的一致性好 4 倍以上，所以 MEMS 传声器特别适合高性价比的传声器阵列应用。其中，匹配得更好的传声器将改进声波，降低噪声。激光传声器在窃听中使用。

二、扬声器的分类

1. 按结构分类

扬声器按结构可分为：内磁扬声器、外磁扬声器。内磁扬声器如图 12-30 所示。它体积小、重量轻、磁场泄漏小，适合于需防磁场干扰场合，如电视机等电器，但这种由于散热不畅原因，扬声器功率不能做得太大。外磁扬声器如图 12-31 所示。它具有功率大，散热好等优点，但磁场辐射大，能干扰其他设备。这种扬声器广泛用于音响设备及不需防磁的场合。

图 12-30　内磁扬声器　　　　　　　　图 12-31　外磁扬声器

2. 按工作原理分类

按工作原理的不同，扬声器主要分为电动式扬声器、电磁式扬声器、静电式扬声器和压电式扬声器等。

（1）电动式扬声器

这种扬声器采用通电导体作音圈，当音圈中输入一个音频电流信号时，音圈相当于一个载流导体。如果将它放在固定磁场里，根据载流导体在磁场中会受到力的作用而运动的原理，音圈会受到一个大小与音频电流成正比、方向随音频电流变化而变化的力。这样，音圈就会在磁场作用下产生振动，并带动振膜振动，振膜前后的空气也随之振动，这样就将电信号转换成声波向四周辐射。这种扬声器应用最广泛。

（2）电磁式扬声器

电磁式扬声器也叫舌簧式扬声器，声源信号电流通过音圈后会把用软铁材料制成的舌簧磁化，磁化了的可振动舌簧与磁体相互吸引或排斥，产生驱动力，使振膜振动而发音。

（3）静电式扬声器

这种扬声器利用的是电容原理，即将导电振膜与固定电极按相反极性配置，形成一个电容。将声源电信号加于此电容的两极，极间因电场强度变化产生吸引力，从而驱动振膜振动发声。

（4）压电式扬声器

利用压电材料受到电场作用发生形变的原理，将压电动组件置于音频电流信号形成的电场中，使其发生位移，从而产生逆电压效应，最后驱动振膜发声。

3. 按振膜形状分类

扬声器主要有锥形、平板形、球顶形、带状形、薄片形等。

（1）锥形振膜扬声器

锥形振膜扬声器中应用最广的就是锥形纸盆扬声器，它的振膜成圆锥状，是电动式扬声器中最普通、应用最广的扬声器，作为低音扬声器时应用得最多。

（2）平板形扬声器

平板形扬声器也是一种电动式扬声器，它的振膜是平面的，以整体振动直接向外辐射声波。它的平面振膜是一块圆形蜂巢板，板中间是用铝箔制成的蜂巢芯，两面蒙上玻璃纤维。它的频率特性较为平坦，频带宽而且失真小，但额定功率较小。

（3）球顶形扬声器

球顶形扬声器是电动式扬声器的一种，其工作原理与纸盆扬声器相同。球顶形扬声器的显著特点是瞬态响应好、失真小、指向性好，但效率低，常作为扬声器系统的中、高音单元使用。

（4）号筒扬声器

号筒扬声器的工作原理与电动式纸盆扬声器相同。号筒扬声器的振膜多是球顶形的，也可以是其他形状。这种扬声器和其他扬声器的区别主要在于它的声辐射方式，纸盆扬声器和球顶扬声器等是由振膜直接鼓动周围的空气将声音辐射出去的，是直接辐射，而号筒扬声器是把振膜产生的声音通过号筒辐射到空间的，是间接辐射。号筒扬声器最大的优点是效率高、谐波失真较小，而且方向性强，但其频带较窄，低频响应差，所以多作为扬声器系统中的中、高音单元使用。

4. 按音量分类

扬声器按音量分类可分为低音扬声器、中音扬声器、高音扬声器、全频带扬声器等。

（1）低音扬声器

主要播放低频信号的扬声器称为低音扬声器，其低音性能很好。低音扬声器为使低频放音下限尽量向下延伸，因此，扬声器的口径做得都比较大，一般有200mm、300～380mm等不同口径规格的低音扬声器，能承受大的输入功率。为了提高纸盆振动幅度的容限值，常采用软而宽的支撑边，如橡皮边、布边、绝缘边等。一般情况下，低音扬声器的口径越大，重放时的低频音质越好，所承受的输入功率越大。

（2）中音扬声器

主要播放中频信号的扬声器称为中音扬声器。中音扬声器可以实现低音扬声器和高音扬声器重放音乐时的频率衔接。由于中频占整个音域的主导范围，且人耳对中频的感觉较其他频段灵敏，因而中音扬声器的音质要求较高，有纸盆形、球顶形和号筒形等类型。作为中音扬声器，主要性能要求是声压频率特性曲线平坦、失真小、指向性好等。

（3）高音扬声器

主要播放高频信号的扬声器称为高音扬声器。高音扬声器为使高频放音的上限频率通达到人耳听觉上限频率 20kHz，因而口径较小，振动膜较韧。和低、中音扬声器相比，高音扬声器的性能要求除和中音单元相同外，还要求其重放频段上限要高、输入容量要大。常用的高音扬声器有纸盆形、平板形、球顶形、带状电容形等多种形式。

（4）全频带扬声器

全频带扬声器是指能够同时覆盖低音、中音和高音各频段的扬声器，可以播放整个音频范围内的电信号。其理论频率范围要求是从几十赫兹至 20kHz，但在实际上，由于采用一只扬声器是很困难的，因而大多数都做成双纸盆扬声器或同轴扬声器。双纸盆扬声器是在扬声器的大口径中央加上一个小口径的纸盆，用来重放高频声音信号，从而有利于频率特性响应上限值的提升。同轴式扬声器是采用两个不同口径的低音扬声器与高音扬声器安装在同一个同心轴线上。

知识点三 传声器和扬声器的参数

一、传声器主要技术参数

传声器的性能指标是评价传声器质量好坏的客观参数，也是选用传声器的依据。传声器的性能指标主要有以下几项。

（1）灵敏度

灵敏度是指传声器在一定强度的声音作用下输出电信号的大小。灵敏度高，表示传声器的声电转换效率高，对微弱的声音信号反应灵敏。技术上常用在 0.1Pa[μBar（微巴）]声压作用下传声器能输出多高的电压来表示灵敏度。如某传声器的灵敏度为 1mV/μBar，即表示该传声器在 1μBar 声压作用下输出的信号电压为 1mV。

（2）频率特性

传声器在不同频率的声波作用下的灵敏度是不同的。一般在中音频（如 1kHz）时灵敏度高，而在低音频（如几十赫）或高音频（十几千赫）时灵敏度降低。通常以中音频的灵敏度为基准，把灵敏度下降为某一规定值的频率范围称做传声器的频率特性。频率特性范围宽，表示该传声器对较宽频带的声波有较高的灵敏度，扩音效果就好。理想的传声器频率特性应为 20Hz～20kHz。

（3）输出阻抗

传声器的输出阻抗是指传声器的两根输出线之间在 1kHz 时的阻抗，有低阻（如 50Ω、150Ω、200Ω、250Ω、600Ω 等）和高阻（如 10kΩ、20kΩ、50kΩ）两种。为了使传输获得高效率，为了保证频率响应及满足失真度指标的要求，信号源的输出阻抗应与前级增音机或扩音机的输入阻抗相匹配。其匹配原则是：信号源的输出阻抗应接近负载阻抗，但不得高于负载阻抗。传声器宜采用低阻抗型，线路的高频损失和电噪声干扰较小，传输线路的允许长度可较长。高阻抗传声器价格便宜，但感应电噪声较大，传输线路的允许长度较短，宜用于要求较低的场合。

（4）方向性

方向性表示传声器的灵敏度随声波入射方向而变化的特性。如单方向性表示只对某一方向来的声波反应灵敏，而对其他方向来的声波则基本无输出；无方向性则表示对各个方向来的相同声压的声波都能有近似的输出。

（5）固有噪声

固有噪声是在没有外界声音、风振动及电磁场等干扰的环境下测得的传声器输出电压的有效值。一般传声器的固有噪声都很小，在 μV 数量级。

二、扬声器主要技术参数

扬声器的主要性能指标有额定功率、额定阻抗、灵敏度、频率响应、指向特性以及失真度等参数。

（1）额定功率

额定功率又称标称功率。它是非线性失真不超过标准条件（一般不超过 7%～10%）下的最大输入功率。在这一正常功率下长时间工作，音圈不会过载发热，也不会产生明显的失真。常用扬声器的功率有 0.1W、0.25W、0.5W、1W、3W、5W、10W、50W、60W、100W、120W 及 200W 等。

（2）额定阻抗

额定阻抗又称标称阻抗。它是指交流阻抗，是制造厂家产品标准所规定的阻抗值，在该阻抗上扬声器可获得的最大功率。常用扬声器的标称阻抗有 4Ω、8Ω和 16Ω。额定功率和额定阻抗一般均直接标注在扬声器上，如图 12-32 所示。选用扬声器时，其标称阻抗一般应与音频功放器的输出阻抗相符。当在广场扩音时，由于距离远，为避免线路损失，需采用线路变压器进行连接。

（3）频率响应

当扬声器加上一个恒定电压后，会产生频率响应，这个频率响应的特性是扬声器的声压随频率而改变。图 12-33 所示是电动扬声器的典型频率响应曲线。图 12-33 中的纵坐标以分贝表示声压，横坐标表示频率。由频率响应曲线的最高点向下按某一规定值取一点 A，过 A 点作一条平行于横轴的直线，与曲线的高低端分别相交，这两点 A_1～A_2 所对应的频率范围，即为扬声器的有效频率范围。

图 12-32 扬声器标称图

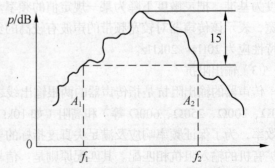

图 12-33 电动扬声器的典型频率响应曲线

一般小型收录机使用的扬声器的频率范围为 300～3000Hz，而大、中功率的扬声器其频率响应范围越宽越好。

另外，单一的扬声器就难以同时满足对低音、高音的还原。随着对放音质量要求的提高，为了达到高保真放音效果，往往通过在电路中增加采用分频环节的方法来加以解决，其电路如图 12-34 所示。

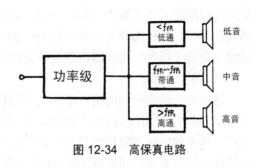

图 12-34 高保真电路

（4）辐射指向性

辐射指向性表示扬声器在不同方向上声辐射性能的指标。辐射指向性与频率有关，频率在 300Hz 以下时，没有明显的指向性。

（5）指向特性

指向特性用来表征扬声器在空间各方向辐射的声压分布特性，频率越高指向性越小，纸盆越大指向性越强。

知识点四 传声器和扬声器的应用

一、传声器的应用

1. 传声器的选用

一般厅堂扩声或录音可使用国产的动圈或电容传声器，专业录音或舞台演出请使用高档的专业话筒。充分考虑拾音环境，室外有噪声干扰，室内有反射声和混合声，舞台扩音有声反馈，所以要视环境情况选择不同指向性的传声器。移动声源选择无线话筒，音乐多用电容传声器，语言节目选用动圈传声器，管乐器选用声音响亮、高音清晰的传声器，弦乐器选用频响带宽、高音纤细、低音丰富的传声器筒，打击乐器选用灵敏度高、低音少的传声器。不同用途的话筒选择如表 12-1 所示。

表 12-1　　　　　　　　　　　　不同用途的话筒选择

场　所	内　容	拾 音 要 求	适合的话筒
一般室内	讲话、唱歌	清晰、明亮、近距离拾音	一般动圈或驻极体话筒
座谈会	讲话、唱歌	一支或多只话筒，要求清晰中距离拾音	同上
礼堂	讲话、气氛	讲话声清晰、防止声反馈	有指向性电容话筒
剧场	对白、唱歌	全景拾音、近景拾音，清晰明亮	高级动圈或电容、手持
室外	讲话	录音或扩音排除噪声，提高质量	强指向性或佩带式话筒
演奏厅	乐器独奏	音色丰富、适当混响、防止声反馈	高级单指向，多只动圈或电容
录音棚	对白或音乐	录对白要求声音清晰、明亮，录音乐要求有层次	使用高级动圈或电容，单指向性话筒多只

2. 传声器使用注意事项

选择传声器应根据使用的场合和对声音质量的要求，结合各种传声器的特点，综合考虑选用。例如，高质量的录音和播音，主要要求音质好，应选用电容式传声器、铝带传声器或高级动圈式传声器；一般扩音时，选用普通动圈式即可；当讲话人的位置不时移动或讲话时与扩音机距离较大，如卡拉 OK 演唱时，应选用单方向性、灵敏度较低的传声器，以减小杂音干扰等。传声器在使用中应注意以下几点。

（1）阻抗匹配

传声器按输出阻抗的高、低分为高阻抗传声器和低阻抗传声器。高阻抗传声器的阻抗不大于 20kΩ，低阻抗为 200～600Ω。在使用传声器时，应根据放音设备的输入阻抗大小来选择，传声器的输出阻抗应尽量与扩声设备的输入阻抗相匹配。传声器的输出阻抗与放大器的输入阻抗两者相同是最佳的匹配，如果失配比在 3∶1 以上，则会影响传输效果。例如，把 50Ω 传声器接至输入阻抗为 150Ω 放大器时，虽然输出可增加近 7dB，但高低频的声音都会受到明显的损失。

（2）连接线

传声器的输出电压很低，为了免受损失和干扰，连接线必须尽量短，高质量的传声器应选择双芯绞合金属隔离线，一般传声器可采用单芯金属隔离线。高阻抗式传声器传输线长度不宜超过 5m，否则高音将显著损失。低阻传声器的连线可延长 30～50m。

（3）工作距离与近讲效应

通常，传声器与嘴之间的工作距离在 30～40cm 为宜，如果距离太远，则回响增加，噪声相对增长；工作距离过近，会因信号过强而失真，低频声过重而影响语言的清晰度。这是因为指向性传声器存在着"近讲效应"，即近距离播讲时，低频声会得到明显地提高。无论何种传声器，放置时都必须尽可能地远离扬声器，也不要对准扬声器，以免引起声反馈。

（4）声源与传声器之间的角度

每个传声器都有它的有效角度，一般声源应对准传声器中心线，两者间偏角越大，高音损失越大。有时使用传声器时，带有失真的声音，这时把传声器偏转一些角度，就可减轻一些。

（5）传声器位置和高度

在扩音时，传声器不要先靠近扬声器放置或对准扬声器，否则会引起啸鸣。

此外，传声器放置的高度应依声源高度而定，如果是一个人讲话或几个人演唱，传声器的高度应与演唱者口部一致；当人数众多时，传声器应选择平均高度放置，并适当调配演唱者和伴奏队中各种乐器的位置，勿使响的过响，轻的过轻，而且要使全部声响都在传声器有效角度以内。如果有领唱或领奏，必要时，应放置专用传声器。

在需要几个传声器同时使用时，可采取并联接法，但必须注意几个传声器的相位问题。相位一致时才能互相并联，否则将互相干扰，使输出减小、失真。不同型号和不同阻抗的传声器，不宜并联使用，因为高阻抗传声器"短路"，使输出电压降到很低。通常状况下，传声器直接并联使用，其效果不如单只传声器。

如果同时用几个传声器供一个人讲演使用，而不是分开几个地方作不同用途，那么传声器还是选择同一型号为宜。否则，演讲者的走动或角度改变，会改变讲话的音调。

传声器在使用中应防止敲击或摔碰。用吹气或敲击的方法试验，很容易损坏传声器。

传声器在室外使用时，应该使用防风罩，避免录进风的"噗噗"声。防风罩还能防止灰尘玷污传声器。

使用无线传声器时应注意以下几点。

① 选择安放接收器的位置，要使其避开"死点"。

② 接收时，调整接收天线的角度，调准频率，调好音量使其处在最佳状态。

③ 无线传声器的天线应自然下垂，露出衣外。

④ 有些传声器（如驻极体电容式传声器、无线传声器）是用电池供电的。如果电压下降，会使灵敏度降低，失真度增大。所以，当声音变差时，应检查电池电压，在传声器不用时应关掉电源开关，长时间不用时应将电池取出。

二、扬声器的应用

1. 扬声器的应用

要根据使用场合对声音的要求，结合种扬声器的特点来选择扬声器。例如，室外以语音为主的广播，可选用电动式呈筒扬声器；如要求音质较高，则应选用电动式扬声器箱或音柱；室内一般广播，可选单只电动纸盆扬声器做成的小音箱；以欣赏音乐为主或用于高质量的会扬扩音，则应选用由高、低音扬声器组合的扬声器箱等。

2. 扬声器使用注意事项

在使用扬声和对应注意以下几点。

① 扬声器得到的功率不要超过它的额定功率，否则，将烧毁音圈或将音圈振散。电磁式和压电陶瓷式扬声器工作电压不要超过 30V。

② 注意扬声器的阻抗应与输出线路配合。

③ 要正确选择扬声器的型号。如在广场使用，应选用高音扬声器；在室内使用，应选用纸盆式扬声器，并选好辅助扬声器。也可将高、低音扬声器做成扬声器组，以扩展频率响应范围。

④ 在布置扬声器的时候，要做到扬声均匀且有足够的声级，如用单只（点）扬声器不能满足需要，可进行多点设置，使每一位听众得到几乎相同的声音响度，且保证有良好的声音清晰度；扬声器应安装在高于地面 3m 以上，使听众能够"看"到扬声器，并尽量使水平方位的听觉（声源）—视觉（讲话者）尽量保持一致，而且两只扬声器之间的距离不宜过大。

⑤ 电动式号筒扬声器，必须把音头套在号筒上后才能使用，否则易损坏发音头。

⑥ 两个一样的扬声器放在一起使用时，必须注意相位问题。如果是反相，声音将显著削弱。测定扬声器相位的最简单方法是利用高灵敏度表头或万用表的 50～250μA 电流挡，把测试表与扬声器的接线头相连接，双手扶住纸盆，用力推动一下，这时就可从表针的摆动方向来测定它们的相位。如相位相同，表针向一个方向摆动。此时，可把与正表笔相连的音圈引出头作为"+"级。

 项目学习评价

一、思考练习题

（1）当监测、广播、扩音、录音、卡拉 OK 及歌手等要求购买话筒时，应如何选择话筒的指示性?

（2）大多数话筒将灵敏度和输出阻抗直接标示在话筒上，如图 12-35 所示。试将该话筒灵敏度换算为 mV/Pa，并指出话筒的输出阻抗与扩音设备之间的关系。

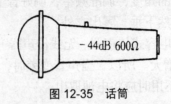

图 12-35　话筒

（3）立体声收音机输出级框图如图 12-36 所示，使用情况如图 12-37 所示，查相关资料后回答以下问题。

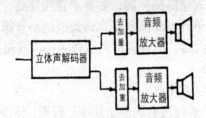

图 12-36　立体声收音机输出级框图

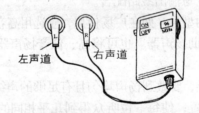

图 12-37　耳机使用

① 左声道耳塞断线，应如何检测?

② 左声道耳塞断线，影响右声道收听吗?

③ 现左声道耳塞断线又修复不好，故去商店买一副替代。原耳机阻抗为 $2 \times 32\Omega$，而买回的是 $2 \times 20\Omega$，试分析用 $2 \times 20\Omega$ 抗阻的耳机会出现什么情况。

（4）如图 12-38（a）、图 12-38（b）所示，两个扬声器能否互换使用，为什么?

（a）　　　　　　　　（b）

图 12-38　扬声器

二、自我评价、小组互评及教师评价

评价方面	项目评价内容	分值	自我评价	小组评价	教师评价	得分
理论知识	① 熟悉并能说出常见电声元器件的特点及作用	10				
	② 了解电声元器件的分类	10				
	③ 理解电声元器件的主要性能参数	10				
	④ 掌握电声元器件的应用	10				
实操技能	① 掌握传声器、扬声器的检测方法	20				
	② 理解传声器、扬声器的主要技术指标	10				
	③ 熟练判断电声元器件的故障	20				
学习态度	① 严肃认真的学习态度	5				
	② 严谨、有条理的工作态度	5				

三、个人学习总结

成功之处	
不足之处	
改进方法	